Magalie Michiel

L'alpha-cristalline, une protéine ubiquitaire aux rôles multiples

Magalie Michiel

L'alpha-cristalline, une protéine ubiquitaire aux rôles multiples

Analyses structurales et fonctionnelles des alpha-cristallines, un exemple de petite protéine de choc thermique

Presses Académiques Francophones

Impressum / Mentions légales

Bibliografische Information der Deutschen Nationalbibliothek: Die Deutsche Nationalbibliothek verzeichnet diese Publikation in der Deutschen Nationalbibliografie; detaillierte bibliografische Daten sind im Internet über http://dnb.d-nb.de abrufbar.

Alle in diesem Buch genannten Marken und Produktnamen unterliegen warenzeichen-, marken- oder patentrechtlichem Schutz bzw. sind Warenzeichen oder eingetragene Warenzeichen der jeweiligen Inhaber. Die Wiedergabe von Marken, Produktnamen, Gebrauchsnamen, Handelsnamen, Warenbezeichnungen u.s.w. in diesem Werk berechtigt auch ohne besondere Kennzeichnung nicht zu der Annahme, dass solche Namen im Sinne der Warenzeichen- und Markenschutzgesetzgebung als frei zu betrachten wären und daher von jedermann benutzt werden dürften.

Information bibliographique publiée par la Deutsche Nationalbibliothek: La Deutsche Nationalbibliothek inscrit cette publication à la Deutsche Nationalbibliografie; des données bibliographiques détaillées sont disponibles sur internet à l'adresse http://dnb.d-nb.de.

Toutes marques et noms de produits mentionnés dans ce livre demeurent sous la protection des marques, des marques déposées et des brevets, et sont des marques ou des marques déposées de leurs détenteurs respectifs. L'utilisation des marques, noms de produits, noms communs, noms commerciaux, descriptions de produits, etc, même sans qu'ils soient mentionnés de façon particulière dans ce livre ne signifie en aucune façon que ces noms peuvent être utilisés sans restriction à l'égard de la législation pour la protection des marques et des marques déposées et pourraient donc être utilisés par quiconque.

Coverbild / Photo de couverture: www.ingimage.com

Verlag / Editeur:
Presses Académiques Francophones
ist ein Imprint der / est une marque déposée de
OmniScriptum GmbH & Co. KG
Heinrich-Böcking-Str. 6-8, 66121 Saarbrücken, Deutschland / Allemagne
Email: info@presses-academiques.com

Herstellung: siehe letzte Seite /
Impression: voir la dernière page
ISBN: 978-3-8416-2874-9

Ce manuscrit rend-compte du travail de recherche réalisé, entre 2005 et 2008, au sein de l'équipe "Interactions Macromoléculaires" de la FRE2852 ("Protéines : biochimie structurale et fonctionnelle", UPMC-CNRS), sous la direction du Dr. Annette TARDIEU. Ce travail de thèse entrait dans le cadre des recherches en biochimie et biophysique menées au sein du groupe, et portait plus précisément sur des analyses structurales et fonctionnelles des petites protéines de choc thermique. Cette thèse de doctorat, spécialité Biochimie, a été présentée et soutenue publiquement le 19 décembre 2008, pour obtenir le grade de docteur de l'Université Pierre et Marie CURIE, devant le jury composé de : Dr. Françoise BONNETE Rapporteur, Pr. Pierre NICOLAS Examinateur, Dr. Annette TARDIEU Directeur de thèse, Pr. Germain TRUGNAN Examinateur, Pr. Patrick VICART Examinateur et Dr. Giuseppe ZACCAI Rapporteur.

REMERCIEMENTS

Le travail présenté dans ce manuscrit a été effectué au sein de l'unité « Protéines : biochimie structurale et fonctionnelle » (FRE2852, UPMC-CNRS), dirigée par Pierre NICOLAS. Je remercie Pierre NICOLAS de m'avoir accueillie dans son laboratoire.

Je tiens à exprimer ma gratitude envers Annette TARDIEU, mon directeur de thèse, pour m'avoir accueillie dans son équipe dès mon année de Master 2. Je la remercie particulièrement de la confiance et du temps précieux qu'elle a accordé à mon travail au cours de ces quatre années passées au laboratoire.

J'aimerai également exprimer toute ma reconnaissance à Fériel SKOURI-PANET pour avoir initié et perfectionné ma formation biochimique et à Céline FERARD pour son aide précieuse. Merci également à Stéphanie FINET et Élodie DUPRAT pour leur aide, conseil et soutien en biophysique et bioinformatique.

Merci à Stéphanie SIMON pour ses travaux sur les mutants R120X qui ont conduit à une collaboration fructueuse.

Les expériences de microscopie électronique n'auraient pas été possibles sans l'intervention de Jean-Pierre LECHAIRE et Ghislaine

1

FREBOURG, que je remercie beaucoup. Merci également à Michel RECOUVREUR pour les multiples centrifugations de cristallins.

J'adresse mes remerciements à la plateforme de spectrométrie de masse voisine pour leurs conseils et passages rapides d'échantillons imprévus. Merci à Gérard BOLBACH et son équipe.

Je tiens à remercier Thierry FOULON, René LAFONT et Daniel SOYER pour m'avoir donné l'occasion de m'essayer à l'enseignement au sein d'ateliers et de formations.

J'adresse mes remerciements à l'ensemble du laboratoire, Thierry FOULON, Pierre NICOLAS, Michèle REBOUD-RAVAUX, Danièle SOYER, Chantal DAUPHIN-VILLEMANT et leurs équipes respectives, ainsi qu'à notre gestionnaire, Carole BOUSQUET.

J'exprime toute mon amitié aux thésards, ingénieurs, techniciens et chercheurs présents et passés que j'ai côtoyés quotidiennement, Sandrine CADEL, Cécile GOUZY-DARMON, Chantal HANQUEZ, Julien PERNIER, Viet-Laï PHAM et Christophe PIESSE, qui grâce à leur bonne humeur et leur amitié m'ont permis de passer quatre années formidables.

Enfin, je tiens à remercier vivement Françoise BONNETE et Giuseppe ZACCAI d'avoir accepté d'être rapporteurs de ma thèse et de me faire l'honneur de participer à mon jury en tant que tels. Je remercie aussi grandement les autres membres de mon jury, Pierre NICOLAS, Germain TRUGNAN et Patrick VICART, pour avoir accepté d'évaluer mon travail.

Merci.

SOMMAIRE

5

LISTE DES ABRÉVIATIONS

αA	αA-cristalline humaine ou bovine
αB	αB-cristalline humaine
αN	α-cristallines natives bovines (issues du cortex)
ACD	alpha-crystallin domain (domaine alpha-cristalline)
AEBSF	4-(2-aminoéthyl) benzenesulfonylfluoride (fluorure d'amino-2-éthyl-4- benzène sulfonyle)
ADH	alcool déshydrogénase
ADN	acide désoxyribonucléique
ADP	adénosine diphosphate
ARN	acide ribonucléique
ARNm	acide ribonucléique messager
ATP	adénosine triphosphate
βA	β-cristalline acide
βB	β-cristalline basique
βB2	βB2-cristalline humaine
βH	β-cristallines High bovines
βLa	β-cristallines Low-a bovines
βLb	β-cristallines Low-b bovines (issues du cortex)
CS	citrate synthase de cœur de porc
C-ter	domaine, extension ou extrémité carboxy-terminale d'une protéine
cvHsp	cardiovascular heat shock protein
Cx	fraction corticale du cristallin ou cortex
DLS	dynamic light scattering (diffusion dynamique de la lumière)
DM	double mutant Q70E/Q162E de désamidation de la βB2-cristalline humaine

DO	densité optique
DSC	differential scanning calorimetry (calorimétrie différentielle à balayage)
DTT	dithiothreitol
ε_λ	coefficient d'extinction molaire
EDTA	ethylenediaminetetraacetic acid (acide éthylène-diamine-tétraacétique)
f.a.c.	fonction d'autocorrélation
FPLC	fast protein liquid chromatography
FRET	fluorescence resonance energy transfer (transfert d'énergie de fluorescence par resonance)
γA	γA(B, C, D, E, F ou S)-cristalline bovine
γS	γS-cristalline humaine ou bovine
γT	γ-cristallines totales bovines
GroEL	growth Escherichia coli large protein
GroES	growth Escherichia coli small protein
Hsp(s)	heat shock protein(s) (protéine(s) de choc thermique)
IC	index de conservation
IEF	isoelectric focusing (électrofocalisation)
IPTG	isopropyl-β-D-thio-galactopyranoside
MALS	multiangle light scattering (diffusion de la lumière à plusieurs angles)
ME	microscopie électronique
Mini-αB	peptide de l'αB-cristalline ($_{73}$DRRSVNLDVKHFS-PEELKV K$_{92}$)
MKBP	myotonic dystrophy protein kinase binding protein
N-ter	domaine, extension ou extrémité amino-terminal(e) d'une protéine

8

Nx	fraction nucléaire du cristallin ou noyau
Odf1	outer dense fiber protein 1
PDB	protein data bank
PEI	polyéthylène imine
pI	point isoélectrique
Pl	peptide de liaison
PMSF	phenylmethylsulfonyl fluoride (flurorure de phényl-méthyl-sulfonyle)
pp25	placental protein 25
Q70E	mutant Q70E de désamidation de la β-cristalline humaine B2
Q162E	mutant Q162E de désamidation de la β-cristalline humaine B2
R_g	rayon de giration
R_h	rayon hydrodynamique
RMSD	root mean square deviation (racine carrée des écarts à la moyenne)
R120X	mutant R120X (X= G, D, K, C) de l'αB-cristalline humaine
SAXS	small angle X-ray scattering (diffusion des rayons X aux petits angles)
SCM	self complementary motif
SDS-PAGE	sodium dodecyl sulfate-polyacrylamide gel electrophoresis
SEC	size exclusion chromatography (chromatographie d'exclusion de taille)
sHsp(s)	small heat shock protein(s) (petite(s) protéine(s) de choc thermique)
S.U.	sous-unité
T_t	température de demi-transition

UPS	<u>u</u>biquitin <u>p</u>roteasome <u>s</u>ystem (système Ubiquitine-Protéasome)
UV	<u>u</u>ltra-<u>v</u>iolet
Ve	<u>v</u>olume d'<u>é</u>lution
WT	<u>w</u>ild-<u>t</u>ype
1D, 2D, 3D	une, deux, trois dimension(s)

INTRODUCTION

L'ensemble de ce travail de thèse a pour but la détermination de caractéristiques physico-chimiques, critiques pour l'intégrité structurale et fonctionnelle, des petites protéines de choc thermique (ou <u>s</u>mall <u>h</u>eat <u>s</u>hock <u>p</u>roteins ou sHsps), natives ou pathogènes.

Les sHsps sont exprimées, de manière ubiquitaire dans la plupart des organismes (bactéries, plantes, animaux), où elles interviennent dans la gestion des stress par une activité de type chaperon moléculaire. Elles s'organisent en de larges oligomères construits à partir de petites sous-unités. Ces grands complexes ont une structure quaternaire dynamique qui se traduit par une capacité à échanger des sous-unités.

Il existe onze sHsps humaines. Parmi elles, les α-cristallines A et B forment l'α-cristalline native, constituant majeur du cristallin, qui assure sa transparence. Certaines mutations de ces protéines ont récemment été liées à des cataractes, des myopathies et des neuropathies. Les sHsps jouent également un rôle dans la régulation de l'apoptose ou dans la résistance des cellules tumorales aux traitements du cancer. De plus, certaines sHsps ont récemment été trouvées associées aux plaques séniles dans différentes maladies neurologiques.

Je me suis particulièrement intéressée aux α-cristallines humaines et bovines, à quelques-uns de leurs mutants, à d'autres sHsps humaines comme la Hsp22 ou la Hsp27, ainsi qu'à la Hsp26 de levure.

L'expression et la purification de protéines natives ont constitué la première étape de ce travail. La principale technique biophysique que j'ai utilisée a été la diffusion dynamique de la lumière (DLS) à laquelle s'est ajoutée, autant que possible, l'utilisation de la diffusion des rayons X aux petits angles (SAXS) pour l'étude de la structure quaternaire et des transitions conformationnelles des sHsps. Pour chaque protéine, j'ai mesuré des caractéristiques physiques, comme la taille ou la masse moléculaire, et suivi l'évolution temporelle de ces valeurs, en fonction de différents paramètres (température, pression). Bien qu'appartenant à une même super famille protéique, il s'avère que les sHsps ont des comportements différents en regard d'un type de stimulus donné. De la même façon, j'ai analysé les conséquences structurales de différentes mutations et notamment celles de la mutation pathologique R120G de l'αB-cristalline. Puis, des données nouvelles obtenues par diffusion statique de la lumière (MALS) sont venues compléter les éléments déjà existants. À la suite de cette étude structurale, je me suis intéressée au caractère dynamique des assemblages complexes formés par les sHsps, en évaluant leur capacité à échanger des sous-unités et les vitesses d'échanges par des techniques de chromatographie et de gels d'électrophorèse IEF. Enfin, le dernier aspect de cette étude a été l'élaboration de tests pour l'analyse comparative de l'activité protectrice des sHsps vis-à-vis de cibles modèles et physiologiques. Toujours en utilisant la DLS et le SAXS, j'ai montré que les sHsps ont une efficacité inégale selon le substrat présent. Parallèlement à ces expérimentations biologiques, des analyses de séquences et d'autres expériences bioinformatiques ont été menées.

L'ensemble des résultats obtenus contribue à mieux définir et appréhender la relation dynamique-structure-fonction qui régit la super famille des sHsps.

I. Les protéines de stress.

Tout être vivant est en interaction constante avec l'extérieur et avec lui-même. Les variations environnementales, les stress sont autant de stimuli qui peuvent perturber, voire endommager les organismes vivants qui les endurent. Pour y répondre rapidement et efficacement, ils ont développé différents processus d'adaptation et de protection à différentes échelles, indispensables à leur survie. Un mécanisme universellement établi est celui que constituent les protéines de stress. Le rôle de ces protéines est de protéger les cellules contre toutes sortes d'agressions.

Les protéines de stress sont communément assimilées aux protéines de choc thermique ou Hsps (pour heat shock proteins). C'est le système de défense universel le plus ancien qui existe pour la protection des organismes. Il faut cependant noter que d'autres protéines sont synthétisées en situation de stress : il en est ainsi de la caldexine, de la calréticuline, de la disulfide isomérase, de la métallothionéine et de la NO synthase (De Maio, 1999). Cette thèse se limite aux protéines de choc thermique.

L'induction de protéines par un choc thermique est décrite la première fois en 1962 chez la drosophile après chauffage des glandes salivaires de 25 à 37°C (Ritossa et al., 1996). Il faudra attendre douze ans pour que l'expression et la purification de protéines, qualifiées de choc thermique chez la drosophile, aient lieu (Tissieres et al., 1974). L'existence de protéines spécifiquement exprimées lors d'un stress a ensuite été confirmée pour une large variété d'organismes allant de l'archaebactérie à l'homme. Le caractère universel de la réponse aux chocs thermiques est établi en 1982 (Kelley et Schlesinger, 1982). La fonction commune aux protéines de choc thermique, qui leur confère une capacité de protection, est définie par le terme de « chaperon moléculaire ». Cela se traduit par l'interaction entre les Hsps et leurs cibles (protéines stressées, anormales ou immatures) pour former des complexes solubles utilisables par la machinerie cellulaire.

Constitutives ou induites lors d'un stress, les Hsps sont ubiquitaires et abondantes dans la cellule. Chez les eucaryotes, on les retrouve principalement dans le cytoplasme cellulaire et les gènes codant les Hsps sont sous le contrôle des « heat shock transcription factors » (Hsf) dont les plus étudiés sont Hsf1 et Hsf2. Il existe six grandes familles de protéines de stress (voir la description générale de ces familles dans : Alix, 2004 ; Simon, 2007 ; Saibil, 2008). Elles sont définies sur le critère du poids moléculaire des sous-unités qui les composent. On leur attribue des rôles dans la régulation de l'apoptose, dans la résistance des cellules tumorales aux traitements du cancer ou lors de la présentation d'antigènes aux cellules du système immunitaire. Malgré un grand nombre de points communs, chaque groupe protéique possède ses propres spécificités tant d'un point de vue structural que fonctionnel. Les cinq premiers groupes sont des chaperons consommateurs d'énergie, ce qui n'est pas le cas pour la dernière catégorie.

1. Les Hsp100.

Les membres de la famille des Hsp100/Clp sont des ATPases caractérisées par la présence d'une région hautement conservée appelée le domaine AAA (de ce fait elles appartiennent aussi à la super famille des AAA+, pour ATPase associée à différentes activités cellulaires). Ce domaine contient différents motifs incluant ceux nécessaires à la liaison de l'ATP et à son hydrolyse (Lee et al., 2003). Un trait commun aux Hsp100 est qu'elles s'assemblent en anneaux contenant six sous-unités (figure 1). À ce jour, des membres de cette famille ont été identifiés chez les bactéries (les Clp), chez la levure (Hsp104, Sse1p, Sse2p), chez les plantes (Hsp101) et chez les mammifères (Hsp110 et Hsp105). Les Hsp100 sont hautement inductibles lors d'un stress. Leur fonction principale leur permet de stabiliser des protéines « stressées », mais de ne les replier qu'associées à d'autres Hsps comme Hsp70 (Haslberger et al., 2007). Les Hsp100 semblent aussi impliquées dans les phénomènes de thermotolérance et donc dans la protection de la synthèse des ribosomes. Elles ont également une fonction anti-apoptotique et elles inhibent la voie JNK (pour jun kinase) dans les cellules neuronales.

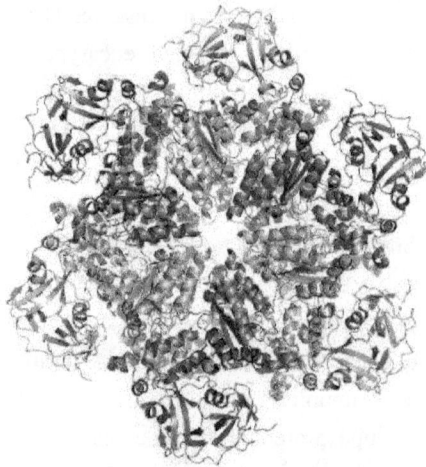

Figure 1. *Un membre de la famille des Hsp100. Structure 3D d'un hexamère de P97 de* Mus musculus, *résolue par diffraction des rayons X. Code PDB : 3cf3, Davies et al., 2008. Numéro d'accès Swiss Prot : Q01853. Chaque sous-unité est définie par une couleur (bleu clair et bleu foncé) et contient 806 acides aminés, soit 89,322 kDa.*

2. Les Hsp90.

Les Hsp90 sont les protéines de choc thermique les plus abondantes dans les cellules eucaryotes et leur expression (constitutive) est augmentée lors d'un stress. Elles forment des homodimères de 180 kDa environ (figure 2). Chaque sous-unité est composée de trois domaines : une extrémité N-terminale constituant le site de liaison à l'ATP et à la geldamycine (substance bloquant spécifiquement Hsp90 et aussi médicament anti-tumoral), une partie médiane contenant le site de liaison aux récepteurs stéroïdiens et enfin une extrémité C-terminale correspondant au site d'interaction avec la calmoduline et à celui de la dimérisation de Hsp90 (Pearl et Prodromou, 2006). Les membres de la famille Hsp90 contribuent à de nombreux processus cellulaires (McClellan et al., 2007), dont la transduction de signal ainsi que la régulation du cycle cellulaire (Richter et Buchner, 2001). Elles interagissent avec des protéines cibles pour permettre leur repliement sans pour autant les replier elles-mêmes. Elles peuvent s'associer avec d'autres protéines comme Hsp70 pour assurer ce repliement (Buchner, 1999). Elles interagissent avec l'actine et les tubulines, ce qui stabilise le cytosquelette. Elles jouent un rôle vis-à-vis des récepteurs stéroïdiens, en les stabilisant sous leur forme inactive en l'absence de stimulus (Pratt, 1992). Ce sont des antigènes spécifiques de tumeurs. Elles sont surexprimées dans les cas de maladies infectieuses comme la leishmaniose et aux premiers stades des infections virales. Les Hsp90 sont utilisées comme marqueurs de toxicologie environnementale. Enfin, ce sont des cibles potentielles dans les thérapies cancéreuses.

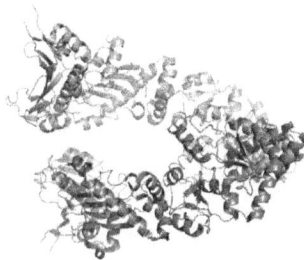

Figure 2. *Un membre de la famille des Hsp90. Structure 3D d'un dimère de Grp94 de* Canis familiaris, *résolue par diffraction des rayons X. Code PDB : 2o1v, Dollins et al., 2007. Numéro d'accès Swiss Prot : P41148. Chaque sous-unité est définie par une couleur (bleu clair et bleu foncé) et contient 804 acides aminés, soit 92,514 kDa.*

3. Les Hsp70.

Les Hsp70 (dont l'homologue bactérien est DnaK) constituent le groupe de Hsps le plus étudié de nos jours (Vos et al., 2008). Tous les membres de cette famille ont une structure commune composée par deux domaines : une extrémité N-terminale très conservée responsable de l'activité ATPase et une extrémité C-terminale de constitution plus variable, responsable de la liaison aux peptides cibles. Deux sous-unités s'associent pour former un homodimère de 140 kDa environ (figure 3). Elles sont exprimées de manière constitutive ou induite et ce sont des chaperons moléculaires consommateurs d'ATP qui déplient ou replient leur protéines cibles pour permettre leur translocation ou leur désagrégation - Hsp70 chargée d'ATP fixe une protéine cible ce qui hydrolyse l'ATP en ADP entraînant un changement conformationnel et augmentant son affinité pour la cible. Puis la molécule d'ADP est échangée par une molécule d'ATP, l'affinité pour la cible est fortement diminuée. Dans la famille des Hsp70 chaque membre possède un profil d'expression et une localisation propre qui conduit aux développements des rôles spécifiques dans chaque région cellulaire. On retrouve des Hsp70 (Hsp70.1 et 70.3) dans les tissus en contact permanent avec l'extérieur (peau et muqueuses ; Tanguay et al., 1993), où elles ont un taux d'expression basal augmenté à la suite d'une agression. Également présentes dans les spermatozoïdes (Hsp70.2), leur absence est couplée à la stérilité. Hsc70 (Hsp73, constitutive) se lie aux protéines nouvellement synthétisées, facilite leur repliement et les transfère vers différentes organelles. Elle assure le système « contrôle qualité », puisqu'elle dirige les protéines mal repliées ou dégénérées vers le lysosome (Wickner et al., 1999). Il existe beaucoup d'autres Hsp70.

Figure 3. *Un membre de la famille des Hsp70. Structure 3D d'un dimère de Hsp110 Sse1 de* Saccharomyces cerevisiae, *résolue par diffraction des rayons X. Code PDB : 2qxl, Liu et Hendrickson, 2007. Numéro d'accès*

Swiss Prot : P32589. Chaque sous-unité est définie par une couleur (bleu clair et bleu foncé) et contient 693 acides aminés, soit 77,366 kDa.

4. Les Hsp60.

Les membres de la famille des Hsp60 ou chaperonines ont d'abord été identifiées sous le nom de GroEL (Growth *E. coli* large protein) chez les procaryotes, puis des protéines homologues ont été découvertes chez les plantes et chez les mammifères. Exprimées de manière constitutive ou induite, elles sont localisées dans les mitochondries ou les chloroplates chez les eucaryotes. Suite à un stress, leur expression est augmentée. Les sous-unités de Hsp60 s'assemblent en deux bagues homo-heptamériques (2 x 7 x 60 = 840 kDa) formant un cylindre à activité ATPase pouvant accueillir des protéines qui n'ont pas encore atteint leur conformation native (figure 4 ; Lin et Rye, 2006 ; Horwich et al., 2007). Chaque sous-unité est constituée de trois domaines : un domaine apical de liaison aux protéines cibles, un domaine charnière et un domaine de liaison à l'ATP. Ces protéines assurent, en association avec le cofacteur Hsp10 (ou GroES pour Growth *E. coli* small protein chez la bactérie), le repliement et l'assemblage de protéines complexes et préviennent ainsi leur agrégation. Ce cofacteur est un simple anneau de sept sous-unité de 10 kDa chacune. Il se fixe sur la région apicale des sous-unités de GroEL.

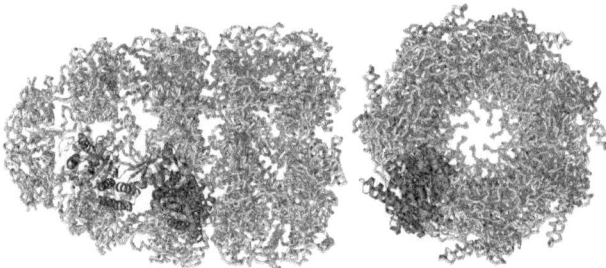

Figure 4. *Un membre de la famille des Hsp60 (vue de face et de profil). Structure 3D du complexe GroEL/GroES d'*Escherichia coli*, résolue par diffraction des rayons X, (soit deux anneaux heptamériques de GroEL et un de GroES). Code PDB : 1sx4, Chaudhry et al., 2004. Numéros d'accès Swiss Prot : P0A6F5 et P0A6F9. Chaque sous-unité de GroEL contient 548 acides aminés, soit 57,329 kDa et chaque sous-unité de GroES contient*

97 acides aminés, soit 10,387 kDa. Une sous-unité de chaque type est représentée en « ruban » rouge pour GroEL et vert pour GroES.

5. Les Hsp40.

La famille des Hsp40 est très peu étudiée. Exprimées constitutivement dans le lumen du réticulum endoplasmique, leur synthèse est toujours liée à celle du collagène. Leur rôle semble impliqué dans la maturation et/ou la sécrétion de procollagène. La Hsp47 appartient à la super famille des serpines, inhibiteurs des protéases à sérines (figure 5).

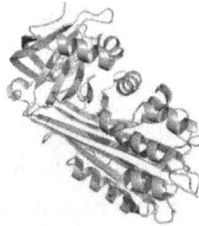

Figure 5. *Un membre de la famille des Hsp47. Structure 3D d'un monomère de la serpine 2 de* Cow pox virus, *résolue par diffraction des rayons X. Code PDB : 1f0c, Renatus et al., 2000. Numéro d'accès Swiss Prot : P50454. La protéine contient 418 acides aminés, soit 46,441 kDa.*

6. Les sHsps.

Enfin, les petites protéines de choc thermique ou sHsps (pour small heat shock proteins) sont un ensemble de protéines ubiquitaires que l'on retrouve dans tous les règnes, des procaryotes aux eucaryotes supérieurs. Contrairement aux Hsps, leurs séquences sont moins conservées entre espèces avec une identité de séquence d'environ 50 % (Arrigo 1994). Elles n'ont pas d'activité ATPase (leur fonction chaperon ne correspond pas une activité enzymatique) et sont constituées de petites sous-unités allant de 12 à 43 kDa (figure 6).

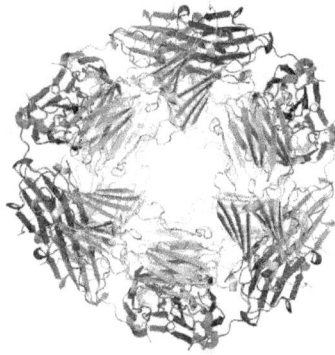

Figure 6. *Un membre de la famille des sHsps. Structure 3D d'un 24-mère de Hsp16.5 de* Methanococcus jannaschii, *résolue par diffraction des rayons X. Code PDB : 1shs, Kim et al., 1998. Numéro d'accès Swiss Prot : Q57733. Chaque sous-unité est définie par une couleur et contient 147 acides aminés, soit 16,452 kDa.*

Le chapitre suivant détaille avec plus de précision la famille des sHsps.

II. Les petites protéines de choc thermique.

Les petites protéines de choc thermique ou sHsps sont exprimées chez la plupart des êtres vivants (bactéries, plantes, animaux) de façon constitutive ou induite, où elles interviennent dans la gestion des stress (thermiques, oxydatifs, etc.). Les points communs aux protéines de cette famille sont : i) un domaine très conservé appelé « domaine alpha-cristalline » (ACD) ; ii) la formation d'assemblages complexes de haut poids moléculaire ; iii) une structure dynamique ; iv) une activité dite « de type chaperon moléculaire ».

On leur attribue aussi des rôles dans la régulation de l'apoptose ou dans la résistance des cellules tumorales aux traitements du cancer. De plus, certaines sHsps ont récemment été trouvées associées aux plaques séniles dans des maladies neurodégénératives. Chez l'homme, il existe onze sHsps (HspB1 à HspB11 ; Franck et al., 2004 et Bellyei et al., 2007 ; tableau 1, cf. page 24), dont les plus étudiées sont la Hsp27 et les α-cristallines A (αA) et B (αB) qui forment les α-cristallines natives (αN), constituant majeur du cristallin. Certaines mutations ponctuelles de ces protéines ont récemment été associées à des cataractes, des myopathies et des neuropathies (Evgrafov et al., 2004 ; Zhang et al., 2005 ; Arrigo et al., 2007).

1. Découverte des sHsps de mammifères.

C'est Berzelius qui, en 1830, emploie le terme de cristalline pour décrire la substance gélatineuse extraite des cristallins. Les αA et αB sont identifiées en 1894 comme les composants structuraux du cristallin où elles représentent 80 à 90 % des protéines solubles. En 1982, un lien est établi entre α-cristalline et sHsp (Ingolia et Craig, 1982). L'αB n'est reconnue comme sHsp, qu'en 1991 (Klemenz et al., 1991). La première sHsp reconnue est Hsp27, ou Hsp25 chez les rongeurs ou les oiseaux, en 1986 (Hickey et al., 1986). L'αB et la Hsp27 sont les plus étudiées à ce jour. Il est rapidement apparu que les sHsps possédaient un domaine protéique générique par le biais d'études de recherche d'homologies de séquence.

2. Les gènes des sHsps humaines.

Chez l'homme, les onze gènes paralogues de sHsps sont issus de duplications d'un gène ancestral, commun à toutes les sHsps d'animaux. Par ailleurs, il y a plus de sHsps paralogues chez les eucaryotes supérieurs que chez les eucaryotes inférieurs et les procaryotes (Haslbeck et al., 2005). Ces gènes codant les sHsps humaines sont répartis sur l'ensemble du génome, (sur neuf chromosomes différents ; tableau 2, cf. page 25). Les gènes de MKBP (HspB2) et de l'αB (HspB5) sont situés « tête à tête » sur le chromosome 11 et ceux de cvHsp (HspB7) et de pp25 (HspB11) sont portés par le chromosome 1. Il existe deux pseudogènes de Hsp27 (HspB1) qui sont sur des chromosomes différents (X et 9) du gène actif (7), leur origine semble due à une rétrotransposition. Il existe aussi des protéines altérées du fait d'un épissage alternatif de l'ARNm, pour Hsp27, HspB3, αA (HspB4) et Hsp20 (HspB6). Le nombre d'introns dans la séquence nucléotidique est variable : aucun pour HspB3, deux pour cvHsp et cinq pour pp25. La présence d'un ou plusieurs introns, est sans rapport avec la répartition des domaines protéiques (tableau 2, cf. page 25). Dans les arbres phylogénétiques proposés, bien qu'il y ait des différences d'embranchements, on retrouve toujours trois groupes protéiques distincts : Hsp27 et Hsp22, αA, αB et Hsp20 et enfin MKBP et HspB3.

3. Composition en acides aminés et séquence protéique.

Les sHsps sont le groupe de protéines de stress qui montre le plus de divergence de séquence primaire, surtout chez les végétaux, moins chez les mammifères. Actuellement quatre cents séquences de sHsps environ sont connues. Elles sont constituées d'un nombre variable d'acides aminés (tableau 3, cf. page 26), de 110 pour la Hsp12.6 de *Caenorhabditis elegans*, à 375 pour la Hsp42 de *Saccharomyces cerevisiae*, soit des masses moléculaires allant de 12,620 kDa à 42,817 kDa. Ces variations sont directement liées au contenu du domaine N-terminal. La présence de cystéines, pour la formation de potentiels ponts disulfures, est variable : zéro pour l'αB et trente-six pour Odf1 (HspB10), mais la plupart des sHsps en possèdent entre zéro et deux résidus. Les pI théoriques sont majoritairement acides, sauf pour les HspB9 et Odf1 (9,16 et 8,46 respectivement). Le nombre de résidus chargés (plus et moins), est variable : la Tsp36 est très chargée (93) et la Hsp20 l'est moins (32).

Pour visualiser au mieux ces variations, un alignement des séquences primaires a été effectué en sélectionnant les onze sHsps humaines, les sept sHsps dont la structure 3D est connue et les autres sHsps que j'ai étudiées (tableau 1, cf. pages 24, figure 7). Les domaines centraux s'alignent relativement bien quel que soit l'outil d'alignement utilisé, excepté au niveau de la boucle L57 entre les brins β B5 et β B7, où il y a plus de divergence. En revanche, les extrémités N- et C-terminales sont plus variables et l'alignement est fait manuellement. Nous nous sommes aidées des motifs consensus et des données 3D connues pour délimiter les différentes zones : domaines, brins, boucles, hélices. Certains résidus ou motifs sont très bien conservés parmi les vingt sHsps, par exemple la deuxième arginine du brin β B7 (R120 pour l'αB) dans le domaine central, ou encore le motif IXI de l'extension C-terminale. Les acides aminés hydrophobes se retrouvent pour beaucoup dans les brins β et aux débuts et fins des boucles.

```
N-ter                                                                                                                                                      
HspB1_HUMAN     1  ----MTERRVPFS--LLRGPSWDPFRDW-YPHSRLFDQAFGLPR-LPEE------------WSQWLGGSSWPGYVRP--LPPAAIESPAVAAPAYSRALSRQLSSGV---  85
HspB2_HUMAN     1  ----MSGRSVPHA--HPATAEY-EFAN----PSRLGEQRFGEGL-LPEE------------ILT-PTLYHGYVR------PRAAPAGEGSRAGA---             64
HspB3_HUMAN     1  ----MAKIILRHLIEIPVRY---QEEFEARGLEDCR-LDHA------------LYALPGPTIVDLRKT--RAAQSPPVDSAAE---                        61
HspB4_HUMAN     1  ----MDVTIQHP-WFKRT-LGPFY---PSRLFDQFFGEGL-FEYD------------LLFPLSSTISPYYR--QSLLFR-TVLDSGI---                    61
HspB5_HUMAN     1  ----MDIAIHHP-WIRRP-FFPFHS---PSRLFDQFFGEHL-LESD------------LFP-TSTSLSPFYLR--PPSFLRAPSWIDTGL---                 65
HspB6_HUMAN     1  ----MEIPVPVQPS-WLRRASA-PLPGL-SAPGRLFDQRFGEGL-LEAE------------LAALCPTTLAPYYLR--APSVAL-PV---                    64
HspB7_HUMAN     1  ----MSHRTSSTFRAERSFHSSSSS----SSSSTSSSASRAL-PAQDPPMEKALSMFSDDFGSFMRFH--SEPLAFPARPGA---                         72
HspB8_HUMAN     1  ----MADGQMPFSCHYPSRLRRDPFRDS-PLSSRLLDDGFGMDF-FPDD------------LTASWPDWALPRLSS--AWPGTLRSGMVPRGPTATARFGVPAEGR--- 86
HspB9_HUMAN     1  ----MQRVGN-TFSN---ESRVASRCPSVGL-AERN------------RVATMPVR---LLRDSPAAQE---                                      45
HspB10_HUMAN    1  MAALSCLLDSVRRDIKKVDRELRQLRCIDEFSTRCLCDLYMHPYCCC-DLRPYPYCLCYSKRS-RSCG-LCDLYPCCLCDYKLYCLR-PSLRSLERKAIRAIEDEKRELAKLRRTTNRI 115
pp25_HUMAN      1  ----MRKIDLCLSSEG--SEVILATSSDEKH-PPEN------------IID--GNPEITFWTT--TGMPPQEFIICFHKVR---                          58
Hsp16.5_METJA   1  --------MFGR--DPFDS--LFERMFKEFFATPM-DTFT---SIVQ---AISGGGSE--KGFMP---                                          44
Hsp16.9_WHEAT   1  ----MSI--------VRRTNVFDPF---ADLWADPF-DTFR---SIVP---SSTGIQISG--TAAFANAR---                                     45
Tsp36_TAESA     1  -MSIFPPTRDSRDLLSSRRRSLIDWEFPQMALVPLDQVFDWAERSRQSLHDDIVNMHRNLSLEPFTAMDNAFESVMKEMSAIQPREFHPELEYTQPGELDFLKDA---  103
Hsp20.2_ARCFU   1  -SFNSPFFDFDNINNEVOAFNRLLGEGGLRGYAPRRQLANTPAKDSYGKEV-ARPNNYAGALYDPRDETLDDWFDN---DLSLFPSGFGPPRSVAVP---          93
Acr1_MYCTU      1  ----MATTL--PVQR---HPRSLPFEFSELF-AAFP---SFA---GLRPTFDT---RLMR---                                               41
shsp_THEK1      1  ----MGMLI-DPFEE----LRRMQERFNRLL-EEFG---RGP---EVKEFRVT---MP---                                                 39
CRYAA_BOVIN     1  ----MRKMVWRRDRYWDPFDI---MREIQEEIDAIF-RDFM---RGP---RLWSYREP---GERIEVSETWREEF---                                58
CRYAB_BOVIN     1  ----MDIAIQHP-WFKRT-LGPFY---PSRLFDQFFGEGL-LESD------------LFP-ASTSLSPFYLR--QSLLFR-TVLDSGI---                   61
```

```
ACD               B2          L23  B3        L34    B4    L45    B5    L57                                B7          L78  B8        L89  B9
HspB1_HUMAN      86 SEIRHT   A ---D RWRVSLD  VN ---HF APDE  LTVKTK D--G VVEITGK  -----H--EERQDEHGY-----ISR--- CFTRKYT  LP- PGVDPTQV SSSLS PEG TITVEAP 168
HspB2_HUMAN      65 SELRLS   E ---G KFQAFLD  VS ---HF TPDE  VTVRTV D--N LLEVSAR  -H-PQRLDRHGF-----------VSR--- EFCRTYV  LP- ADVDPMRV RAALS HDG LINLEAP 147
HspB3_HUMAN      62 TPPREG   S ---S HFQILLD  VK ---QF LFSND IIIQYF E--G WLLIKAQ  -H-GTRMDEHGF-----------ISR--- SETRQYK  LP- DGVEIKDL SAVLC HDG LIVVEVK 144
HspB4_HUMAN      62 SEVRSD   R ---D KFVIFLD  VK ---HF SPED  LTVKVQ D--D FVEIHGK  -H-NERQDDHGY-----------ISR--- EFHRRYR  LP- SNVDQSAL SCSLS ADG MLTFCGP 144
HspB5_HUMAN      66 SEMRLE   K ---G HFSVNLD  VK ---HF SPEE  LKVKVL G--D VIEVHGK  -H-EERQDEHGF-----------ISR--- EFHRKYR  LP- ADVDPLTI TSSLS SDG VITVNGP 148
HspB6_HUMAN      65 AQVPTD   P ---G HFSVLLD  VK ---HF SPEE  IAVKVV G--E HVEVHAR  -H-EERPDEHGF-----------VAR--- EFHRRYR  LP- PGVDPAAV TSSLS PEG VLSIQAA 147
HspB7_HUMAN      73 GNIKTL   G ---D AYEFAVD  VR ---DF SPED  IVVTS  N--N HIEVRA   -----EKLAADGT----------VMN--- TPAHKCQ  LP- EDVDPTSV TSALR EDG SLTIRAR 152
HspB8_HUMAN      87 TPPPFP   G ---E PWKVCVN  VN ---SF APEE  LMVKTK D--G YVEVSGK  -H-EEKQDEGQ------------VSK--- NEFTKIQ  LP- AEVDPVTV FASLS PEG LLIIEAP 169
HspB9_HUMAN      46 -DNDHA   R ---D GFQMKLD  AH ---GF APEE  LVVQVD Q--Q WLMVTGQ  -Q-QLDVRDPER-----------VSYRMSQ KVIHRKM  LP- SNLSPTAM TCCLT PSG QIWVRGQ 130
HspB10_HUMAN    116 LASSCC   S ---S NILGSVN  VC ---GF EPDQ  VKVRVK D--D KVCVSAE  -K-ENRYDCLGSK----------KYSI-M- NICKEFS  LP- PCVDEKDV TYSYG LGS CVKIESP 201
pp25_HUMAN       59 IERLVI   Q ---S YFVQTLK  IEKSTSK-EPVD  FEQWIE K--D LVHTEGQ  LQNEEIVAHDG------------SA--- TYLRFII  V-  SAFDHFAS VHSVS AEG TVVSNLS 143
Hsp16.5_METJA    45 ISIIEG   D ---Q HIKVIAW  LP--GV-NKED  IILNAV G--D TLEIRAK  -R-SPLMITESERIIYSEIPEE--------EIYRTIK LP- ATVKEENA SAKFE N-G VLSVILP 134
Hsp16.9_WHEAT    46 MDWKET   P ---E AHVFKAD  LP--GV-KKEE  VKVEVE D--GN LVVVSGE  -R-TKEKEDKNDKWHRVERSSG--------KFVRRFR LL- EDAKVEEV KAGLE N-G VLTVTVP 135
Hsp20.2_ARCFU    42 VDVIDE   Q ---E QIRVVAD  LP--SKED  LEIYFE D--G DIVIKAE  -K-KEE-FEEKKGEYLRRERRMG-------KVYRRIA LP- AGLDIDAV KAKYN N-G VLEITIP 130
Tsp36-1_TAESA   104 ----YE VGKDGRL HFKVYFN  VK---NF KAEE  IIKKAD K--N KLVVRAQ  -K-SVACGDAAM-----------SE--- SVGRSIP  LP- PSVDRNHI QATIT TDD VIVIEAP 186
Tsp36-2_TAESA   228 ---AE  D ---G SKKIHLE  LKVDFHF-APKD  VKVWAK G--N KVYVWGV  -T-GKEEKTENA-----------SHSEHR- EFYAFV   TP- EVVDASKT QAEIV D-G LMVVEAP 311
Hsp26_YEAST      94 VDILDH   D ---N NYELKVV  VP--GVKSKKD  IDIEYH QNKN QILVSGE  -I-PSTLNEESKDKVKVKESSSG--------KFKRVIT LP- DYPGVDADNI KADYA N-G VITLTVP 188
Acr1_MYCTU       40 LEDEMK   E ---G RYEVRAE  LP--GVDPDKD  VDIMVR D--G QLTIKAE  -R-TEQKDFDGR-----------SEFA-YG- SFVRTVS  LP- VGADEDDI KATYD K-G LVITVSA 127
shsp_THEK1       59 ADIFDR   G ---D RFVITVE  LP--GV-RKED  IKGRVT E--D TVYIEAQ  -M-RREKELEQEGAIRIERYSG--------YRRVIR  LP- EEVIPEKA KARYN N-G VLEIEIP 147
CRYAA_BOVIN      62 SEVRSD   R ---D RFVIFLD  VK---HF SPED  LTVKVQ E--D FVEIHGK  -H-NERQDDHGY-----------ISR--- EFHRRYR  LP- SNVDQSAL SCSLS ADG MLTFSGP 144
CRYAB_BOVIN      66 SEMRLE   K ---D RFSVNLD  VK---HF SPEE  LKVKVL G--D VIEVHGK  -H-EERQDEHGF-----------ISR--- EFHRKYR  IP- ADVDPLAI TSSLS SDG VLTVNGP 148
```

```
C-ter
HspB1_HUMAN     169 --------MPKLATQSNEITIPVTFESRAQLGGPEAAKSDETAAK---- 205
HspB2_HUMAN     148 ------RGGRHLDTEVNEVYISLLPAPPDPEEEEEAAIVEP-------- 182
HspB3_HUMAN     145 ----------------DP----VGTK---------------------- 150
HspB4_HUMAN     145 ------KIQTGLDATHAERAIPVSREEKP--TSAPSS------------ 173
HspB5_HUMAN     149 ----------RKQVSGPERTIPITREEKPAVTAAPKK----------- 175
HspB6_HUMAN     148 ---------PASAQAPPP--------------AAAK------------ 160
HspB7_HUMAN     153 -----RHPHTEHVQQTFRTEIKI------------------------ 170
HspB8_HUMAN     170 ----QVPPYSTFGESSFNNELPQDSQEVTCT----------------- 196
HspB9_HUMAN     131 ---CVALALPEAQTGPSPRLGSLGSKASNLTR---------------- 159
HspB10_HUMAN    202 CYPCTSPCSPCSPCNPCNPCSPCNPCSPYDPCNPCYPCGSRFSCRKMIL 250
pp25_HMAN       144 S--------------------------------------------- 144
Hsp16.5_METJA   135 ----------KAESSIKKGINIE------------------------- 147
Hsp16.9_WHEAT   136 ----------KAEVKKPEVKAIQISG---------------------- 151
Tsp36_TAESA     312 ----LFK----------------------------------------- 314
Hsp26_YEAST     189 ------KLKPQKDGKNHVKKIEVSSQESWGN----------------- 213
Hsp20.2_ARCFU   129 -----------KLKK-DRKAVQIE------------------------ 140
Acr1_MYCTU      128 ---------VSEGKPTEKHIQIRSTN---------------------- 144
shsp_THEK1      148 ---------KKKPTKPEKEGVEVKIE---------------------- 164
CRYAA_BOVIN     145 ------KIPSGVDAGHSERAIPVSREEKP--SSAPSS----------- 173
CRYAB_BOVIN     149 ----------RKQASGPERTIPITREEKPAVTAAPKK----------- 175
```

Figure 7. *Alignement multiple de séquences de la région N-terminale (N-ter), du domaine α-cristalline (ACD) et de l'extension C-terminale (C-ter) de vingt sHsps : les onze sHsps humaines (de HspB1 à pp25), la Hsp16.5 de* Methanococcus jannaschii, *la Hsp16.9 de blé, Tsp36 de* Taenia saginata, *la Hsp26 de levure, la Hsp20.2 d'*Archaeoglobus fulgidus, *Acr1 de* Mycobacterium tuberculosis, *shsp d'*hyperthermophilic archaeum *et les αA et αB bovines. Tsp36 comprend une région N-ter, deux domaines ACD séparés par un peptide de liaison (séquence non montrée), et suivie par une extension C-ter ; Tsp36-1 et Tsp36-2 se réfèrent aux séquences du premier et du second domaine ACD, respectivement. En italique sont indiqués les acides aminés absents de la structure 3D. Les structures secondaires du domaine ACD sont indiquées par B pour les brins β ou L pour les boucles. Les sites conservés en acides aminés (exactement identiques ou avec des propriétés physico-chimiques similaires) sont surlignés en gris. Surligné en jaune sont indiqués les motifs conservés : WDPF, PG et IXI. Surligné en vert est indiqué le résidu R conservé site de nombreuses mutations. En lettre bleue, les sites identifiés de phosphorylation (S et T).*

Tableau 1.

nom	autres noms[a]	protéine / identité espèce	n° accès Swiss Prot
HspB1	Hsp27, Hsp28	*Homo sapiens*	P04792
HspB2	MKBP	*Homo sapiens*	Q16082
HspB3	Hspl27	*Homo sapiens*	Q12988
HspB4	αA-cristalline	*Homo sapiens*	P02489
HspB5	αB-cristalline	*Homo sapiens*	P02511
HspB6	Hsp20	*Homo sapiens*	O14558
HspB7	cvHsp	*Homo sapiens*	Q9UBY9
HspB7	*Isoforme*	*Homo sapiens*	*Q9UBY9-2*
HspB7	*Isoforme*	*Homo sapiens*	*Q9UBY9-3*
HspB8	Hsp22, H11kinase	*Homo sapiens*	Q9UJY1
HspB9		*Homo sapiens*	Q9BQS6
HspB10	Odf1	*Homo sapiens*	Q14990
HspB11	pp25, Hsp16.2, C1orf41	*Homo sapiens*	Q9Y547
Hsp16.9		*Triticum aestivum*	Q41560
Hsp16.5		*Methanococcus jannaschii*	Q57733
Tsp36	R-Tso2	*Taenia saginata*	Q7YZT0
Hsp26		*Saccharomyces cerevisiae*	P15992
Hsp20.2		*Archaeoglobus fulgidus*	O28308
Acr1	Hsp16.3	*Mycobacterium tuberculosis*	P0A5B7
Shsp		*Thermococcus sp strain KS-1*	Q9C4M2
αA-cristalline		*Bos taurus*	P02470
αB-cristalline		*Bos taurus*	P02510

[a]Dénomination des onze sHsps humaines, des sept sHsps dont une structure 3D est connue et des deux cristallines bovines.

24

Tableau 2.

protéine nom	nom[a]	localisation[b]	gène / ADN NCBI[c]	nb. exons[d]
HspB1	HSPB1	7q12.3	NM_001540	3
	HSPB1-psg*	Xp11.23	NG_008236	1
	HSPB1-psg*	9q21.13	NR_024392	1
HspB2	HSPB2	11q22-q23	NM_001541	2
HspB3	HSPB3	5q11.2	NM_006308	1
HspB4	CRYAA	1q22.3	NM_000394	3
HspB5	CRYAB	11q22.3-q23.1	NM_001885	3
HspB6	HSPB6	19q13.12	NM_144617	3
HspB7	HSPB7	1p36.23-p34.3	NM_014424	3
HspB8	HSPB8	12q24.23	NM_014365	3
HspB9	HSPB9	17q21.2	NM_033194	1
HspB10	ODF1	8q22.3	NM_024410	2
HspB11	pp25	1p32.1-p33	NM_016126	6
Hsp16.9	HSP16.9		AM709754	1
Hsp16.5	HSP16.5		NC_000909	
Tsp36	Tsp36		AJ551179	5
Hsp26	HSP26		NC_001134	1
Hsp20.2	HSP20.2		NC_000917	
Acr1	hspX		NC_000962	
shsp	shsp			
αA-cristalline	CRYAA		NM_174289	
αB-cristalline	CRYAB		NM_174290	

[a]Noms des gènes codant les onze sHsps humaines, les sept sHsps dont une structure 3D est connue et les deux α-cristallines bovines. [b]Pour les gènes d'origine humaine uniquement, sont indiquées leurs localisations dans le génome. [c]Codes d'accès aux séquences d'ARNm ou d'ADN. [d]Nombre d'exons dans la séquence nucléotidique. *psg pour pseudogène. Sources : Swiss Prot, http://www.expasy.org/.

Tableau 3.

nom	protéine / structure primaire (acide aminé, 1 S.U.)				charge[e]			structure quaternaire		
	nb. a.a.[a]	M (Da)[b]	pI théo.[c]	ε_{280nm} (M^{-1}.cm^{-1})[d]	-	+	nb. cys.[f]	code PDB	Md/Pd[g]	nb. S.U.[h]
HspB1	205	22782,5	5,98	1,775	26	23	1		Pd	
HspB2	182	20232,5	5,07	0,714	30	18	1		Pd	
HspB3	150	16965,5	5,66	0,588	23	18	2		Pd	
HspB4	173	19909,3	5,77	0,725	25	20	2		Pd	
HspB5	175	20158,9	6,76	0,693	25	24	0		Pd	~30
HspB6	160	17135,6	5,95	0,582	18	14	1		Pd	
HspB7	170	18610,5	6,04	0,080	22	18	1		Pd	
Isoforme	*175*	*19088,0*	*6,12*	*0,078*	*22*	*18*	*1*			
Isoforme	*68*	*7344,0*	*8,40*		*6*	*7*	*0*			
HspB8	196	21604,3	5,00	1,225	26	19	3		Pd	
HspB9	159	17485,9	9,16	0,714	15	19	4		Pd	
HspB10	250	28393,1	8,46	0,840	27	37	36		Pd	
HspB11	144	16297,2	4,93	0,858	22	11	2		Pd	
Hsp16.9	151	16867,1	6,19	0,978	27	26	0	1gme	Md	12
Hsp16.5	147	16452,0	5,06	0,515	22	17	0	1shs	Md	24
Tsp36	314	35575,4	5,66	0,715	51	42	1	2bol	Md	2
Hsp26	213	23748,4	5,31	0,902	33	28	0	2h50	Md	24
								2h53		
Hsp20.2	140	16537,1	5,35	0,360	31	28	0		Md	24
Acr1	144	16227,2	5,00	0,275	26	20	0	2byu	Md	12

26

Tableau 3.

| nom | protéine / structure primaire (acide aminé, 1 S.U.) | | | | charge[e] | | | structure quaternaire | | |
	nb. a.a.[a]	M (Da)[b]	pI théo.[c]	ε_{280nm} (M⁻¹.cm⁻¹)[d]	-	+	nb. cys.[f]	code PDB	Md/Pd[g]	nb. S.U.[h]
Shsp	164	19994,9	5,91	1,622	36	35	0		Md	24
αA-cristalline	173	19790,1	5,78	0,730	25	20	1		Pd	
αB-cristalline	175	20036,7	6,76	0,698	25	24	0		Pd	

[a]Nombre d'acides aminés constituant la structure primaire de la protéine. [b]Masse moléculaire en dalton. [c]Point isoélectrique théorique calculé à partir de la séquence primaire de la protéine et [d]coefficient d'extinction molaire théorique, source : Protparam. [e]Nombre de charges négatives et positives portées par la protéine. [e]Le nombre de charges négatives correspond à la somme des résidus aspartate et glutamate ; le nombre de charges positives correspond à la somme des résidus arginine et lysine, présents dans la séquence primaire de la protéine. [f]Nombre de cystéine contenue dans la protéique. [g]Md : pour monodisperse et Pd pour polydisperse. [h]Nombre de sous-unités constituant l'assemblage natif de la sHsp.

27

a. Domaine « ACD », région N-terminale et extension C-terminale.

Les protéines de la famille des sHsps possèdent un domaine protéique très conservé de quatre-vingt à cent acides aminés environ (figure 8 A). Ce domaine est appelé le « domaine alpha-cristalline » ou ACD. L'identité de séquence du domaine ACD varie de 20 % pour les sHsps bactériennes (de Jong et al., 1998) et 60 % pour celles de mammifères (Berengian et al., 1999).

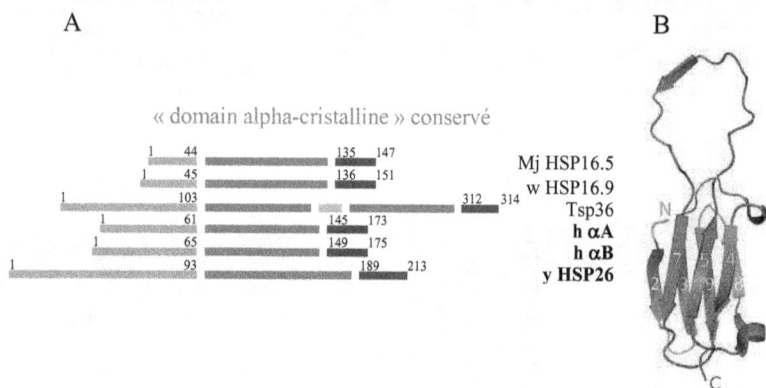

Figure 8. *Le domaine ACD.* **A**, *Représentation schématique des séquences primaires de différentes sHsps : la région N-terminale, le domaine ACD et l'extension C-terminale sont respectivement en vert, rouge et bleu. La numérotation des premiers et derniers acides aminés, de chaque domaine, est précisée au-dessus. Les différences de masse moléculaire entre les sHsps s'expliquent principalement par les différences de longueur des domaines N-terminaux du domaine ACD.* **B**, *Le domaine ACD des sHsps forme un ensemble de sept brins β assemblés en deux feuillets β (sandwich β).*

Les motifs conservés le sont principalement dans le domaine ACD. Ces motifs permettraient la formation de dimères, unité de base pour la formation d'oligomères (Gusev et al., 2002). Le domaine ACD contient aussi le motif SCM pour self complementary motif. Dans l'αB, le motif SCM correspond aux résidus 74 à 96 et 103 à 110. Ce motif est nécessaire à la stabilisation de la structure secondaire et quaternaire, ainsi qu'à l'activité de type chaperon. Les travaux de Ghosh ont confirmé

28

l'importance des résidus 75 à 82 dans la dimérisation et la fonction *in vitro* (Ghosh et al., 2005). Le motif PG, qui se situe entre les brins β B3 et β B4 du domaine ACD, apparaît comme un motif discriminant pour les sHsps d'animaux qui ne le possèdent pas. Parmi 344 séquences de sHsps représentatives du monde vivant, X. Fu et Z. Chang montrent que ce motif PG est majoritairement conservé dans toutes les séquences de sHsps excepté celles d'animaux (Fu et Chang, 2006). La boucle L57 est la zone la plus variable du domaine ADC, celle où il a fallu insérer le plus de trous dans l'alignement multiple de séquences (figure 7, page 22).

En amont du domaine ACD, on trouve un domaine N-terminal de séquence et de taille variable. Le domaine N-terminal le plus court correspond aux 24 résidus protéiques de la sHsp de *Caenorhabditis elegans* et le plus long aux 246 résidus de la Hsp42 de *Saccharomyces cerevisiae*. Toutefois des motifs conservés ont été identifiés dans cette région, comme par exemple le motif « WDPF » (Sugiyama et al., 2000 ; Fontaine et al., 2003). C'est dans le domaine N-terminal qu'il y a eu le plus de variations dues à l'évolution, puisque ce dernier peut contenir des séquences d'adressage des sHsps (plante) et des sites de phosphorylation.

En aval se trouve une extension C-terminale de séquence et de taille variable et flexible qui comporte le motif consensus IXI. Chargée négativement, elle semble impliquée dans la stabilité des sHsps (Boelens et al., 1998). Elle est essentielle au maintien de la fonctionnalité des sHsps *in vivo* (Martin et al., 2002). L'extension C-terminale la plus courte correspond à deux résidus chez *Caenorhabditis elegans* et le plus long : 49 résidus chez drosophila Hsp27 ou Artenia p26.

La différence de masses molaires entre les sHsps s'explique par la différence de longueur des domaines N-terminaux, par les grandes variations existant dans la boucle entre les brins β B5 et β B7 du domaine ACD et par le contenu de l'extrémité C-terminale (Gusev et al., 2002 ; figures 7, cf. page 22, et 8).

b. Structures secondaires et tertiaires.

Les prédictions de structure secondaire, confirmées depuis par les structures 3D, indiquent que les sHsps adoptent une structure en feuillet β, principalement dans le domaine ACD (de Jong et al., 1998 ; Fontaine et al.,

2003 ; Kappe et al., 2003 ; figure 8 B). Les données de dichroïsme circulaire indiquent que 60 à 70 % du polypeptide est arrangé en feuillets β, tandis qu'une faible quantité est en hélice alpha (Thomson et Augusteyn, 1989). L'infrarouge donne environ 50 % de feuillets β.

D'après les structures 3D, le domaine ACD correspond à un ensemble de sept brins β (quatre-vingt acides aminés environ) formant un sandwich β déjà suggéré à partir des analyses de structures secondaires (de Jong et al., 1993). L'extension N-terminale peut contenir des hélices alpha (van Montfort et al., 2001). Le domaine ACD a une structure proche de celles des immunoglobulines (Mornon et al., 1998), mais les interconnexions entre les feuillets sont différentes. Des variations dans la boucle inter domaine entre les brins β B5 et β B7 sont observables selon les organismes et selon le type de sHsps. Cette boucle est importante pour les interactions entre sous-unités (Augusteyn, 2004).

c. Structures quaternaires.

Une des caractéristiques des sHsps est la formation d'assemblages complexes de haut poids moléculaire à partir de petites sous-unités (12 à 43 kDa). Seule Hsp12.6 de *Caenorhabditis elegans* existe sous forme monomérique, (Leroux et al., 1997b). Les sHsps peuvent être ou monodisperses - c'est-à-dire avec un nombre fixe de sous-unités comme c'est le cas chez les plantes ou les archaebactéries - ou bien polydisperses - avec un nombre variable de sous-unités comme chez les mammifères (tableau 3, cf. page 26).

La polydispersité est un des facteurs limitants faisant qu'à ce jour seulement trois structures 3D aient été résolues par cristallographie (tableau 3, cf. page 26) :

• La Hsp16.5 de l'archaebactérie hyperthermophile *Methanoccus jannaschii*, forme un complexe de vingt-quatre sous-unités (code PDB : 1shs ; Kim et al., 1998a et b ; figure 9). Deux fois six dimères sont arrangés en anneaux avec une symétrie octaédrique. La résolution est de 2,90 Å, mais la structure est incomplète puisqu'il manque les trente-huit premiers acides aminés de la séquence primaire. Les extrémités N-terminales de chaque sous-unité, sont désordonnées et non résolues, mais la microscopie électronique et les techniques de spectroscopies montrent qu'elles sont

30

localisées dans l'anneau. La structure en anneau est maintenue par des liaisons hydrophobes entre les extensions C-terminales et les domaines ACD adjacents et peut être aussi par l'extrémité N-terminale.

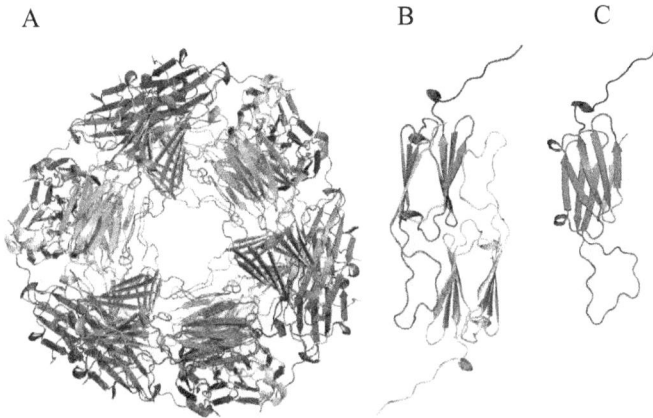

Figure 9. Structure 3D de Hsp16.5 obtenue par diffraction des rayons X (code PDB : 1shs). **A**, Oligomère de vingt-quatre sous-unités arrangées en deux anneaux de six dimères chacun. **B**, Dimères de Hsp16.5. **C**, Monomère de Hsp16.5. La région N-terminale, le domaine ACD et l'extension C-terminale sont respectivement colorés en vert, rouge et bleu.

• La Hsp16.9 de blé *Triticum aestivum*, forme un complexe de douze sous-unités (code PDB : 1gme ; van Montfort et al., 2001 ; figure 10). L'assemblage dodécamérique est de symétrie D3 et la résolution de 2,70 Å. La protéine est arrangée en deux anneaux empilés de trois dimères chacun. La moitié des sous-unités a des domaines N-terminaux ordonnés (en hélice alpha) qui participent à la stabilité de la structure et l'autre moitié n'a pas de domaine N-terminal résolu. Les régions N- et C-terminales sont essentielles pour former cet assemblage.

Les deux sous-unités composant un dimère de Hsp16.9 sont quasi équivalentes ; c'est-à-dire, qu'à partir d'une même structure primaire, ces deux sous-unités adoptent des conformations différentes (structures secondaires et tertiaires). En effet, l'une des deux régions N-terminales est désordonnée, alors que l'autre contient une hélice alpha. Cette hélice est utilisée, par le biais d'interactions avec une hélice N-terminale d'un autre dimère pour stabiliser l'assemblage final (figure 10).

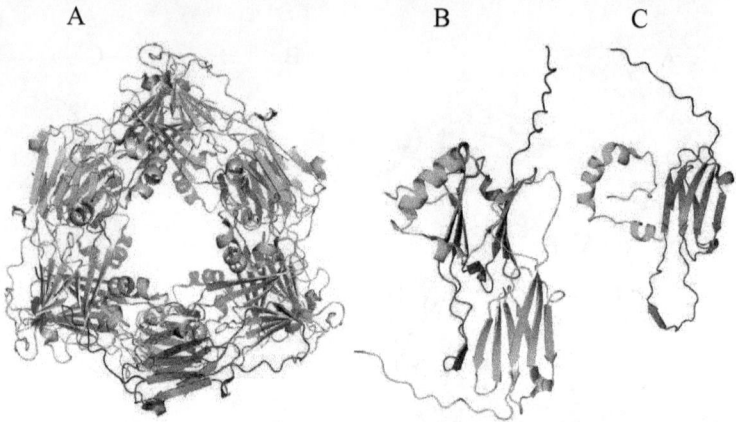

*Figure 10. Structure 3D de Hsp16.9 obtenue par diffraction des rayons X (code PDB : 1gme). **A**, Oligomère de douze sous-unités arrangées en deux anneaux de trois dimères chacun. **B**, Dimères de Hsp16.9. **C**, Monomère de Hsp16.5. La région N-terminale, le domaine ACD et l'extension C-terminale sont respectivement colorés en vert, rouge et bleu.*

- La Tsp36 du ver parasite *taenia saginata* forme un dimère, dont chaque sous-unité possède deux domaines ACD espacés par un peptide de liaison de quarante-et-un résidus (code PDB : 2bol ; Stamler et al., 2005 ; figure 11). La résolution est de 2,50 Å. La structure est incomplète, il manque une douzaine d'acides aminés de la boucle entre les brins β B5 et β B7 du second domaine ACD.

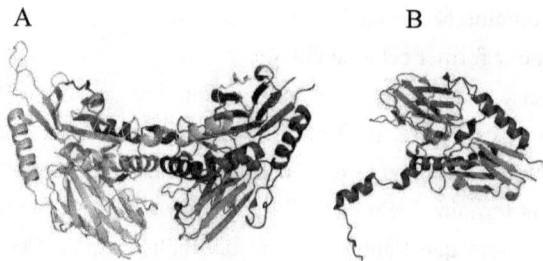

Figure 11. *Structure 3D de Tsp36 obtenue par diffraction des rayons X (code PDB : 2bol). Chaque sous-unité de Tsp36 contient deux domaines ACD successifs, séparés par un peptide de liaison. **A**, Dimères de Tsp36. **B**, Monomère de Tsp36. La région N-terminale, les domaines ACD, le peptide de liaison et l'extension C-terminale sont respectivement colorés en vert, rouge, gris et bleu.*

Le développement de la microscopie électronique, ME, a permis d'obtenir la structure quaternaire (l'enveloppe ou la forme) de quelques autres sHsps monodisperses :

- La shsp de l'archaebactérie hyperthermophile *Thermococcus sp. strain KS-1* (Usui et al., 2001), est un oligomère sphérique de vingt-quatre sous-unités et de diamètre externe égal à 14 ± 1 nm. Cette structure 3D est calquée sur le modèle de la Hsp16.5 de l'archaebactérie hyperthermophile *Methanoccus jannaschii*.

- L'Acr1 ou la Hsp16.3 de *Mycobacterium tuberculosis* (code PDB : 2byu obtenue à partir de 1gme ou 1shs ; Kennaway et al., 2005), forme un ensemble de douze sous-unités arrangées en une structure tétraédrique avec une cavité centrale. Le domaine N-terminal est désordonné, il interagit très probablement avec la surface interne de la cavité. Le domaine C-terminal interagit lui avec le domaine ACD adjacent. Il existe une Acr2 qui a 43 % d'identité de séquence avec Acr1 (et 55 % si on ne tient compte que du domaine ACD). Acr1 est exprimée pendant la phase de dormance et pas pendant la phase de croissance exponentielle de *Mycobacterium tuberculosis*.

- Il existe deux structures basse résolution, obtenues par cryomicroscopie, de la Hsp26 de levure *Saccaromyces cerevisiae* (codes PDB : 2h50 et 2h53, deux structures claquées sur 1shs et 1gme ; White et al., 2006). Vingt-quatre sous-unités s'assemblent en coquille creuse (de symétrie tétraédrique et de résolution de 1,1 nm) et adoptent deux formes : une compacte et une étendue. Le diamètre externe de ces deux formes varie peu (5 %, soit 19 et 20 nm). Au contraire, l'organisation interne est beaucoup plus divergente.

- La Hsp20.2, une sHsp d'*Archaeoglobus fulgidus* (Haslbeck et al., 2008) a une structure obtenue à l'aide de celle de la Hsp16.5 (1shs) et la résolution est de 1,9 nm. En ME, deux types d'oligomères sphériques octaédriques de vingt-quatre sous-unités sont visibles : l'un avec un centre dense aux électrons et l'autre avec un centre moins dense aux électrons ; ceci indique la présence d'une cavité centrale plus ou moins ouverte. Cette densité interne varie avec la température et les deux formes coexistent dans différents ratios, leurs diamètres sont de 10,5 et 12,0 nm.

Malheureusement jusqu'à présent, aucune sHsp humaine n'a été cristallisée, du fait de leur polydispersité, cependant des modèles 3D de monomères et (ou) de dimères d'αB et de Hsp27 ont été proposés (Ghosh et Clark, 2003 ; Theriault et al., 2004 et Purkiss, travaux non publiés). De plus, les études de SAXS et de ME montrent que les sHsps polydisperses sont des protéines globulaires en solution qui adoptent généralement une structure oligomérique sphérique en coquille et sans axe de symétrie visible (Haley et al., 2000). Des modèles d'assemblages avaient été proposés bien avant la détermination de la première structure 3D (Tardieu et al., 1986 ; Walsh et al., 1991), mais ce type d'approche est actuellement abandonné au profit de la recherche de nouvelles données expérimentales.

À partir de données obtenues surtout par chromatographie, il a été possible d'avoir des informations de taille et de masse moléculaire au sujet des sHsps polydisperses. L'αA, l'αB forment des complexes de haut poids moléculaire de respectivement 450 et 650 kDa environ. Dans le cas de la Hsp22, aucune donnée de la littérature n'est claire, elle pourrait s'organiser en assemblages allant du monomère au tétramère (Shemetov et al., 2008).

Certains pensent que pour les sHsps le dimère est l'élément de base de la formation des oligomères. Le dimère serait formé selon un axe de symétrie entre deux feuillets β proches des domaines N-terminaux (Koteiche et al., 1998 ; Berengian et al., 1999). La formation d'oligomères passerait par deux étapes avec dans un premier temps la formation de dimères et ensuite la formation d'oligomères (Ehrnsperger et al., 1999). Pour la dimérisation, les résidus 141 à 176 de la Hsp27 et 68 à 175 de l'αB semblent importants (Liu et Welsh, 1999). Le domaine ACD, lui, est très utile pour la formation d'oligomères, mais les extrémités N- et C-terminales y participent également (Boelens et al., 1998 ; Liu et Welsh, 1999 ; Bova et al., 2000 ; Lindner et al., 2000 ; Pasta et al., 2004).

Les sHsps peuvent former des homo-oligomères, mais aussi des hétéro-ologomères (avec d'autres sHsps). Certaines formations hétéro-oligomériques ont été mises en évidence (Zantema et al., 1992 ; Bova et al., 1997 et 2000 ; Liu et Welsh, 1999 ; Sugiyama et al., 2000 ; Fu et Liang, 2002 ; Sun et al., 2004 ; Fontaine et al., 2005). Le processus contrôlant la formation d'hétéro-complexes n'est pas encore connu. À ce jour, un seul modèle d'hétéro-dimère entre sHsps est publié. Ce modèle fondé sur la structure de la Hsp16.9, concerne les domaines ACD et C-terminaux des αA et αB (Guruprasad et Kumari, 2003). Il semble que des propriétés propres à chaque sHsp aboutissent à des interactions et affinités différentes entre les sHsps. Les domaines N- et C-terminaux, de par leur variabilité, sont soupçonnés d'intervenir dans la spécificité d'interaction entre les sHsps. D'autres mécanismes de régulation interviennent parmi lesquels la phosphorylation (Sun et al., 2006). Enfin la formation d'hétéro-complexes permettrait la stabilisation des sHsps. Par exemple les complexes formés par les αA et αB ou les αB et Hsp27 sont plus stables que les homo-complexes formés par ces protéines (Sun et Liang, 1998a ; Fu et Liang, 2003).

d. Modifications post-traductionnelles.

Il existe plusieurs types de modifications post-traductionnelles comme la phosphorylation, la déamination, la désamidation, l'acétylation, la S-thiolation, l'oxydation, la racémisation/isomérisation ou encore la glycation (Kim et al., 1983 ; Voorter et al., 1986 ; Groenen et al., 1994 ; van Boekel et al., 1996). La phosphorylation des sHsps est de loin le mécanisme le plus étudié et semble le plus significatif.

Seules la Hsp27, l'αA, l'αB, la Hsp20 et la Hsp22 possèdent des sites de phosphorylation identifiés, sur des résidus sérines notamment : les sérines 15, 78 et 82 de la Hsp27, la sérine 122 de l'αA, les sérines 19, 45 et 59 de l'αB, les sérines 16 de la Hsp20 (Beall et al., 1997) et enfin les sérines 14 et 27 ainsi que les thréonines 63 et 87 de la Hsp22. La phosphorylation des sHsps peut être induites par différents stimuli d'origines physiologiques (la mitose ; Inaguma et al., 2001), environnementaux (chocs thermiques ; Welch, 1985) ou bien pathologiques (protéines mutées ; Kato et al., 2001). C'est l'activité de kinases qui permet la phosphorylation des acides aminés et cette modification est réversible *via* l'activité de phosphatases.

La phosphorylation apparaît comme un modulateur important de la fonction, de l'oligomérisation et de la localisation des sHsps. La phosphorylation influe sur l'état d'oligomérisation. Pour la Hsp27 et l'αB, les formes phosphorylées sont des complexes de plus petites tailles (Rogallo et al., 1999), ce qui permettrait l'exposition du domaine N-terminal. La phosphorylation influence l'interaction des sHsps avec d'autres sHsps et certaines de leurs cibles *in vitro* (Bukach et al., 2004 ; Sun et al., 2006). La phosphorylation influe aussi sur la localisation cellulaire. En effet, elle régulerait l'activité de modulation de la machinerie de polymérisation des microtubules, de l'αB (Kato et al., 2002), ainsi que la translocation de cette protéine vers le noyau (sérine 59 ; den Engelsman 2005). L'αB, dans le noyau, pourrait réguler la transcription de certains gènes.

e. Localisation et taux d'expression des sHsps.

Les sHsps sont des protéines ubiquitaires présentes dans tous les règnes : des procaryotes aux eucaryotes supérieurs. Le nombre et le taux d'expression des sHsps sont variables d'une espèce à l'autre. Chez les plantes un maximum de vingt protéines peut être atteint (Arrigo et Landry, 1994), alors que l'homme n'en possède que onze (Fontaine et al., 2003 ; Kappe 2003).

Des membres de la famille des sHsps se retrouvent dans tous les organes et tissus d'un même organisme, mais leurs synthèses varient considérablement en fonction du type cellulaire, des conditions physiologiques et de l'organisme considéré. Les onze sHsps humaines peuvent être classées en deux sous-groupes distincts (Taylor et Benjamin, 2005). Le premier groupe correspond aux protéines dont l'expression est ubiquitaire, alors que le second se rapporte aux sHsps exprimées de façon restreinte dans certains tissus. Les protéines dont l'expression est ubiquitaire sont : Hsp27, Hsp20, Hsp22 et αB. Les sHsps tissu-spécifiques sont MKBP, HspB3, αA, cvHsp, HspB9, Odf1 et pp25. Cette classification suggère deux niveaux dans la réponse aux stress : un très général assuré par le premier groupe et l'autre plus spécifique géré par le second.

36

Il convient aussi de distinguer les conditions dites « normales » (physiologiques) des conditions pathologiques (stress, variations environnementales). Chez les mammifères, les sHsps sont principalement des protéines solubles du cytosol (Arrigo et al., 1988 ; Preville et al., 1996). Suite à un stress, l'association des sHsps avec les différents éléments de la cellule (appareil de Golgi, membrane cellulaire, cytosquelette) a été rapportée (Andley, 2007 ; Arrigo et al., 2007). L'expression des sHsps de mammifères est considérée comme étant régulée principalement au niveau transcriptionnel (Davidson et al., 2002). Toutefois, il existe sans doute d'autres mécanismes de régulation de l'expression des sHsps, qui peuvent être induite suite à un stress.

L'expression basale des sHsps varie en fonction du type cellulaire. Parmi les sHsps humaines certaines ont une expression restreinte telles les HspB9 ou Odf1 qui ne s'expriment que dans les testicules, alors que la Hsp27, l'αB et la Hsp22 ont une expression très large. La Hsp27, l'αB et la Hsp22 sont exprimées constitutivement dans des tissus possédant un haut niveau de métabolisme oxydatif (cœur, cerveau, fibres musculaires squelettiques I et II et reins ; Iwaki et al., 1990 ; Sax et Piatigorsky, 1994 ; Graw, 1997 ; Neufer et al., 1998). Chaque tissu va disposer d'une batterie de sHsps constitutives adaptée à ses besoins spécifiques. Par exemple dans le muscle, Hsp27, MKBP, HspB3, αB, Hsp20 et Hsp22 sont exprimées. Plusieurs combinaisons de complexes de sHsps sont ainsi possibles, par exemple, pendant la différenciation cellulaire, les complexes de type I formés par Hsp27, αB et Hsp22 et les complexes de type II formés par MKBP, HspB3 et Hsp20 (Sugiyama et al., 2000). En conclusion, la composition des complexes formés est un élément régulateur de l'interaction sHsp/protéine *in vivo* (Preville et al., 1998). On sait dire quelles sHsps sont présentes dans quels tissus, mais on ne connaît pas la stoechiométrie au sein du complexe de sHsps, exception faite de l'œil où la composition en sHsp du cristallin est bien connue. Chez l'homme adulte, l'αA et l'αB forment un hétéro-complexe d'environ 800 kDa dans un ratio (3:1) respectivement. Le taux d'expression des sHsps varie au cours du développement, de la différenciation et du cycle cellulaire.

Chez les mammifères, les sHsps participent à la différenciation précoce. Par exemple, la Hsp27 est exprimée transitoirement dans les cellules souches embryonnaires, les cellules B, les ostéoblastes, les kératinocytes, les neurones, les cellules musculaires, les cardiomyocytes (Spector et al., 1992 ; Stahl et al., 1992 ; etc.). Il semble que la Hsp27 joue un rôle essentiel lors de la transition entre la division cellulaire et la différenciation (Chaufour et al., 1996). De plus, elle s'exprime très fortement dans les muscles cardiaques et squelettiques, les poumons, le colon et le cristallin de souris adulte (Klemenz et al., 1993). Des variations du taux d'expression de la Hsp27 sont observées au cours du cycle menstruel chez la femme (Ciocca et al., 1983). Les α-cristallines s'expriment précocement durant le développement de l'œil et l'expression de l'αB commence avant celle de l'αA chez l'homme et la souris (Oguni et al., 1994 ; Robinson et Overbeck, 1996). Le taux d'αB varie au cours du développement des muscles cardiaques et squelettiques, sa synthèse s'effectuerait sous modulation hormonale chez l'homme (Klemenz et al., 1994).

Lors d'un stress, le taux d'expression d'αB ou Hsp27 peut être multiplié par dix et représenter jusqu'à 1 % des protéines totales dans certains types cellulaires (Arrigo et al., 1994). Il semble que seules la Hsp27, l'αB et la Hsp22 soient inductibles lors d'un stress environnemental (Chowdary et al., 2004). Une modification des niveaux d'expression ou une expression ectopique des gènes de MKBP, HspB3 et Hsp20, n'a été détectée que dans le cas de pathologies (Fan et al., 2005 ; David et al., 2006 ; Wilhelmus et al., 2006). La synthèse de l'αB est spécifiquement activée par certaines drogues qui déstabilisent les microtubules, alors que la Hsp27 n'est pas stimulée (Kato et al., 1996). Chez la levure, qui n'a que deux sHsps : Hsp26 et Hsp42, l'une est inductible par la température, l'autre pas.

4. Échanges de sous-unités et transitions conformationnelles.

Une particularité des sHsps est que ce sont des systèmes dynamiques. En effet, ces assemblages complexes ont la capacité d'échanger des sous-unités entre eux. Actuellement, il n'a toujours pas été possible de mettre en évidence des sous-unités libres en solution, ni des dimères d'ailleurs (Bova et al., 1997 et 2000 ; Putilina et al., 2003).

Ces échanges sont étroitement liés aux conditions environnementales. Si l'environnement est modifié - température, pH, pression, force ionique, additifs - les vitesses d'échanges et la taille des complexes formés peuvent varier, (Liang et Fu, 2002 ; Putilina et al., 2003 ; Ghahghaei et al., 2007). Des mutations de la séquence primaire des sHsps peuvent également influer sur le nombre de sous-unités constituant le complexe et sur la vitesse d'échanges de sous-unités (Sun et al., 1998b ; Aquilina et al., 2005 ; Liang et Liu, 2006). Enfin, les échanges de sous-unité semblent fortement liés à la fonction de type chaperon des sHsps et à la stabilité des sous-unités elles-mêmes (Mehlen et al., 1997 ; Sun et Liang, 1998a et b).

Les propriétés dynamiques des sHsps joueraient un rôle essentiel dans les fonctions des sHsps, en leur permettant de s'adapter « immédiatement » aux conditions cellulaires (MacRae. 2000). À la suite d'un stress, les sHsps subissent des transitions conformationnelles nécessaires à leur bon fonctionnement. C'est entre autre chose grâce aux échanges de sous-unités que ces transitions peuvent avoir lieu (au niveau de la structure quaternaire). En outre, cette mobilité permettrait de démasquer de zones nouvelles d'interaction, initialement enfouies dans la structure ; cela expliquerait alors le nombre important de polypeptides avec lesquels les sHsps sont susceptibles d'interagir (Haley et al., 2000). Une représentation schématique est donnée ci-dessous (figure 12). L'étude des transitions et des échanges, que j'ai réalisée, sera présentée dans les chapitres suivants.

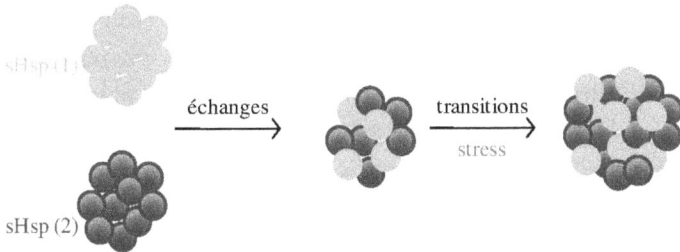

Figure 12. Représentation schématique des propriétés dynamiques des sHsps. Les sHsps ont la capacité d'échanger des sous-unités entre elles et à la suite d'un stress elles subissent des transitions conformationnelles.

5. Principales fonctions des sHsps.

Les sHsps sont impliquées dans le développement et la différenciation cellulaire, le maintien de l'intégrité et la survie cellulaire. Elles jouent le rôle de protecteur en cas de stress par une fonction dite de « type chaperon moléculaire ». Ce sont aussi des agents régulateurs de l'apoptose, du cycle cellulaire, de la modulation de l'architecture du cytosquelette et elles participent au système de dégradation des protéines : Ubiquitine-Protéasome (UPS pour ubiquitin proteasome system). Enfin, les α-cristallines assurent la transparence du cristallin.

Le terme de « chaperon moléculaire » a été défini en 1987 par J. Ellis comme « une famille de protéines ubiquitaires dont le rôle principal est d'assister le repliement d'autres polypeptides et, dans certains cas, l'assemblage en structures oligomériques, sans prendre part au produit final, ni à sa fonction ». La fonction essentielle du chaperon est de prévenir la formation de structures incorrectes, qui peuvent résulter de l'exposition transitoire de surfaces chargées ou hydrophobes, normalement impliquées dans des interactions inter- ou intra-moléculaires. De telles expositions de surface peuvent intervenir lors de la synthèse des polypeptides, des changements de conformation liés au transport à travers les membranes, de l'association d'un polypeptide provenant d'un compartiment, de modifications dans les interactions protéine-protéine pendant le fonctionnement d'un complexe, et (ou) de la récupération d'un stress tel que le choc thermique.

Pour des chaperons au sens strict et selon le modèle enzymatique du « flip-flop », l'association et la dissociation de l'assemblage chaperon-substrat sont modulées par l'hydrolyse de l'ATP, qui régule l'affinité réciproque des deux partenaires. C'est une réaction en plusieurs étapes et qui est favorisée *in vitro* par la présence de certains ions (Mg^{2+} ou K^{+}) et nécessite parfois des co-facteurs. La protéine chaperon n'entre pas dans la composition du produit final, elle peut donc être recyclée.

Les sHsps ont la capacité de reconnaître et de s'associer à des protéines cibles afin d'éviter leur agrégation non spécifique (Beissinger et Buchner, 1998). On dit qu'elles ont une activité de type « chaperon moléculaire ». Ce terme est employé du fait que les sHsps, bien qu'ayant une action de protection vis-à-vis de cibles, ne réunissent pas toutes les conditions nécessaires définissant une activité chaperon au sens stricte. Il s'agit de l'absence d'hydrolyse d'ATP et (ou) de l'absence de co-facteurs, de l'absence d'action de repliement et enfin de la non-dissociation du complexe formé avec la cible.

In vitro, les sHsps fonctionnent sans co-chaperon et sans consommation d'énergie (ATP). Cependant, il a été montré que la présence d'ATP, *in vitro*, favorise l'activité de type chaperon de certaines sHsps sans être indispensable (Muchowski et Clark, 1998 ; Nath et al., 2002 ; Biswas et Das, 2004). Il a été proposé que l'ATP engendre des modifications au niveau de la structure 3D du domaine ACD (Muchowski et al., 1999) et, récemment, un motif de liaison à l'ATP a été identifié dans l'αB (Ghosh et al., 2006). L'association ATP/sHsp impliquerait les brins β B4 et B8 du domaine ACD.

Les sHsps interagissent avec une cible (protéine mal repliée ou qui se dénature) au début ou en cours de dénaturation pour constituer des réservoirs de complexes protéiques solubles réutilisables par la machinerie cellulaire et empêcher la formation d'agrégats insolubles, limitant ainsi les effets néfastes des stress (Ehrnsperger et al., 1997 ; figure 13). Les sHsps ne renaturent pas leur cibles et ne se dissocient pas de leurs cibles *in vitro*. Les assemblages protéiques solubles vont ensuite pouvoir être pris en charge par des chaperons stricts ou dirigés vers les « poubelles » de la cellule (le système UPS par exemple). Les protéines de stress (Hsp, sHsp, etc.) étant plus abondantes que les protéases, on peut penser que la cellule va préférer la réparation à la dégradation (Virot, 2004).

La forme oligomérique des sHsps impliquée dans l'activité de type chaperon est l'objet d'études contradictoires. Un certain nombre d'études suggèrent que des oligomères de haut poids moléculaire sont requis pour cette activité. Les études portant sur les mutants de phosphorylation d'Hsp27 et sur les effets de la température sur les α-cristallines et la Hsp27 vont dans ce sens (Leroux et al., 1997a ; Preville et al., 1998 ; Rogalla et al., 1999 ; Ito et al., 2001 ; Lelj-Garolla et Mauk. 2006). Par ailleurs, d'autres études rapportent la participation de petits oligomères de sHsp à l'activité de type chaperon. Les études réalisées sur la Hsp26 de levure en sont un bon modèle. Lors d'une hyperthermie, les oligomères de la Hsp26

41

se dissocient en dimères. Après le choc thermique, ces dimères se rassemblent à nouveau en grosses entités (Haslbeck et al., 1999 ; Skouri-Panet et al., 2006). Toutefois, il vient d'être montré que la dissociation de la Hsp26 n'était pas nécessaire pour la protection des cibles (Franzmann et al., 2008). Aujourd'hui, une hypothèse, concernant les sHsps de mammifères, est que ce sont les petits oligomères qui s'associent aux cibles, lors d'un stress, et que très rapidement ces complexes sont insérés au sein de structures oligomérique plus importantes, afin d'être stabilisés (Ecroyd et Clark, 2008). Tout comme la structure quaternaire et les transitions structurales des sHsps, l'activité de type chaperon est fortement liée à leurs propriétés dynamiques (Sathish et al., 2003 ; Virot, 2004 ; Shashidharamurthy et al., 2005). L'étude *in vitro* de l'activité chaperon constitue une partie importante de ce travail de thèse.

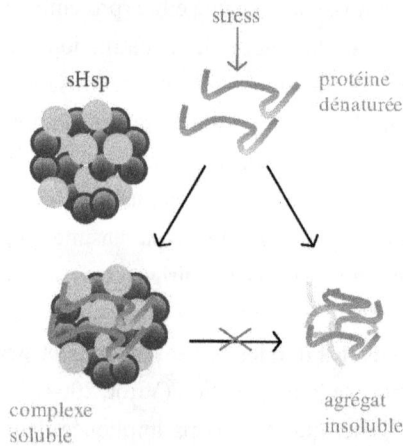

Figure 13. *Représentation schématique de la fonction anti-stress des sHsps, dénommée activité de type chaperon.*

6. Pathologies impliquant des sHsps.

Les sHsps sont impliquées dans de nombreuses maladies. Cette situation peut résulter d'une mutation de leur séquence primaire, d'une évolution post-traductionnelles de leur assemblage quaternaire ou d'une modification de leurs cibles protéiques (mutation ou modification post-traductionnelle).

a. Les sHsps sont modifiées.

Parmi les mutations pathologiques qui ont été répertoriées jusqu'à présent, on retrouve beaucoup de mutations ponctuelles et des délétions. L'ensemble des mutations, connues à ce jour, affectant les sHsps humaines est répertorié dans le tableau 4.

Bien qu'ubiquitaires, les sHsps sont majoritairement exprimées dans les cellules musculaires et le cristallin, les pathologies qui leurs sont associées affectent donc ces tissus. En outre, comme les sHsps interviennent dans plusieurs processus cellulaires, il n'est pas étonnant que des mutations de ces protéines soient corrélées avec l'apparition de maladies congénitales liées au développement (Sun et MacRae, 2005). Elles correspondent globalement à des neuropathies, des myopathies et des cataractes (tableau 4). Il faut noter qu'une mutation d'une sHsp ubiquitaire n'affecte pas toujours tous les tissus où s'exprime cette protéine. Par exemple, tous les mutants de l'αB ne génèrent pas de cataracte, malgré le fait que cette protéine soit fortement concentrée dans cet organe.

Les mutations détectées se répartissent aussi bien dans la région N-terminale que dans le domaine ACD ou l'extension C-terminale. Cependant, presque la moitié des mutations (9 sur 20) se distribuent entre les brins β B5 et B7. Cette zone du domaine ACD est très variable, du fait notamment de la boucle L57 (figure 7, cf. page 22).

La plus connue des mutations ponctuelles est R120G dans l'αB. Elle est associée au phénotype cataracte plus myopathie (Vicart et al., 1998). La mutation correspondante dans l'αA (R116C ; Litt et al., 1998) donne lieu à une cataracte. D'autres mutations équivalentes dans Hsp22 et Hsp27 conduisent aussi à des pathologies (Irobi et al., 2004 et Houlden et al., 2008). D'un point de vue moléculaire les mutations peuvent affecter l'état d'oligomérisation des sHsps, leur stabilité et solubilité *in vitro* et *in cellulo* et leur activité de type chaperon.

J'ai étudié les répercussions sur la structure, les transitions, l'échange de sous-unités et la fonction de l'αB, d'une mutation ponctuelle, en analysant quatre mutants à cette position (R120X).

Tableau 4. Ensemble des mutations pathologiques identifiées parmi les sHsps humaines.

protéine	mutation[a]	Phénotype	transmission	localisation[b]
Hsp27	R127W	NHDNM**, maladie de Charcot-Marie-Tooth	dominante	ACD L57
	S135F	NHDNM, maladie de Charcot-Marie-Tooth	dominante	ACD L57
	R136W	maladie de Charcot-Marie-Tooth	dominante	ACD L57
	R140G	NHDNM	dominante	ACD B7
	T151L	NHDNM	dominante	ADC L78
	P182L	NHDNM	dominante	C-ter
	P182S	NHDNM	dominante	C-ter
αA	W9Q	cataracte congénitale	récessive	N-ter
	R49C	cataracte	dominante	N-ter
	G98R	cataracte	dominante	ACD B5
	R116C	cataracte	dominante	ACD B7
αB	P20S	cataracte	dominante	N-ter
	R120G	myopathie myofibrillaire, cardiomyopathie, cataracte	dominante	ACD B7
	Q151X	myopathie myofibrillaire	dominante	C-ter
	464delCT*	myopathie myofibrillaire	dominante	C-ter
	R157H	cardiomypathie	dominante	C-ter
	D140N	cataracte	dominante	ACD L89
	450delA*	cataracte	dominante	C-ter
Hsp22	K141E	NHDNM	dominante	ACD B7
	K141N	NHDNM, maladie de Charcot-Marie-Tooth	dominante	ACD B7

[a]Il s'agit très souvent de mutations ponctuelles. *L'annotation se réfère à la séquence nucléotidique et non protéique dans ce cas. **NHDNM pour neuropathie héréditaire distale des neurones moteurs. [b]Il s'agit de la localisation de la mutation dans la séquence protéique des sHsps, se rapporter à la figure 7, cf. page 22. Voir les références relatives aux différentes mutations dans Simon, 2007 et Hejtmancik, 2008.

Certaines modifications post-traductionnelles peuvent aboutir à la manifestation de pathologies et surtout de cataractes. Il est connu déjà que le diabète est souvent associé à l'apparition de cataracte. En fait, le diabète conduit à la glycation des α-cristallines, car les sucres, acheminés par l'humeur aqueuse sont transportés à travers cet organe. Les phénomènes de désamidation, d'isomérisation, de phosphorylation, d'oxydation, etc., souvent liés au vieillissement, conduisent eux aussi à des opacifications du cristallin (Miesbauer et al., 1994 ; Carver e al., 1996).

b. Les cibles protéiques sont modifiées.

Les sHsps ont en commun la propriété d'interagir avec des cibles protéiques partiellement dépliées ou déstabilisées. Elles interviennent dans une grande variété de processus cellulaires et protègent un large spectre de substrats.

Les sHsps sont impliquées dans un certain nombre de maladies menant à l'agrégation de protéines (Alzheimer, Parkinson, maladies à prions, cataractes, etc.). Ces pathologies se déclarent à la suite d'une modification, d'une mutation ou d'un mauvais repliement des protéines, qui forment des agrégats structurés (fibres amyloïdes) ou désordonnés et amorphes (Sun et MacRae, 2005 ; Clark et Muchowski, 2000). Parmi ces agrégats, des sHsps sont retrouvées ; il semble donc qu'elles interviennent à un moment donné dans la formation de telles constructions : soit elles sont elles-mêmes partiellement dénaturées et c'est la raison pour laquelle elles participent à ces agrégats, soit elles ont pris ces agrégats pour cibles afin d'en prévenir la croissance, mais sans y parvenir (pour revue : Ecroyd et Carver, 2008).

J'ai étudié les capacités chaperon des α-cristallines vis-à-vis de cibles ayant subi des modifications post-traductionnelles et que l'on pense être responsables de cataractes lors du vieillissement.

III. Le cristallin et la cataracte.

1. Le cristallin : fonction, situation et développement.

L'œil « primitif » est un simple patch sensible à la lumière, les vertébrés ainsi que quelques invertébrés ont développé un organe qui permet de faire « la mise au point » : le cristallin.

Le cristallin est un organe transparent en forme de lentille biconvexe et asymétrique, situé dans le globe oculaire derrière la cornée (figure 14). Du fait de son indice de réfraction très élevé, il focalise les rayons lumineux sur la rétine permettant ainsi l'acheminement des images au cerveau. Il est responsable de l'accommodation qui règle la netteté de ces images. Elle se réalise grâce au changement de courbures des deux faces du cristallin par l'action des muscles ciliaires. Les rayons lumineux traversent l'œil par la cornée, l'humeur aqueuse, le cristallin, puis l'humeur vitrée avant de frapper la rétine où se forme l'image de l'objet observé. Le cristallin est une lentille convergente de par son pouvoir de réfraction élevé. Les différences d'indices de réfraction entre les milieux : aqueux et cristallin font que lorsqu'un rayon lumineux arrive à sa surface il est dévié car sa propagation est moins rapide dans ce nouveau milieu. Le cristallin est une lentille biconvexe et asymétrique, ses deux faces ont des rayons de courbures différents et grands devant l'épaisseur de l'organe, il peut être assimiler à une lentille mince.

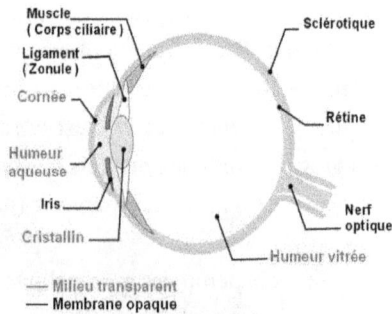

Figure 14. *Situation du cristallin. De forme biconvexe, transparent et mou, le cristallin est situé à l'intérieur du globe oculaire, à l'arrière de la cornée. Sa partie antérieure est en contact avec l'humeur aqueuse et sa partie postérieure avec le corps vitré. Il est maintenu à sa périphérie par les muscles ciliaires via des ligaments (zonule de Zinn). La cornée constitue la lentille principale du système optique oculaire ; pour que ce tissu puisse remplir sa fonction, il doit être transparent. La cornée comme*

le cristallin sont avasculaires. L'humeur aqueuse est un liquide transparent qui remplit l'espace entre la cornée et le cristallin, liquide continuellement renouvelé qui alimente le cristallin en oxygène et nutriments et qui, avec l'humeur vitrée, maintient la pression oculaire. L'humeur vitrée est une masse gélatineuse et transparente, contenant 99 % d'eau et représentant 60 % du volume oculaire qui maintient la rétine contre les parois de l'œil.

Le cristallin est une superposition de cellules très allongées alignées régulièrement dont les extrémités se rencontrent au niveau des pôles antérieurs et postérieurs (Figure 15). On le définit en deux zones : une zone centrale appelée « noyau » qui se développe à partir d'une vésicule cristalline embryonnaire, pendant la vie *in utero* et une zone périphérique appelée « cortex » qui se constitue ensuite à partir d'une monocouche de cellules cuboïdes épithéliales la recouvrant sur sa face antérieure. Cette monocouche de cellules épithéliales constitue un réservoir de cellules souches indifférenciées à partir desquelles se différencient les cellules du cristallin. Les cellules épithéliales situées sur un anneau équatorial, s'allongent et rejoignent les pôles (jusqu'à 1 cm de longueur). Pendant l'élongation, il y a synthèse de grandes quantités de protéines spécifiques appelées cristallines, puis perte des organelles (mitochondries, réticulum endoplasmique, appareil de Golgi). Enfin, les noyaux cellulaires se contractent et s'arrondissent et l'ADN est lysé. Il s'agit d'un cas extrême de différenciation, proche de l'apoptose, où les cellules anucléées et sans synthèse protéique possible, ne sont jamais renouvelées. Dans le cristallin, on retrouve une enzyme de l'apoptose : la caspase 8. Le cristallin continue à croître toute la vie, à partir de cet épithélium périphérique, mais la différenciation est intensive chez l'embryon et le fœtus, puis ralentit après la naissance. Avec l'âge, le cristallin s'appauvrit en eau et durcit.

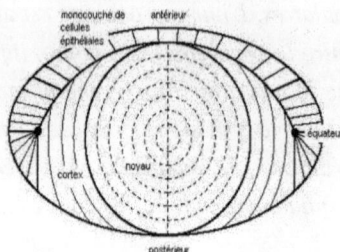

Figure 15. Constitution du cristallin. Schéma d'une coupe du cristallin. Le cristallin est une superposition de cellules allongées empilées régulièrement. C'est à partir de la monocouche de cellules épithéliales, recouvrant la face antérieure du cristallin, que les cellules du cristallin se différencient, elles s'allongent et perdent leurs organites. La zone centrale, appelée noyau, se développe à partir d'une vésicule cristalline embryonnaire pendant la vie in utero. Le noyau est entouré par le cortex qui se développe ensuite à partir de la couche de cellules épithéliales. Le cristallin croît toute la vie.

2. Les protéines du cristallin.

Les cellules du cristallin sont des réservoirs à protéines. Elles contiennent des constituants du cytosquelette, des protéines membranaires et 90 % de protéines dites de « structure », globulaires et très solubles appelées cristallines (voir revue et références dans Bloemendal et al., 2004 ; de Jong et Lubsen, 2006 ; Evans, 2006).

a. Les protéines du cytosquelette.

Parmi les protéines du cytosquelette, on retrouve de l'actine, de la tubuline, de la spectrine et des constituants des filaments intermédiaires : la vimentine, Cp49 et la filensine. Ces protéines jouent un rôle lors de la mitose, de la différenciation cellulaire et pour la motilité des cellules. Pendant la différenciation, beaucoup de changements morphologiques ont lieu ; la cellule du cristallin voit sa taille augmenter de 50 à 100 fois (l'élongation) et ceci coïncide avec des changements du cytosquelette en particulier dans le réseau de filaments intermédiaires. Lors de l'accommodation, le cytosquelette est également sollicité. Il y a des différences de composition ou du moins d'organisation du cytosquelette nucléaire et cortical (Kivela et Uusitalo, 1998 ; Clark et al., 1999 ; Quinlan et al., 1999).

b. Les protéines membranaires.

Comme le cristallin n'est pas vascularisé, ses cellules sont alimentées par l'humeur aqueuse *via* un transport actif (sur leur face antérieure) et rejettent leurs surplus vers l'humeur vitrée *via* un transport passif (sur leur face postérieure). Aquaporines et connexines forment les jonctions cellulaires (jonctions gap mixtes ou non) assurant l'adhésion entre les cellules, l'évacuation de l'eau, l'homéostasie et le transport de métabolites (Scheuring et al., 2007a et b). L'aquaporine (Aqp0) représente 50 % des protéines membranaires et permet le passage de l'eau et de petits solutés non chargés. Il existe deux formes d'Aqp0 : une sauvage et une tronquée (par protéolyse de l'extrémité C-terminale, très courante dans les cellules différenciées), pour permettre de façon privilégiée soit l'homéostasie de l'eau, soit l'adhésion cellulaire. Les Aqp0 tronquées sont très présentes dans le noyau. Les connexines (Cx43, Cx45 et Cx50) représentent plus de 10 % des protéines de membrane, six connexines forment un connexon et deux connexons forment un pore. Elles laissent passer les ions et les métabolites et jouent un rôle dans la signalisation entre cellules. Une mutation de ces protéines membranaires peut donner lieu à une cataracte.

c. Les protéines de structure, du cytosol.

Enfin, les cristallines, protéines majoritaires, sont regroupées en deux familles chez l'homme, les α (40 %) et les β/γ (60 %). Tous les vertébrés ont ces cristallines auxquelles peuvent s'ajouter d'autres types de protéines de structure appelées taxons spécifiques qui sont des enzymes de « ménage » recrutées pour être fortement exprimées dans le cristallin. Par exemple chez les grenouilles *rana*, il y a la ρ-cristalline qui est une NADPH dépendante réductase I. La concentration en cristallines varie du centre à la périphérie du cristallin de 40 à 20 % en masse environ.

c1. Les α-cristallines.

Les α-cristallines natives (ou αN pour native) représentent un tiers des protéines du cristallin. Elles se composent d'un mélange de sous-unités acides (αA) et basiques (αB), dans un rapport autour de (3:1) variables selon de multiples paramètres, dont l'âge. Les αA et αB humaines qui ont respectivement 173 et 175 acides aminés et une masse moléculaire de 20 kDa environ, ont une homologie de séquence de 57 %. Elles correspondent à l'expression de deux gènes indépendants, issus d'une duplication d'un gène ancestral, il y a 500 millions d'années. Contrairement à l'αA dont l'expression est quasiment restreinte au cristallin, l'αB est exprimée au sein d'autres tissus comme les muscles, le cerveau, le cœur, etc., où elle est associée à d'autres partenaires (Sun et al., 2004). Les α-cristallines ont un nombre variable de sous-unités : 40 ± 8 pour les αN et 24 à 33 pour l'αB (Aquilina et al., 2003), ce sont des oligomères polydisperses, très stables et très solubles en solution. Comme toutes les cristallines, elles sont impliquées dans la transparence du cristallin. De plus, l'αA et l'αB sont deux représentants de la famille des sHsps, ce sont aussi des chaperons moléculaires. La fraction corticale du cristallin est enrichie en α-cristallines. À ce jour, aucune information cristallographique sur les α-cristallines n'est disponible (cf. chapitre précédent sur les sHsps).

c2. Les β- et γ-cristallines.

La famille multigénique des β/γ-cristallines regroupe les β-cristallines (sept membres) et les γ-cristallines (sept membres ; tableau 5). Contrairement aux α-cristallines, il y a beaucoup d'informations structurales disponibles au sujet des β- et γ-cristallines, dont beaucoup ont été cristallisées (γB à γF, βB1, βB2, ainsi que le domaine C-terminal de la βS ; figure 16 A à F). Pratiquement toutes les structures de β- et γ-cristallines disponibles ont été déterminées par cristallographie par le groupe de C. Slingsby, Birkbeck College (par exemple : Najmudin et al., 1993 ; Chirgadze et al., 1996 ; Purkiss et al., 2002 et 2007 ; Smith et al., 2006). Une première structure de γS de rat a été résolue par RMN (Grishaev et al., 2005) et une autre (humaine) est en cours (Baraguey et al., 2004).

Tableau 5. Super famille des β-, γ-cristallines.

protéine	Gène	espèce	n° accès[a]	nb. a.a.[b]	M (Da)	pI théo.[c]	ε_{280nm} (M⁻¹.cm⁻¹)[d]	charge[e] −	+	nb. cys.[f]	code PDB	Md/Pd[g]	nb. S.U.[h]
βA1	CRYBA1	Bos taurus	P11843	198	23185,9	6,38	2,842	22	20	8		Pd	~2-8
βA2	CRYBA2	Bos taurus	P26444	197	22230,5	6,15	2,088	23	20	4		Pd	~2-8
βA3	CRYBA1	Bos taurus	P11843	215	25131,0	5,98	2,622	25	21	8		Pd	~2-8
βA4	CRYBA4	Bos taurus	P11842	210	23860,3	5,78	2,281	25	18	5		Pd	~2-8
βB1	CRYBB1	Bos taurus	P07318	253	28143,6	7,65	2,040	28	29	4		Pd	~2-8
βB2	CRYBB2	Bos taurus	P02522	205	23297,8	6,44	1,756	25	23	2	1blb/2bb2	Pd	~2-8
βB2	CRYBB2	Homo sapiens	P43320	205	23379,9	6,50	1,750	25	23	2	1ytq	Pd	~2-8
βB3	CRYBB3	Bos taurus	P19141	211	24328,0	6,36	2,299	29	26	2		Pd	~2-8
γA	CRYGA	Bos taurus	P02527	174	21003,6	8,75	2,112	19	23	6		Md	1
γB	CRYGB	Bos taurus	P02526	175	21096,7	6,94	2,102	22	22	7	4gcr	Md	1
γC	CRYGC	Bos taurus	Q28088	174	20874,5	7,48	2,125	33	24	10		Md	1
γD	CRYGD	Bos taurus	P08209	174	20866,3	7,04	2,197	22	22	5	1elp	Md	1
γE	CRYGE	Bos taurus	néant*	174	21139,5	6,70	2,358	23	22	5	1m8u	Md	1
γF	CRYGF	Bos taurus	P23005	174	21086,4	7,08	2,364	22	22	5	1a45	Md	1
γS	CRYGS	Bos taurus	P06504	178	20927,5	6,38	1,906	24	22	6	1a7h**	Md	1
γS	CRYGS	Homo sapiens	P22914	178	21006,5	6,44	2,040	24	23	7	1ha4**	Md	1

[a]Numéro d'accès Swiss Prot. *Séquence : référence. Norledge et al., 1997. [b]Nombre d'acides aminés constituant la structure primaire de la protéine. [c]Point isoélectrique théorique calculé à partir de la séquence primaire de la protéine et [d]coefficient d'extinction molaire théorique, source : Protparam. [e]Nombre de charges négatives et positives portées par la protéine. Le nombre de charges négatives correspond à la somme des résidus aspartate et glutamate ; le nombre de charges positives correspond à la somme des résidus arginine et lysine, présents dans la séquence primaire de la protéine. [f]Nombre de cystéine contenue dans la protéine. [g]Md : pour monodisperse et Pd pour polydisperse. [h]Nombre de sous-unités constituant l'assemblage natif. ** Structure 3D partielle : domaine C-terminal.

51

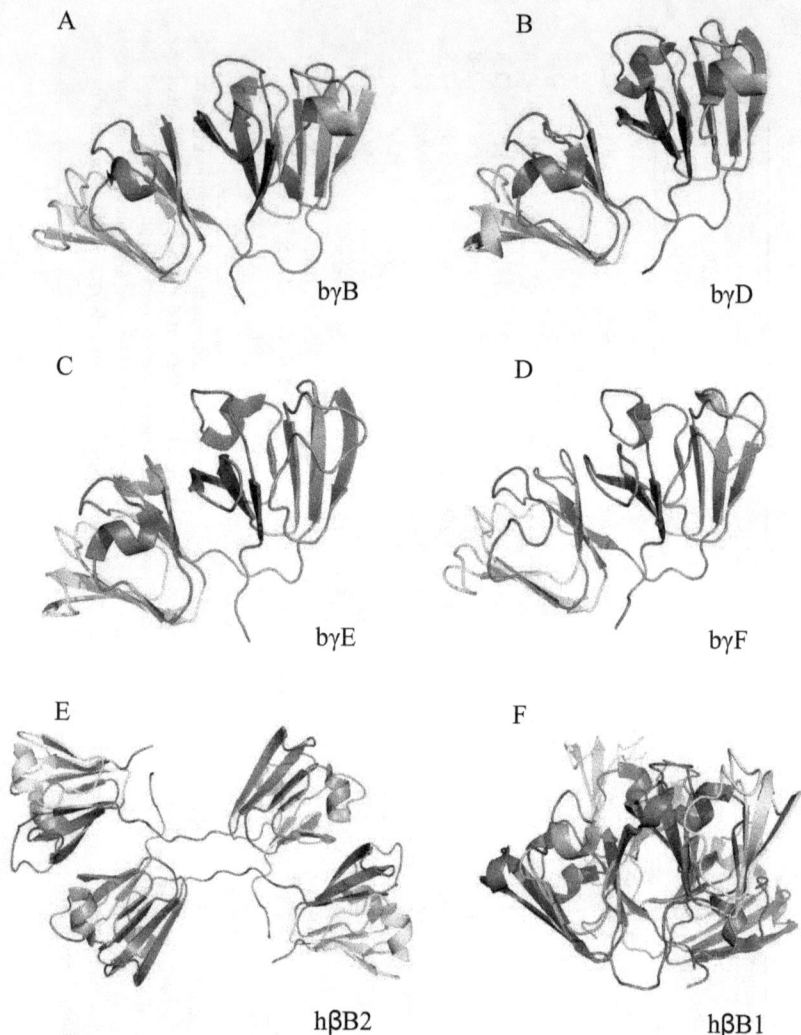

Figure 16. *Structures 3D résolues par cristallographie de différentes β- et γ-cristallines. Les quatre motifs en clef grecque sont respectivement représentés en jaune, bleu, orange et fuchsia. A, Monomère de γB-cristalline bovine, (code PDB : 4gcr). B, Monomère de γD-cristalline bovine, (1elp). C, Monomère de γE-cristalline bovine, (1m8u). D, Monomère de γF-cristalline bovine, (1a45). E, Dimère de βB2-cristalline humaine, (1ytq). F, Dimère de βB1-cristalline humaine, (1oki). Les contacts impliqués dans les interfaces entre les domaines D1 et D2 des β-*

et γ-cristallines, sont équivalents, seule leur nature change, puisque pour les γ-cristallines, il s'agit de contacts intramoléculaires, alors que pour les β-cristallines, il s'agit de contacts intermoléculaires. Le cas de la βB1 fait exception parmi β-cristallines, puisque l'interface entre les domaines D1 et D2 implique des contacts intramoléculaires comme pour les γ-cristallines, mais aussi un nouveau jeu de contacts intermoléculaires entre les deux monomères.

Les β- et γ-cristallines ont une structure protéique très similaire : quatre motifs en clef grecque organisés en deux domaines reliés par un peptide de liaison (figure 16 et 17). Le motif en clef grecque est souvent rencontré au sein des protéines constituées en tonneau ou sandwich β, il contient une tyrosine caractéristique (brin β6 et β13 des domaines 1 et 2) qui participe au motif « tyrosine corner » (Hemmingsen et al., 2006).

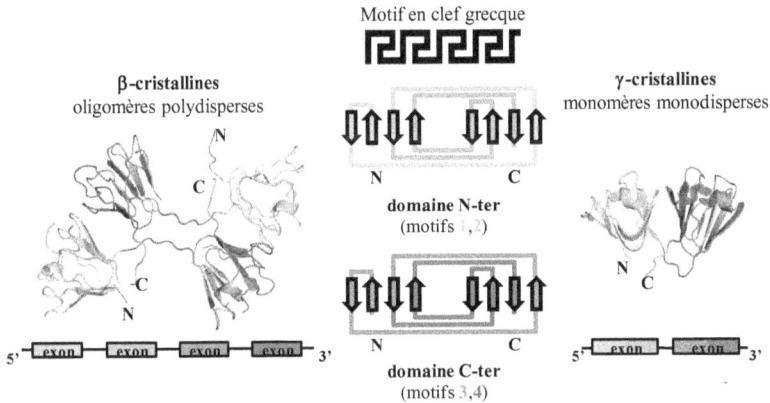

Figure 17. *Le motif en clef grecque. La famille multigénique des β/γ-cristallines est caractérisée par la présence de deux domaines à double motif en clef grecque (N- et C-terminal). Chaque motif est défini par une couleur : jaune, bleu, orange et rose. Au centre, est schématisée la structure secondaire des quatre motifs en clef grecque constituant les β- et γ-cristallines. Chaque motif contient environ quarante acides aminés repliés en quatre brins β antiparallèles. Deux motifs s'intercalent pour former deux feuillets β antiparallèles. Sur le plan génétique, l'organisation des β- et γ-cristallines est assez distincte, suggérant la duplication d'un*

gène ancestral commun. À gauche, les β-cristallines où chaque motif est issu d'un exon ; à droite, les γ-cristallines où un exon code deux motifs.

Les β-cristallines ont une identité de séquence d'environ 30 % avec les γ-cristallines, (figure 18). Comme les α-cristallines, les β-cristallines sont des multimères polydisperses. Elles forment des assemblages allant du dimère à l'octamère, alors que les γ-cristallines sont monomériques. Les β-cristallines ont une extrémité N-terminale, un peptide de liaison et parfois une extension C-terminale plus long que les γ-cristallines (figure 18). Le peptide de liaison des γ-cristallines est riche en glycine, ce qui autorise une orientation différente des deux domaines (Lapatto et al., 1991 ; figure 17). Ainsi les γ-cristallines peuvent former des monomères stables par contacts inter-domaines intramoléculaires, tandis que les β-cristallines forment au minimum des dimères par contacts inter-domaines intermoléculaires (figure 16 et 17). Pour les β-cristallines, la région N-terminale d'un monomère interagit avec l'extension C-terminale de l'autre monomère.

```
motif 1                                                                    motif 2
bA1-Nt_BOV    1  --------------------------------MAQTNPMPGSV-------------------GPW   13
bA2-Nt_BOV    1  ---------------MSS-----------------APAQGPAPA---------------------      11
bA3-Nt_BOV    1  -------------MET----------QTVQQELESLPTTKMAQTNPMPGSV-----------GPW   30
bA4-Nt_BOV       MSGMFSGSISETSGMS---------------LQCTKSA------------------------GHW   25
bB1-Nt_BOV    1  --------------MSQPAAKASATAAVNPGPDGKGKAGPPPGPAPGSGPAPAPAPAPAQPAPAQPPAAKAELPPGSY   59
bB2-Nt_BOV    1  -----------MAS---------------DHQTQAGKPQPLNP-------------------         16
bB2-Nt_HUM    1  -----------MAS---------------DHQTQAGKPQSLNP-------------------         16
bB3-Nt_BOV    1  ------------MAE--------QHSTPEQ---------AAAGKSHGGLG-------------GSY   23
gA-Nt_BOV     1  ------------------------MG-----------------------------------          1
gB-Nt_BOV     1  ------------------------MG-----------------------------------          1
gC-Nt_BOV     1  ------------------------MG-----------------------------------          1
gD-Nt_BOV     1  ------------------------MG-----------------------------------          1
gE-Nt_BOV     1  ------------------------MG-----------------------------------          1
gF-Nt_BOV     1  ------------------------MG-----------------------------------          1
gS-Nt_BOV     1  ---------------------MSKTGT----------------------------------          5
gS-Nt_HUM     1  ---------------------MSKAGT----------------------------------          5
```

```
motif 1                                                          motif 2
                     B1    B2       H1        B3        B4        B5       B6    H2       B7
Str-bB2-D1_HUM  14  KITIYDQENFQGKRMEF-TSSCPNVSERN--FDNVRSLKVECG  AWVGYEHTSFCGQQFVLER----GEYPWDAWGSNAYHIERLMSFRP    97
bA1-D1_BOV      12  SLTLWDEEDFQGRRCRI-LSDCANIGERGG-LRRVRSVKVENG  AWVAFEYPDFQGQQFIIEK----GDYPWSAWSSGAGHISDQLLSFRP   96
bA2-D1_BOV      31  KITIYDQENFQGKRMEF-TSSCPNVSERN--FDNVRSLKVECG  AWVGYEHTSFCGQQFVLER----GEYPWDAWGSNAYHIERLMSFRP   114
bA3-D1_BOV      26  KIVVWDEEGFQGRRHEF-TAECPSVLELG--FETVRSLKVLSG  AWVGFEHAGFQGQQYVLER----GEYPSWDAWSGNTSYPAERLTSFRP  109
bA4-D1_BOV      60  KLVVFEQENFQGRRVEF-SGECLNLGDRG--FERVRSIIVTSG  PWVAFEQSNFRGEMFVLEK----GEYPRWDTWS--SSYRSDRLMSFRP  141
bB1-D1_BOV      17  KIIIFEQENFQGHSHEL-NGPCPNLKETG--VEKAGSVLVQAG  PWVGYFQANCKGEQFVFEK----GEYPRWDSWT--SSRRTDSLSSLRP   98
bB2-D1_HUM      17  KIIIFEQENFQGHSHEL-NGPCPNLKETG--VEKAGSVLVQAG  PWVGYFQANCKGEQFVFEK----GEYPRWDSWT--SSRRTDSLSLRP    98
bB3-D1_BOV      24  KVIVYEMENFQGKRCEL-TAECPNLTESL--LEKVGSIQVESG  PWLAFERRAFRGEQYVLEK----GDYPRWDAWS-NSHHSDSLLSLRP   105
gA-D1_BOV        2  KITFYEDRGFQGHCYQC-SSNNCLQQPY---FSRCNSIRVDVH  SWFVYQRPDYRGHQYMLQR----GNYPQYGQWM--GFD-DSIRSCRL    80
gB-D1_BOV        2  KITFYEDRGFQGHCYEC-SSDCPNIQPY---FSRCNSIRVDSG  CWMLYERPNYQGHQYFLRR----GDYPDYQQWM--GFN-DSIRSCRL    80
gC-D1_BOV        2  KITFYEDRGFQGRCYQC-SSDCPNIQPY---FSRCNSIRVDSG  CWMLYERPNYQGHQYFLRR----GDYPDYQQWM--GFN-DSIRSCCL    80
gD-D1_BOV        2  KITFYEDRGFQGRHYEC-SSDHSNIQPY---LGRCNSVRVDSG  CWMIYEQPNYLGPQYFLRR----GDYPDYQQWM--GLN-DSVRSCRL    80
gE-D1_BOV        2  KITFYEDRGFQGRHYEC-SSDHSNIQPY---FSRCNSIRVDSG  CWMIYEQPNFQGPQYFIRR----GDYPDYQQWM--GLN-DSIRSCRL    80
gF-D1_BOV        2  KITFYEDRGFQGRHYEC-SSDHSNIQPY---FSRCNSIRVDSG  CWMLYEQPNFQGPQYFIRR----GDYPDYQQWM--GLN-DSIRSCRL    80
gS-D1_HUM        6  KITFFEDKNFQGRHYDS-DCDCADFHMY---LSRCNSIRVEGG  TWAVYERPNFAGYMYILPR----GEYPEYQHWM--GLN-DRLSSCRA    84
Str-gD-D1_BOV    6  KITFYEDRGFQGRRYDC-DCDCADFHTY---LSRCNSIKVEGG  TWAVYERPNFAGYMYILPQ----GEYPEYQRWM--GLN-DRLSSCRA    84
                     B1    B2       H1        B3        B4        B5       B6    H2       B7
```

```
                          motif 3                                      motif 4
                  B8               B9              H3                 B10              B11            B12                       B13 H4               B14
Str-bB2-D2_HUM 107 KITIFEKENFIGRQWEI-CDDYPSLQAMGWPNNEVGSMKIQCG AWVCYQYPGYRGYQYILECDHHGGDYKHWREWG-SHAQT-SQIQSIRR 194
bA1-D2_BOV     107 KITIFEKENFIGRQWEI-CDDYPSLQAMGWPNNEVGSMKIQCG AWVCYQYPGYRGYQYILECDHHGGDYKHWREWG-SHAQT-SQIQSIRR 194
bA2-D2_BOV     106 RVTLFEGENFQGCKFEL-NDDYPSLPSMGWASKDVGSLKVSSG AWVAYQYPGYRGYQYVLERDHHSGEFRNYSEFG-TQAHT-GQLQSIRR 193
bA3-D2_BOV     124 KITIFEKENFIGRQWEI-CDDYPSLQAMGWPNNEVGSMKIQCG AWVCYQYPGYRGYQYILECDHHGGDYKHWREWG-SHAQT-SQIQSIRR 211
bA4-D2_BOV     119 RLTIFEQENFLGRKGEL-SDDYPSLQAMGWGDNEVGSFHVHSG AWVCSQFPGYRGFQYVLECDHHSGDYKHFREWG-SHAQT-FQVQSIRR 206
bB1-D2_BOV     150 KLCLFEGANFKGNTMEIQEDDVPSLWVYGF-CDRVGSVRVSSG TWVGYQYPGYRGYQYLLEP----GDFRHWNEWG----AFQ-PQMQAVRR 231
bB2-D2_BOV     107 KITLYENPNFTGKKMEVIDDDVPSFHAHGY-QEKVSSVRVQSG TWVGYQYPGYRGYQYLLEK----GDYKDSGDFG----APQ-PQVQSVRR 188
bB2-D2_HUM     107 KITILYENPNFTGKKMEIIDDDVPSFHAHGY-QEKVSSVRVOSG TWVGYQYPGYRGYQYLLEK----GDYKDSSDFG----APH-PQVQSVRR 188
bB3-D2_BOV     114 KLHLFENPAFGGRKMEIVDDDVPSLWAHGF-QDRVASVRAING TWVGYEFPGYRGRQYVFER----GEYRHWNEWD----ANQ-PQLQSVRR 195
gA-D2_BOV       89 RMRIYERDDFRGQMSEI-TDDCPSLQDRFH-LTEVNSRVLEG SWVIYEMPSYRGQYLLRP----GEYRRYLDWG----AMN-AKVGSLRR 168
gB-D2_BOV       89 RMRIYERDDFRGQMSEI-TDDCPSLQDRFH-LTEVHSLNVLEG SWVLYEMPSYRGQYILRP----GEYRRYLDWG----AMN-AKVGSLRR 169
gC-D2_BOV       88 RLRLYERDQKGLIAEL-SEDCPCIQDRFR-LSEVRSLHVLEG CWVLYEMPNYRGQYLLRP----QEYRRYQDWG----AVD-AKAGSLRR 168
gD-D2_BOV       88 RLRLYEREDYRGQMIEI-TEDCSSLQDRFH-FNEIHSLNVLEG SWVLYELPNYRGRQYILRP----GEYRRYHDWG----AMN-AKVGSIRR 168
gE-D2_BOV       88 RLRIYEREDYRGQMVEI-TEDCSSLHERFH-FSEIHSFNVLEG WWVLYEMPNYRGRQYILRP----GDYRRYHEWG----AVD-ARVGSLRR 168
gF-D2_BOV       88 RLRIYEREDYRGQMVEI-TEDCSSLHDRFH-FSEIHSFNVLEG WWVLYEMTNYRGRQYILRP----GDYRRYHDWG----ATN-ARVGSIRR 168
gS-D2_BOV       94 KLQIFEKGDFNGQMHET-TEDCPSIMEQFH-MREVHSCKVLEG AWIFYELPNYRGRQYLLDK----KEYRKPVDWG----AAS-PAVQSFRR 174
gS-D2_HUM       94 KIQIFEKGDFSGQMYET-TEDCPSIMEQFH-MREIHSCKVLEG VWIFYELPNYRGRQYLLDK----KEYRKPIDWG----AAS-PAVQSFRR 174
Str-gD-D2_BOV      B8               B9              H3                 B10              B11            B12                       B13 H4               B14
```

```
bA1-P1_BOV  98 I-CSANHKES 106
bA2-P1_BOV  97 V-LCANHSDS 105
bA3-P1_BOV 115 I-CSANHKES 123
bA4-P1_BOV 110 V-ACANHRDS 118
bB1-P1_BOV 142 IKMDAQ--EH 149
bB2-P1_BOV  99 IKVDSQ--EH 106
bB2-P1_HUM  99 IKVDSQ--EH 106
bB3-P1_BOV 106 LHIDGP--DH 113
gA-P1_BOV   81 IPQHTG--TF  88
gB-P1_BOV   81 IPQHTG--TF  88
gC-P1_BOV   81 IS-DTS--SH  87
gD-P1_BOV   81 IP-HAG--SH  87
gE-P1_BOV   81 IP-HTS--SH  87
gF-P1_BOV   81 IP-HTG--SH  87
gS-P1_BOV   85 VHLSSGG-QY  93
gS-P1_HUM   85 VHLPSGG-QY  93
```

```
                       B13 H4
bA1-Ct_BOV 195 LQQ------------- 197
bA2-Ct_BOV 194 VQH------------- 196
bA3-Ct_BOV 212 IQQ------------- 214
bA4-Ct_BOV 207 IQQ------------- 209
bB1-Ct_BOV 232 LRDRQWIHREGCFPVLAAPPPK 252
bB2-Ct_BOV 189 IRDMQWHQRGAFHPSS------- 204
bB2-Ct_HUM 189 IRDMQWHQRGAFHPSN------- 204
bB3-Ct_BOV 196 IRDQKWHKRGVFLSS------- 210
gA-Ct_BOV  169 VMDFY------------- 173
gB-Ct_BOV  170 VMDFY------------- 174
gC-Ct_BOV  169 VVDLY------------- 173
gD-Ct_BOV  169 VIDIY------------- 173
gE-Ct_BOV  169 AVDFY------------- 173
gF-Ct_BOV  169 AVDFY------------- 173
gS-Ct_BOV  175 IVE------------- 177
gS-Ct_HUM  175 IVE------------- 177
```

Figure 18. Alignement multiple des séquences de β- et γ-cristallines ; il comprend les séquences des β- et γ-cristallines bovines ainsi que celles de la βB2 et de la γS humaines. Ces protéines sont constituées de deux domaines homologues (notés par la suite D1 et D2) - eux-mêmes formés de deux motifs structuraux de type clef grecque (M1 et M2 pour D1 ; M3 et M4 pour D2) - séparés par un peptide de liaison (Pl), et encadrés d'une extension N-terminale (Nt) et C-terminale (Ct). Ces différentes régions sont alignées séparément. L'alignement des domaines D1 et D2 est construit en combinant les alignements obtenus par l'outil informatique avec les données structurales 3D disponibles. De part et d'autre des alignements des domaines D1 et D2, sont indiquées les types de structures secondaires (B : brin β, H : hélice) correspondants à partir des données 3D de la βB2 humaine et de la γD bovine (codes PDB : 1ytq et 1elp respectivement). Pour la numérotation des séquences, la méthionine initiale n'est pas prise en compte. Les sites homologues où le résidu est strictement conservé au sein d'un même domaine sont surlignés en gris. La tyrosine spécifique des motifs en clef grecque (« tyrosin- corner ») est signalée en jaune. Les γ-cristallines n'ont pas de région N-terminale et seules les βB-cristallines ont une extension C-terminale. Les identités de séquences des deux motifs d'un même domaine (M1/M2 et M3/M4) sont inférieures à celles des deux (premiers ou seconds) motifs de chaque domaine (M1/M3 et M2/M4), suggérant que la duplication du premier motif a eu lieu avant la duplication du domaine.

Des expériences de biologie moléculaire ont testé l'importance du peptide de liaison. Le remplacement de ce peptide issu des γ-cristallines par celui issu des β-cristallines, ne permet pas la formation de dimères de γ-cristallines. Donc, l'état monomérique des γ-cristallines ne provient pas exclusivement de la taille du peptide de liaison, mais aussi des interactions spécifiques entre les domaines (Mayr et al., 1994). À l'inverse, la monomérisation des β-cristallines est possible quand leur peptide de liaison est interverti avec celui des γ-cristallines, elle résulte donc de l'étendue du peptide de liaison (Trinkl et al., 1994).

Sur le plan génétique, leur organisation est assez distincte, suggérant que les β- et γ-cristallines ont divergé à partir d'une protéine ancestrale - à domaines repliés en clef grecque - qui a évolué indépendamment jusqu'à aujourd'hui (figure 17). Il n'y a pas de β- et ni de γ-cristallines chez les invertébrés, mais des « β/γ-like » qui sont des protéines avec un double motif en clef grecque comme par exemple la protéine S de M*yxociccus xanthus* ou la sphéruline 3a de *Physarum polycephalum* (code PDB : 1nps, Wenk M. et al., 1999 ; code PDB : 1ag4, Rosinke et al., 1997 ; figure 19 A et B). Ceci suggérant que le gène ancestral commun s'est dupliqué très tôt dans l'évolution des vertébrés. Les β- et γ-cristallines ne sont fortement exprimées que dans le cristallin.

A

B

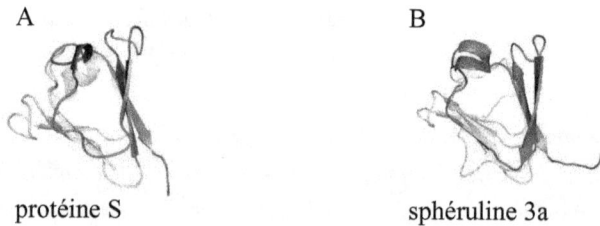

protéine S

sphéruline 3a

Figure 19. *Structures 3D résolues par cristallographie de protéines « β/γ-like » à double motif en clef grecque. Le premier motif est en jaune et le second en bleu. **A**, La protéine S de* Myxociccus xanthus, *code PDB : 1nsp.* **B**, *La sphéruline 3a de* Physarum polycephalum, *code PDB : 1ag4.*

Les β-cristallines.

Les β-cristallines peuvent être subdivisées en deux groupes, les β-acides (βA : A1, A2, A3, A4) et les β- basiques (βB : B1, B2, B3). Sans tenir compte des extensions N- et C-terminales, l'identité de séquence entre les différentes βA est comprise entre 70 à 80 %, elle est comprise entre 75 à 80 % pour les trois βB et de 65 % entre les βA et βB. Elles ont des masses molaires comprises entre 22 à 28 kDa (tableau 5). Ces différences s'expliquent, car les βA n'ont pas d'extension C-terminale, alors que les βB en ont une (figure 18). De plus, la région N-terminale est variable d'une espèce à l'autre, alors que la région centrale est très conservée. Le génome humain contient six gènes fonctionnels et un pseudogène (*CRYB*). Un même gène code βA1 et βA3 qui différent par la longueur de leur extension N-terminale. Des gènes orthologues sont présents chez tous les vertébrés. Les gènes des β-cristallines ont six exons, dont les exons 3, 4, 5 et 6 qui codent les quatre motifs en clef grecque (figure 17). Quatre gènes sont situés sur le chromosome 22, organisés en deux clusters, et les deux autres gènes sur les chromosomes 2 et 17. Les β-cristallines sont réparties de façon uniforme dans le cristallin, où elles forment trois groupes oligomériques distincts, nommés : βH (High), βL (Low) a et b. Toutefois, leur expression diffère au cours du développement ; la βB1 est exprimée très tôt et abonde dans le noyau, alors que βB2 est exprimée plus tard et est essentiellement retrouvée dans le cortex.

Les γ-cristallines.

Les gènes des γ-cristallines (*CRYG*) ont trois exons. Le deuxième et le troisième codent chacun deux motifs en clef grecque (figure 17). Chez les mammifères, les gènes de γ-cristallines sont au nombre de sept, six sont très proches sur le chromosome 2 (γA-F) et le septième (γS) et plus distant sur le chromosome 3. On retrouve un gène orthologue de γS dans toutes les classes de vertébrés, alors que les gènes de γA à γF sont spécifiques des mammifères. Chez le rat ou les bovins, les gènes de γ-cristallines sont tous actifs. Chez l'homme, seuls les produits des gènes de γD et γC sont abondamment exprimés, l'expression de γA et γB est sous régulée et les gènes des γE et γF ont été inactivés par insertion d'un codon stop dans le cadre de lecture. Les γ-cristallines sont des monomères compacts d'environ 21 kDa (tableau 5). Elles ont toutes une structure tertiaire identique en solution (Finet, 1998), elles peuvent former des ponts disulfures surtout les γS. Ce sont des protéines très stables, résistant à de fortes variations de pH, de pression ou de température. Par exemple, à pH 2 ou à 300 MPa, elles ne sont pas perturbées. Les similarités de séquence entre les γA à γF sont élevées, par exemple la γB partage 72 % d'identité avec la γD. Les propriétés de la γS sont assez différentes du groupe γA à γF avec qui elle partage 55 % de similarité de séquence. L'expression des γ-cristallines est régulée au cours du développement du cristallin. Chez l'homme, les γC et γD sont essentiellement restreintes au noyau, car elles sont plus adaptées à un environnement plus faible en eau, alors que la γS, exprimée plus tardivement durant le développement, est très abondante dans le cortex. D'une manière générale, on retrouve les γ-cristallines majoritairement dans la partie nucléaire moins hydratée (la concentration des protéines dépend des organismes), donc plus dure. Par exemple, chez le rat ou les vertébrés aquatiques qui ont des cristallins avec des indices de réfraction très élevés, la concentration nucléaire en γ-cristallines est très importante. À l'inverse chez les oiseaux, qui ont une acuité diurne et une accommodation très développées, le cristallin est très riche en eau et il n'y a pas de γ-cristalline. Elles ont toutes été remplacées par des δ-cristallines (enzymes à activité argininosuccinate lyase ; Wistow, 1993).

3. Les phénomènes de focalisation, de transitions de phase, de transparence et de pression osmotique.

a. La focalisation.

Le cristallin est une lentille, parce qu'il focalise les rayons lumineux en un point, qui est la rétine. La focalisation est permise, car l'indice de réfraction de cet organe est supérieur à celui du milieu dans lequel il baigne. Ce fort indice de réfraction est maintenu grâce à de fortes concentrations en protéines (400 mg.mL^{-1}). Ces concentrations élevées sont atteintes, car les cristallines sont très solubles. Elles ont des masses molaires très différentes (α- ≈ 800 kDa, β- ≈ 300 à 50 kDa, γ- ≈ 21 kDa), ce qui permet aux « petites » protéines de s'intercaler entre les « grandes », sans adopter d'organisation régulière et périodique du type para-cristallin. De cette façon, l'espace occupé est optimisé au maximum.

De plus, les interactions attractives ou répulsives entre protéines jouent un rôle. Dans un tampon physiologique où le pH est à peu près égal au pI, les interactions entre les γ-cristallines sont attractives, ces interactions attractives augmentent quand la température diminue (Bonneté et al., 1997 ; Liu et al., 1996). Ces interactions attractives facilitent la concentration des γ-cristallines. En revanche, elles entraînent des séparations de phases (figure 20).

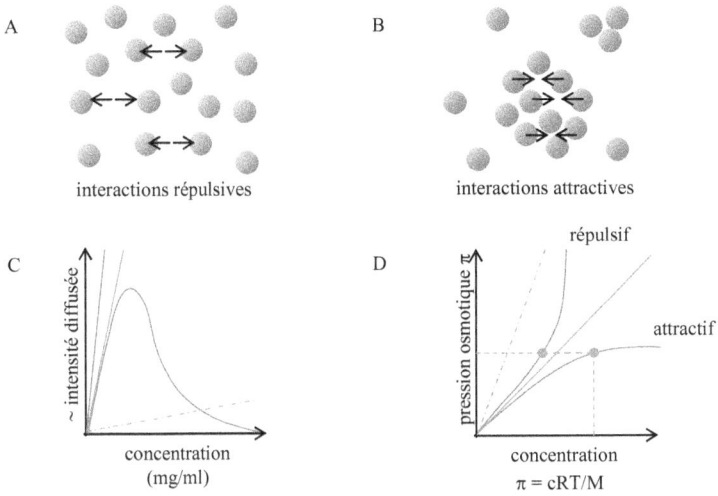

Figure 20. Schémas de l'influence des interactions entre particules protéiques sur la transparence et la pression osmotique. Les protéines ne sont pas des macromolécules complètement neutres ou inertes ; elles sont plus ou moins hydrophobes, plus ou moins chargées et elles interagissent mutuellement les unes avec les autres par l'intermédiaire d'interactions « à longue distance ». Les interactions peuvent être répulsives (en vert, **A**) comme pour les α-cristallines ou attractives (en rouge, **B**) comme pour les γ-cristallines ou nulles (gris). **C**, L'intensité diffusée par une solution de protéines dépend de leur masse molaire et de leur concentration, elle est aussi influencée par les interactions existantes entre protéines. Pour une solution de protéines de haut poids moléculaire, type α-cristallines, mais sans interaction (en gris), l'intensité diffusée augmente avec la concentration. Pour une solution de protéines de même masse molaires où les interactions sont attractives entre elles (en rouge), l'intensité diffusée augmente encore plus avec la concentration. Pour une solution de protéines de même masse molaires où les interactions sont répulsives (en vert), il faut atteindre une concentration suffisante pour minimiser la diffusion de lumière. Enfin, si les protéines ont une masse molaire plus faible (en pointillés gris, type γ-cristallines), celle-ci augmentera de manière infime avec la concentration quel que soit le type d'interactions. Dans le cristallin, la diffusion de lumière est principalement due aux grands assemblages que forment les α-cristallines. **D**, La pression

61

osmotique (π) augmente avec la concentration (c) en protéines (en gris).
Elle est inversement proportionnelle à la masse molaire (M) des protéines.
Plus la masse molaire est petite, plus la pression osmotique augmente
rapidement en fonction de la concentration (en pointillés gris). R est la
constante des gaz parfaits égale à 8,3 J.mol^{-1}.K^{-1} et T la température en
degrés Kelvin (Bonneté et al., 1997). Pour une solution de protéines de
même masse molaire, la pression osmotique augmente beaucoup plus
quand les interactions sont répulsives (en vert) que quand elles sont
attractives (en rouge). Pour des protéines de même masse molaire, il est
impossible d'avoir une pression osmotique constante quand leur
concentration varie. Grâce à sa composition variable en cristallines, le
cristallin est soumis à une pression osmotique égale en tous points, tout en
ayant une concentration en protéines totales décroissante du noyau au
cortex.

b. Les transitions de phase.

Les γ-cristallines subissent des transitions de phase en fonction de la
température (Broide et al., 1991 ; Siezen et al., 1985 ; Thomson et al.,
1987 ; Liu et al., 1996), ce qu'on désigne, lorsque cela a lieu dans le
cristallin, par le terme de cataracte froide (figure 21 A et B). Quand la
température est inférieure à une température critique, les solutions de γ-
cristallines deviennent opaques : elles présentent une séparation de phase
liquide-liquide - une phase extrêmement concentrée en protéines et l'autre
non (figure 2 1D). Ce processus est réversible et les solutions redeviennent
limpides dès que la température est augmentée.

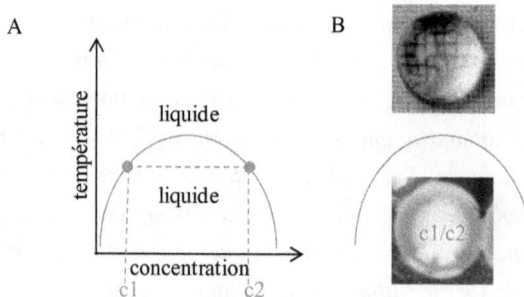

Figure 21. *Phénomène de la cataracte froide. **A**, Schéma du diagramme de transitions de phase des γ-cristallines en fonction de la température. En gris est matérialisée la limite de transition liquide-liquide. Quand la température diminue et passe la limite de transition, la solution de protéines, de concentration initiale c, se divise en deux phases : l'une diluée et l'autre concentrée de concentrations c1 et c2 respectivement. La proportion de chaque phase dépend de la concentration initiale c et les valeurs de c1 et c2 dépendent de la température finale. **B**, Un cristallin de veau sein et transparent sur papier millimétré. Un cristallin de veau normal et opaque placé à 4°C. L'opacification du noyau correspond à la cataracte froide due à une séparation de phase liquide-liquide des γ-cristallines.*

Dans un tampon physiologique, les γE et γF purifiées sont cryo-précipitables avec une température de transition liquide-solide comprise entre 35 et 40°C, alors que pour les γB et γD non cryo-précipitables, la température de transition liquide-solide a lieu vers 5°C. Les différences de transitions sont probablement dues à des variations dans la séquence primaire des γ-cristallines. Il est possible de changer la nature de ces interactions entre les γ-cristallines en changeant le pH ou la nature en sel du tampon (Finet, 1998).

c. La transparence.

Le cristallin est une lentille fonctionnelle, parce qu'il laisse passer les rayons de lumière. La transparence du cristallin (utile à la vision) se produit sur une gamme de longueurs d'ondes correspondant à la lumière visible (de 400 à 800 nm). Pour assurer cette transparence donc pour minimiser la diffusion des rayons lumineux, le cristallin a fait preuve d'une remarquable adaptation. Premièrement, il n'est pas vascularisé. Deuxièmement, les cellules en fibre qui le constituent, n'ont plus d'organites. Troisièmement, ces cellules sont empilées de façon compacte les unes sur les autres (tranche hexagonale) ce qui minimise les espaces intercellulaires donc diminue la diffusion de lumière. L'espace intercellulaire est plus court que les longueurs d'ondes de la lumière visible. Quatrièmement, les propriétés physico-chimiques des cristallines qui le composent sont optimisées en conséquence. Des études ont montré que la diffusion du cristallin peut être assimilée à celle d'une solution très concentrée de cristallines, puisque ses membranes cellulaires n'engendrent quasiment pas de diffusion (Delaye et Tardieu, 1983). Les caractéristiques de diffusion propres aux cristallines sont donc imputables au cristallin. La diffusion provient essentiellement des α-cristallines qui sont les plus « grosses » protéines, or elles ont des interactions répulsives entre elles, ce qui leur permet de minimiser la diffusion à forte concentration (Delaye et Tardieu, 1983 ; Finet, 1998 ; Veretout. et al., 1989).

d. La pression osmotique.

Dans des conditions physiologiques normales, le cristallin est à la même pression osmotique que l'humeur aqueuse et l'humeur vitrée. Dans le cristallin, la concentration en protéines totales (α-, β- et γ-) est croissante du cortex au noyau, créant ainsi un gradient d'eau. Or, pour un même type de protéine, il n'est pas possible d'avoir une valeur de pression osmotique constante quand la concentration en protéines varie (figure 20 D). Cependant, la composition en cristallines varie elle aussi entre le cortex et le noyau, donc les interactions entre protéines varient du cortex au noyau, permettant ainsi de maintenir la pression osmotique égale en tous points (figure 20 D). Le gradient d'eau n'est possible que parce que les γ-cristallines attractives sont très présentes dans le noyau, à l'inverse des α-cristallines répulsives abondantes dans le cortex. Cette variation de concentration en protéines totales (gradient d'eau) induit un gradient d'indice de réfraction (élevé dans le noyau et moins dans le cortex) qui permet une focalisation « parfaite » des rayons lumineux d'où qu'ils viennent.

Chaque cristalline, ne possède pas à elles seul tous les caractères nécessaires au bon fonctionnement du cristallin. Le mélange de cristallines (α-, β-, γ-) fait que les propriétés intrinsèques à chacune se compensent pour donner un organe de vision optimisé. Les γ-cristallines permettent d'atteindre une très grande concentration en protéines sans une augmentation trop forte de la pression osmotique. Les α-cristallines, malgré le fait que ce sont elles qui diffusent le plus, sont des chaperons susceptibles d'aider les β-, γ-cristallines - rappelons qu'il n'y a pas de renouvellement des protéines dans le cristallin. Enfin, les β-cristallines qui sont polydisperses tout comme les α-cristallines empêchent sans doute la formation de cristaux de γ-cristallines.

4. Le vieillissement et les pathologies du cristallin.

Le cristallin est impliqué dans différents troubles ou pathologies tels que la presbytie et la cataracte. Il peut aussi être une des origines de l'astigmatisme, de la myopie, etc.

Par exemple, la presbytie est un trouble de l'accommodation qui rend difficile la focalisation de la lumière pour lire ou effectuer un travail de près. C'est un processus de vieillissement normal de l'œil et plus particulièrement du cristallin qui se sclérose en se durcissant (déshydratation). De plus, son accroissement (20 µm par an) diminue l'effet de la contraction et du relâchement des muscles ciliaires mis en cause dans l'accommodation (figure 22). Ce phénomène touche en général les gens de plus de quarante-cinq ans, car le cristallin commence alors à perdre de sa souplesse.

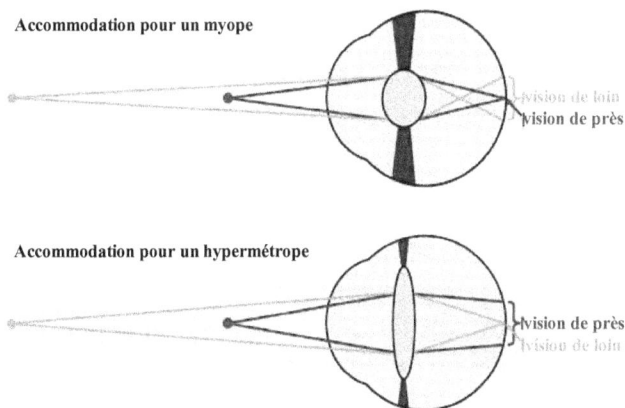

Accommodation pour un myope

vision de loin
vision de près

Accommodation pour un hypermétrope

vision de près
vision de loin

Figure 22. L'accommodation. Suivant la distance de l'objet observé, la convergence du cristallin est modifiée pour que l'image sur la rétine soit nette : c'est l'accommodation. Elle est permise par la contraction de deux types muscles ciliaires aux actions antagonistes. Un défaut d'accommodation peut être à l'origine de nombreuses pathologies comme la myopie, l'hypermétropie ou la presbytie. En jaune est schématisée

65

*l'accommodation pour la vision de loin et en bleu l'accommodation pour la vision de prés. **A**, Une taille trop grande ou une contraction insuffisante des muscles ciliaires peut conduire à une myopie ou une presbytie. **B**, Une taille trop courte ou une contraction trop importante des muscles ciliaires peut conduire à une hypermétropie.*

La cataracte, classée au premier rang des causes de cécité dans le monde, est une opacité partielle ou totale du cristallin responsable d'une diminution progressive de la vision. Concrètement, le cristallin ne laisse plus passer la lumière, mais diffuse celle-ci et plus aucune image n'arrive sur la rétine à terme. Elle a des origines diverses : génétiques et (ou) environnementales. Elle peut être sénile (92 % des sujets de plus de soixante-quinze ans ont des modifications du cristallin), congénitale (1/250 naissances), d'origine toxique, métabolique (diabète, hypocalcémie), associée à des maladies générales (myopathies, etc.) ou secondaire à des affections ophtalmologiques (chocs, UV, etc.). Il n'existe à l'heure actuelle, aucun moyen de prévenir ou de soigner cette pathologie. Seule la chirurgie permet un rétablissement de la vision. Cela consiste à ôter le cristallin et à le remplacer par un implant : une lentille souple en polymère.

Tous les mécanismes moléculaires conduisant à une cataracte ne sont pas compris à ce jour. Certains s'expliquent par une mauvaise différenciation des cellules du cristallin, par une mauvaise alimentation de l'organe (protéines membranaires défectueuses) ou bien par une agrégation protéique. Dans ce dernier cas, l'hypothèse est que différentes conditions (notamment l'apparition de modifications post-traductionnelles) sont capables d'induire l'agrégation et la dénaturation des cristallines, donc d'augmenter la diffusion de lumière que seule l'activité chaperon des α-cristallines peut limiter. Cette activité chaperon serait liée à la structure quaternaire de ces protéines et à leur dynamique. Malheureusement, peu de choses sont connues sur la relation entre états d'oligomérisation, dynamique et effet chaperon ; nous allons tenter de préciser cette relation dans la suite.

Dans les années récentes, plusieurs mutations ponctuelles des cristallines, qui affectent l'intégrité de leur structure et donc de leur fonction, ont clairement été associées à la présence de cataractes. On retrouve ces mutations dans les α-, β- et γ-cristallines (Hejtmancik, 2008 ; tableau 6).

Tableau 6.

cristalline	mutation[a]
αA	W9Q, R12C, R21L/W, R49C, G48R, R116C/H
αB	P20S, R120G, D140N, K150fs*
βA3	G91del**
βA4	L69P
βB1	G220X, X235R, S228P, N58TfsX106
βB2	D128V, W151C, Q155X
βB3	G165R
γC	T5P, R168W, C42fs*
γD	R14C, R15C, P24T/S, R37S, R59H, E107A, Y134X
γS	G18V

[a]Ensemble des mutations pathologiques humaines identifiées associées à une cataracte, parmi les différentes cristallines. *fs pour frame shift ou décalage du cadre de lecture de la séquence nucléotidique qui conduit à l'obtention de protéines modifiées. **del pour délétion. Voir les références relatives aux mutations dans Hejtmancik, 2008.

MATÉRIELS ET MÉTHODES

I. Le matériel biologique.

Ce travail de thèse repose sur l'étude *in vitro* de protéines en solution. Nos outils d'analyse étant particulièrement sensibles, la qualité du matériel biologique est un point essentiel, donc les protéines doivent être solubles, pures, correctement repliées et assemblées. Tous les protocoles présentés ici ont été optimisés de façon à privilégier la simplicité et la rapidité dans leurs applications, ainsi que la production de grandes quantités de matériel. Enfin, une attention particulière est portée sur la conservation des échantillons protéiques par le choix de la température et du tampon, ainsi que par des vérifications régulières.

Cette tâche a été rendue possible grâce à la précieuse formation dispensée par F. Skouri-Panet et a bénéficié de l'aide technique de C. Férard.

1. Clonages des gènes, transformations et cultures bactériennes.

L'αB-cristalline humaine (αB, clone bactérien donné par W.W. de Jong), les mutants de l'αB humaine : R120G, R120C, R120K et R120D (clones fournis par Pr. P. Vicart, EA300, Paris 7), l'αA-cristalline humaine et la bovine (αA, clones respectivement donné par J. Ghosh et W. de Jong) et la γS-cristalline humaine (γS, clone donné par N. Lubsen) sont des protéines recombinantes exprimées chez *Escherichia coli* (*E. coli*). La γS porte la mutation C20S, qui empêche la formation de ponts disulfures intermoléculaires pouvant se former au cours du temps (mutation réalisée par F. Skouri-Panet). Cette mutation préserve la structure tridimensionnelle native et l'état monomérique.

Les ADNc codant l'αB humaine et de la γS humaine sont clonés respectivement dans pET24d et pET3c (Novagen). Les séquences correspondant aux mutants en position 120 de l'αB humaine sont, quant à elles, clonées dans le plasmide pET16c (Stratagene). Les séquences d'αA bovine et humaine sont insérées dans un plasmide pET8c (tableau 7).

Tableau 7.

protéine	Plasmide	Antibiotique	souche bactérienne	induction à l'IPTG	étiquette	sonication
αA humaine	pET24d	Kanamycine	BL21 (DE3)	100		oui
αA bovine	pET16c	Ampiciline	BL21 (DE3)	100		non
αB humaine	pET8c	Ampiciline	BL21 (DE3)	500		oui
R120X	pET8c	Ampiciline	BL21 (DE3)	500		oui
γS humaine	pET3c	ampiciline + chloramphénicol	BL21 (DE3)	500		oui
Hsp26	pET9	Kanamycine	BL21 gold (DE3)	500	oui	oui
Hsp27	pET16c	Kanamycine	BL21 (DE3)	indéfini	oui	oui
MKBP	pET16c	Kanamycine	BL21 (DE3)	indéfini	oui	*
cvHsp	pET16c	Kanamycine	BL21 (DE3)	indéfini	oui	*
Hsp22	pET16c	Kanamycine	BL21 (DE3)	indéfini	oui	oui

Résumé des conditions d'expression des protéines recombinantes. La lyse bactérienne est effectuée par sonication ou à l'aide du kit « Bug Buster ». Indéfini signifie que les expérimentations n'ont pas permis d'aboutir à des résultats reproductibles. *absence de protéine dans la fraction soluble quel que soit le mode de lyse.

Les plasmides pET contiennent, outre le gène d'intérêt et le promoteur fort de l'ARN polymérase T7, des séquences régulatrices permettant une expression optimale de la protéine d'intérêt et un gène de résistance à un antibiotique pour la sélection (exemple de la carte d'un plasmide pET24, figure 23).

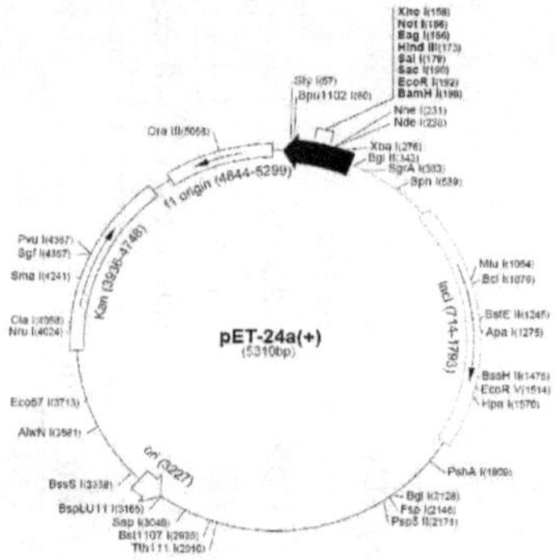

Figure 23. *Carte du vecteur pET24.*
Source : *http://www.emdbiosciences.com/html/NVG/home.html.*

La souche bactérienne choisie pour l'expression de l'ensemble des protéines recombinantes est *E. coli* BL21(DE3), excepté pour la γS où il s'agit de BL21(DE3)pLysS. Cette dernière permet de limiter l'expression constitutive de protéines pouvant se révéler toxiques. Les bactéries BL21(DE3)pLysS contiennent le plasmide pLysS, porteur des gènes de résistance au chloramphénicol et de l'inhibiteur de l'ARN polymérase T7. Les bactéries compétentes (Stratagene) sont stockées à −80°C. Différentes souches bactériennes telles que BL21(DE3), BL21(DE3)pLysS et Rosetta ont été transformées pour comparer, par la suite, le taux d'expression de chaque protéine recombinante dans la fraction soluble. Nous avons retenu la souche la plus performante.

La transformation des bactéries compétentes est réalisée par choc thermique, suivant les recommandations du fournisseur (Stratagene) - la désorganisation des lipides bactériens, sous l'effet de la chaleur, permet la formation de pores et l'entrée d'un plasmide contenant le gène d'intérêt. - Puis, les bactéries transformées sont mises en culture sur boites d'agar contenant l'antibiotique adapté, afin de sélectionner celles qui portent le plasmide. Les clones ayant poussé servent par la suite à la préparation des pré-cultures de jour (5 mL de milieu de culture + antibiotique + clones) utilisées lors des protocoles d'expression et de purification des protéines recombinantes.

2. Expression et extraction des protéines recombinantes.

Après optimisation (notamment des paramètres température et concentration en isopropyl-β-D-thio-galactoside (IPTG), lors de l'induction), le protocole retenu pour l'expression des protéines est le suivant : les pré-cultures bactériennes sont ensemencées au centième (généralement dans 250 mL de milieu « LB Broth » avec l'antibiotique adéquat selon les consignes du fournisseur Stratagene). Les bactéries sont cultivées à 37°C jusqu'à obtention d'une densité optique autour de 0,6 à 600 nm. L'expression protéique est alors induite par l'IPTG, 3h30 à 37°C, sous agitation (100 μM final d'IPTG pour l'αB et les mutants R120X, 500 μM final d'IPTG pour γS et l'αA humaine ou bovine). - Les inductions supérieures à six heures sont à éviter avec les sHsps, car elles aboutissent à l'obtention de sHsps contaminées par d'autres protéines bactériennes. - Ensuite la culture est centrifugée dix minutes à 6000 rpm à 4°C. Le culot bactérien obtenu est lavé deux fois avec du tampon 50 mM Tris à pH 7,5. Enfin le culot cellulaire sec est stocké à −20°C.

Deux protocoles ont été développés pour la lyse des bactéries. Pour le premier protocole, la lyse bactérienne se fait par sonication (système Branson 450 W ; cinq impulsions de 5 s espacées par des pauses de 30 s, à 10 % d'amplitude, l'échantillon étant toujours dans la glace) dans du tampon phosphate pH 6,8 et de force ionique 150 mM (soit 22 mM Na_2HPO_4, 28 mM KH_2PO_4, 70 mM KCl, 1,3 mM EDTA, 3 mM NaN_3, 3 mM DTT), auquel est ajouté un cocktail d'antiprotéases (setVII, Calbiochem, il est recommandé d'utiliser 1 mL de ce mélange pour 10 g de cellules). Pour le second protocole, la reprise du culot bactérien congelé est faite dans du tampon « Bug Buster » (Novagen ; 2,5 mL pour 50 mL de culture), auquel on ajoute 1 kU de lysozyme par mL de tampon Bug Buster, 0,2 μM d'un inhibiteur de protéases à sérine : AEBSF (4-(2-aminoethyl) benzenesulfonyl fluoride, Calbiochem) ou le cocktail d'antiprotéases précédemment cité, 25 unités pour 50 mL de culture de benzonase nucléase (Novagen) et 100 mM de NaCl (uniquement pour les α-cristallines). La solution est alors agitée trente minutes. Quel que soit le mode de lyse choisi, le lysat bactérien est ensuite centrifugé trente minutes à 17400 g à 20°C. Le surnageant récupéré contient la fraction des protéines solubles. Il est ensuite dialysé contre du tampon phosphate additionné de 1,5 mM PMSF (phenylmethylsulfonyl fluoride : inhibiteur des protéases à serine). De façon à précipiter sélectivement l'ADN, du PEI (polyéthylène imine, 0,04 % final) est ajouté au surnageant qui est ensuite agité dix minutes à température ambiante puis centrifugé vingt minutes à 17400 g. La solution obtenue est finalement filtrée (0,22 µm) juste avant l'étape de chromatographie.

Ces deux protocoles fonctionnent parfaitement pour l'αB sauvage et la γS, mais celui nécessitant la sonication semble plus reproductible avec des protéines « fragiles » comme les mutants de l'αB en position 120.

Enfin, les protéines totales solubles sont conservées à 4°C, de manière à limiter toutes interactions et réactions entre elles, indésirables pour la purification. À chaque étape, un échantillon de solution devant contenir la protéine d'intérêt est prélevé pour vérifier, sur gel d'électrophorèse en conditions dénaturantes (SDS-PAGE), sa présence à chaque étape du protocole.

3. Extraction des protéines du cristallin.

Les α-cristallines natives (αN), les β- et γ-cristallines (βH, βLa, βLb et γT) sont issues de cristallins de veaux âgés de quatre mois. Le choix d'animaux très jeunes permet de limiter l'apport de protéines portant des modifications post-traductionnelles liées au vieillissement. Les yeux de veaux sont prélevés immédiatement après la mort des animaux et fournis par des abattoirs en moins de vingt-quatre heures et véhiculés par camions réfrigérés. Il est très important que les organes restent au froid pour une bonne conservation des tissus. Toutes les manipulations suivantes se font dans la glace ou dans une pièce réfrigérée à 4°C.

Les cristallins sont extraits de veaux en pratiquant une petite incision sur la face latérale des globes oculaires. Une fois les cristallins isolés, il faut les débarrasser de la capsule et des muscles ciliaires les entourant. À ce stade, les cristallins peuvent être conservés à −20°C pour une utilisation ultérieure ou bien être placés sur la glace et mis sous agitation magnétique, dans du tampon phosphate pH 6,8 pour mettre en suspension et lyser les cellules les constituant. À 4°C, une cataracte froide est induite (cf. chapitre précédent, cf. page 62) : le noyau devient opaque et rigide, alors que le cortex reste transparent et souple. La partie corticale est dissoute en premier, puis c'est au tour des noyaux. De cette façon, on permet une bonne séparation des noyaux et des cortex. Ce type de cataracte est un phénomène réversible. Chaque fraction, corticale ou nucléaire, est ensuite préparée de la même façon, mais séparément. Les fragments cellulaires sont broyés au broyeur de Potter, puis centrifugés quatre-vingt-dix minutes à 30000 g après ajout de PMSF (0,02 % final) ; le surnageant récupéré correspond aux protéines totales solubles séparées des membranes cellulaires et autres « déchets » insolubles. Ce surnageant est ajusté à la concentration de 40 mg de protéines.mL^{-1} avec du tampon phosphate pH 6,8 et peut être conservé à 4°C pendant quelques mois.

Les ajustements de concentrations protéiques se font à l'aide d'un réfractomètre. Cela permet la détermination de la concentration en protéines de solution très concentrées (jusqu'à 300 mg.mL^{-1}). Un indice de réfraction n est mesuré, il est relié à la concentration par l'équation :

$$n = n_0 + (dn/dc)c,$$

où c est la concentration en g.cm^{-3}, n_0 l'indice de réfraction du solvant qui dépend de la force ionique du tampon et dn/dc l'incrément de l'indice de réfraction, compris entre 0,183 et 0,186 pour les protéines, il est de 0,185 pour les cristallines.

4. Séparation et purification des protéines.

La chromatographie est une méthode physique de séparation fondée sur les différences d'affinités des substances à analyser à l'égard de deux phases, l'une stationnaire ou fixe, l'autre mobile. Selon la technique chromatographique mise en jeu, la séparation des composants entraînés par la phase mobile, résulte soit de leur adsorption et de leur désorption successive sur la phase stationnaire, soit de leur solubilité différente dans chaque phase.

La FPLC (fast protein liquid chromatography) est utilisée pour séparer ou purifier des protéines à partir d'un mélange complexe par chromatographie. Les colonnes utilisées avec un tel système peuvent séparer les macromolécules sur la base de la taille, la distribution de charge, l'hydrophobie ou par l'affinité avec d'autres molécules.

Dans la technique de tamis moléculaire, la phase stationnaire est généralement un polymère (gel) poreux dont les pores ont des dimensions choisies en rapport avec la taille des espèces à séparer. Cette technique est encore appelée filtration sur gel. Un mélange de solutés de masses moléculaires variables traverse une épaisseur donnée de gel : les grosses molécules, celles dont le diamètre est supérieur à celui des pores, sont exclues et éluées les premières ; les petites et moyennes molécules sont éluées plus tardivement car, incluses, leur migration est freinée en diffusant dans le gel. La séparation est donc réalisée par le fait que les solutés sont élués dans l'ordre inverse des masses moléculaires. Alors que les autres méthodes chromatographiques sont habituellement employées pour l'analyse et la séparation de très faibles quantités de produits, la chromatographie sur colonne peut être une méthode préparative ; elle permet en effet la séparation des constituants d'un mélange et leur isolement, à partir d'échantillons dont la masse peut atteindre plusieurs grammes. Elle présente cependant plusieurs inconvénients : i) de grandes quantités de solvant sont nécessaires à l'élution ; ii) la durée de l'élution est généralement très longue. La méthode dite analytique est adaptée à de faibles quantités de protéines à séparer (des petites colonnes, peu de tampon, rapide et nécessitant moins de matériel), elle permet la mise au point de protocoles pour de plus grandes quantités. L'échantillon, en solution concentrée, est déposé en haut de la colonne et la séparation des composants résulte de l'écoulement continu d'un éluant, traversant la colonne par gravité ou sous l'effet d'une faible pression (< 5 MPa, FPLC). On peut utiliser comme éluant un solvant unique (très souvent aqueux) ou bien accroître progressivement la polarité de l'éluant de façon à accélérer le déplacement des composés. Les molécules sont entraînées vers le bas à des vitesses variables selon leur affinité pour l'adsorbant et leur solubilité dans l'éluant. À mesure que chaque zone s'écoule de la colonne, elle est recueillie. Quatre facteurs interviennent : l'adsorbant, l'éluant, la dimension de la colonne et la vitesse d'élution.

La chromatographie d'échange d'ions est utilisée pour séparer des molécules ionisables, quelle que soit leur taille : ions minéraux, protéines, acides nucléiques, glucides ionisés et lipides ionisés. En la chromatographie d'échange d'ions, la phase stationnaire comporte des groupements ionisés (+ ou −) fixes - liés covalament à la matrice - et des ions mobiles de charge opposée qui assurent l'électroneutralité. Les ions retenus au voisinage des charges fixes sont échangeables avec les ions présents dans la phase mobile (soluté). La séparation est basée sur cette propriété d'échange d'ions et ne peut donc s'appliquer qu'à des solutés ionisables. L'affinité d'un échangeur (charge fixe) pour un ion donné dépend de plusieurs facteurs, dont la nature de l'échangeur, la nature de l'ion (pK_a, pI), la taille de l'ion (un ion est d'autant plus fixé qu'il est chargé et (ou) qu'il est petit), la concentration des ions, le pH de la solution tampon, l'accessibilité des groupements fonctionnels (cf. porosité et granulométrie). Les éluants sont des solutions aqueuses qui contiennent des ions échangeables avec les solutés fixés sur l'échangeur : solutions contenant un ion de densité de charge plus élevée et (ou) de concentration plus élevée, solutions d'un pH tel qu'il modifie la charge des ions fixés et (ou) des groupements fonctionnels et provoque leur libération dans l'éluat. L'élution peut être réalisée avec une solution de composition constante (conditions isocratiques) ou avec un gradient de pH et (ou) de force ionique, pour décrocher successivement les différents solutés fixés sur l'échangeur.

Nous utilisons un système de chromatographie dit FPLC (AKTA basic UPC, Amersham Biosciences, GE, Healthcare) pour la purification de protéines. Il s'agit d'un système composé de deux pompes permettant l'injection d'éluants et de particules (phase mobile) sur une colonne (phase stationnaire) détectés par une cellule UV à 280 nm, d'un conductimètre et d'un collecteur de fractions. Le programme informatique utilisé est Unicorn (Amersham Biosciences, GE, Healthcare). Pour nos échantillons, une à deux étapes de purification par chromatographie suffisent.

La purification des protéines recombinantes est réalisée sur une colonne préparative Séphacryl S200 (filtration sur gel) avec du tampon phosphate pH 6,8, à un débit de 2 mL.min^{-1} pour 10 mL de lysat injecté, soit 200 mL de culture au départ. Pour des volumes de cultures plus petits, il est possible d'utiliser des colonnes dites analytiques telles Superdex S200HR ou S75HR, Superose 6, mieux adaptées à l'échantillon que l'on veut purifier, mais dans des quantités moindres (figure 24 A ; toutes les colonnes utilisées proviennent de Amersham Biosciences, GE, Healthcare).

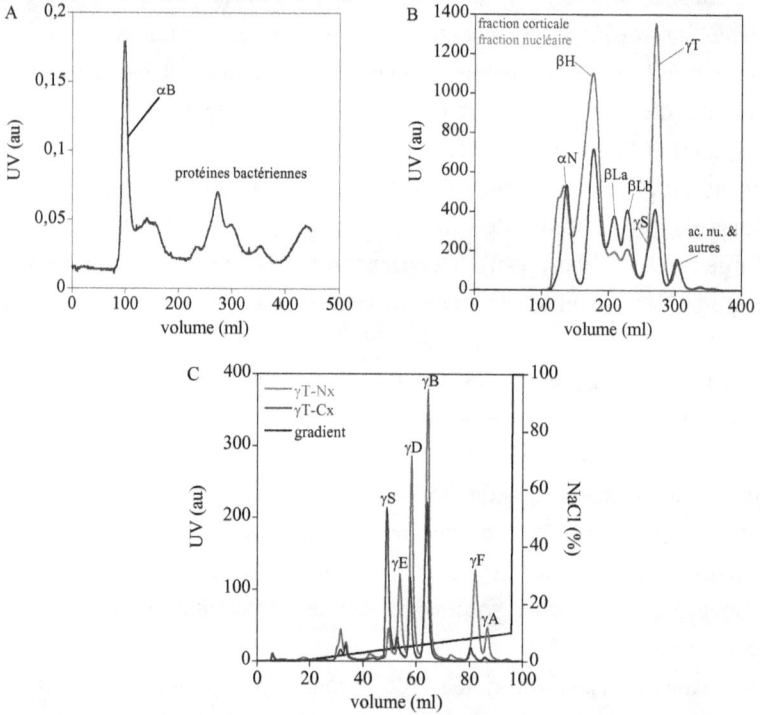

Figure 24. *Profil d'élution UV pour la purification de protéines.* **A,** *Exemple de purification de protéines recombinantes (αB) par filtration sur gel (colonne Séphacryl S200).* **B,** *Purification des cristallines d'œil de veaux par filtration sur gel (colonne Superdex S200PG). Profils de la fraction corticale (en bleu) et de la fraction nucléaire (en rouge). Seules les αN et les βLb issues de la fraction corticale sont utilisées, les γT peuvent provenir indifféremment des deux fractions.* **C,** *Séparation des γT par chromatographie échangeuse de cations (colonne Mono S). Deux tampons sont nécessaires : 50 mM MES pH 6,1 ± 1 M NaCl. Le gradient du tampon*

76

salé est de 10 % sur 80 mL et le débit est de 2 mL.min⁻¹. Profils des γT issues de la fraction corticale (en bleu) et de la fraction nucléaire (en rouge). À partir de 200 mL de culture bactérienne, les rendements en αA, αB, R120X, γS humaines sont compris entre 10 à 4 mg. Pour huit cristallins, les rendements en αN, βLb et γT issues des cortex, sont de 160, 100 et 120 mg environ.

La purification des protéines bovines non recombinantes se fait sur colonne préparative Superdex S200PrepGrad (filtration sur gel). La colonne préparative permet de travailler avec de grandes quantités de « produits », jusqu'à 400 mg de protéines totales peuvent être chargés par injection. Une dizaine d'injections sont réalisées pour la fraction corticale issue de huit cristallins. Les molécules sont éluées dans du tampon phosphate pH 6,8 à un débit de 2,2 mL.min⁻¹. Le fractionnement est de 4 mL/tube. Les fractions récoltées sont conservées à 4°C, (figure 24 B).

En utilisant une colonne Mono S, il est possible de séparer les γ-cristallines bovines en fonction de leur charge (par chromatographie échangeuse d'ions). Deux tampons 50 mM MES pH 6,1 ± 1 M NaCl sont nécessaires. Le gradient du tampon salé est de 10 % sur 80 mL. Le débit est de 2 mL.min⁻¹. Les γ-cristallines sont ensuite dialysées contre le tampon voulu (généralement du tampon phosphate pH 6,8) et congelées à −20°C (figure 24 C).

La technique du tamis moléculaire a aussi été utilisée pour une analyse comparative des différents mutants R120X avec une colonne analytique Superdex S200HR, puis Superose 6. Les hautes masses moléculaires (> 600 kDa) de ces assemblages ne peuvent être déterminées précisément avec ces colonnes, car ils sont élués à la limite du volume mort, dans une zone de séparation non linéaire. Malgré tout, des différences significatives de volumes d'élution et de profil UV peuvent être ainsi révélées (figure 54, cf. page 148).

Quelques précautions sont à prendre avec un système de chromatographie : filtrer (filtre de 0,22 µm, Millipore) et dégazer tous les tampons utilisés et filtrer et centrifuger les échantillons avant leur injection dans le système.

Les concentrations protéiques sont déterminées avec un spectrophotomètre ND-1000 UV-visible (NanoDrop Technologies). Il est nécessaire de connaître le coefficient d'extinction molaire : ε (0,1%, mL.mg^{-1}.cm^{-1}) correspondant. La densité optique, DO, est calculée selon l'équation (loi de Beer-Lambert) :

$$DO = \varepsilon lc,$$

où l est la longueur du trajet optique en cm et c la concentration en mg.mL^{-1} (tableau 8).

Tableau 8. Coefficients d'extinction molaire des principales protéines utilisées.

protéine	ε_{280nm}	protéine	ε_{280nm}	protéine	ε_{280nm}
αA humaine et bovine	0,73	βLb bovines	2,30	γS humaine	2,03
αB humaine /R120X	0,69	βB2 humaine	1,75	CS de porc	1,51
αN bovines	0,85	γT bovines	2,00	Hsp26 de levure	0,9

ε_{280nm} en mL.mg^{-1}.cm^{-1}.

5. Tests d'expression et de purification d'autres sHsps.

Des essais d'expression et de purification de nouvelles sHsps humaines ont été réalisés notamment avec Hsp20 (HspB6), Hsp22 (HspB8), Hsp27 (HspB1), cvHsp (HspB7) et MKBP (HspB2). Les séquences ADN codant ces sHsps humaines (fournies par S. Simon, EA300, Paris 7), sont clonées dans des vecteurs pET16c. Ces protéines sont étiquetées avec six histidines. La souche bactérienne choisie pour l'expression de l'ensemble des protéines recombinantes est *E. Coli* BL21(DE3)pLysS.

Notre démarche a consisté à tester différentes conditions afin d'exprimer et de purifier ces protéines, de façon optimum. Malheureusement, nous n'avons pas réussi à obtenir de protéine soluble en quantité suffisante car nous avons été confrontés à différents problèmes : i) une très faible expression de la protéine recombinante, nécessitant probablement la construction de nouveaux clones ; ii) une grande insolubilité de la protéine dans la bactérie (une très grande proportion de protéines exprimées est retrouvée dans les corps d'inclusion) ; iii) une instabilité intrinsèque de la protéine purifiée, notamment dans le cas de Hsp22, probablement liée au fait qu'en contexte cellulaire elle est stabilisée par des co-facteurs ou d'autres sHsps. En définitive, nous avons obtenu de faibles quantités de Hsp22 et Hsp27, mais des améliorations de constructions et de protocoles sont en cours et semblent prometteurs.

Nous avons également tenté de produire ces sHsps à partir de clones doublement transformés (par deux vecteurs contenant chacun une séquence de sHsp différente et une séquence de résistance à un antibiotique différent, pour la sélection), en supposant que l'expression et (ou) la présence de l'une des protéines pouvait influencer, améliorer l'expression et (ou) la solubilité de l'autre. Différentes combinaisons ont été faites comme αB/Hsp22 et αB/cvHsp. À notre grande surprise et malgré de nombreuses tentatives, ce type de clone n'induit l'expression que d'une seule des deux protéines, l'autre étant visiblement inhibée (figure 25), de plus, aucune de ces combinaisons n'a donné de résultat reproductible et probant pour l'instant.

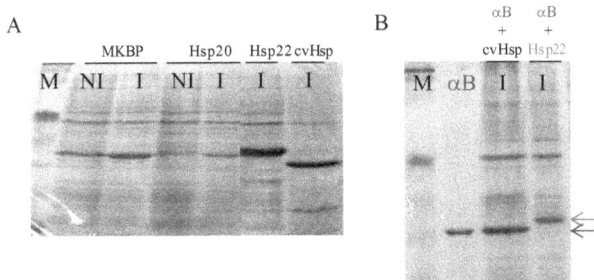

Figure 25. Exemple de gels d'électrophorèse en conditions dénaturantes (SDS-PAGE) pour l'expression de sHsps humaines. A, Tests d'induction des sHsps : MKBP, Hsp20, Hsp22 et cvHsp, (piste M : marqueurs, NI : non-induit et I : induit à l'IPTG). B, Tests d'induction de sHsps dans des bactéries doublement transfectées pour les couples αB/cvHsp et αB/Hsp22 (piste M : marqueurs, αB : l'αB purifiée en référence, I : induite à l'IPTG). Ces tests ne sont pas reproductibles et l'induction à l'IPTG n'aboutit jamais à l'expression des deux sHsps.

6. Obtention d'autres protéines.

La Hsp26 de levure et son mutant de délétion Hsp26Δ43N (protéines purifiées) sont fournis par S. Quevillon-Chéruel du groupe du Pr. H. van-Tilbeurgh. Le gène Ybr072w est amplifié (et modifié pour le mutant) par PCR en utilisant l'ADN génomique de *Saccharomyces cerevisiae*. Une séquence additionnelle codant une étiquette de six histidines est introduite à la fin du gène pendant l'amplification. Le produit de PCR est ensuite cloné dans un vecteur dérivé de pET9. La souche d'expression BL21 Gold(DE3) (Stratagene) est transformée avec cette construction. L'expression est induite avec 0,5 mM d'IPTG et les cellules croîent quatre heures à 37 °C. Les cellules sont récupérées par centrifugation, resuspendues dans 20 mM Tris-HCl, 200 mM NaCl, 5 mM β-mercapto-éthanol à pH 7,5 et conservées seize heures à −20 °C. La lyse des cellules est complétée par une sonication. La protéine portant l'étiquette histidine est chargée sur une colonne Ni-NTA (Qiagen Inc.), et la résine chargée avec la protéine est chauffée à 42 °C. La colonne est lavée avec un tampon 20 mM Tris-HCl pH 7,5 et 50 mM imidazole pré-équilibrée à 42 °C et la protéine est éluée avec 200 mM d'imidazole à 42 °C dans le même tampon. La seconde étape de purification est faite à température ambiante sur une colonne Superdex TM200 (Amersham Pharmacia Biotech) équilibrée en tampon 20 mM Tris-HCl pH 7,5, 200 mM NaCl et 10 mM β-mercapto-éthanol. La pureté de la protéine est vérifiée par gel SDS-PAGE et spectrométrie de masse.

La βB2 humaine et les mutants Q70E, Q162E et Q70E/Q162E ont été donnés sous la forme de protéines purifiées par K.J. Lampi (Department of Integrative Biosciences, School of Dentistry, Oregon Health and Science University, Portland, USA) et sont conservés à −20°C dans un tampon 6,6 mM Na_2HPO_4, 6,6 mM KH_2PO_4, 23 mM KCL, 1 mM DTT et 0,16 mM EDTA à pH6,8. Les différentes βB2 ne sont pas dialysées contre du tampon phosphate pH 6,8 mais directement diluées dans ce tampon lors des expériences.

La citrate synthase (CS) de coeur de porc est achetée chez Sigma et dialysée contre du tampon phosphate pH 6,8 avant chaque expérience. La CS est conservée à 4°C.

L'alcool déshydrogénase (ADH) est également achetée chez Sigma.

Un peptide appelé « Mini-αB » de vingt acides aminés a été synthétisé par Christophe Piesse (IFR83 UPMC, Paris). Sa séquence primaire est $_{73}$DRRSVNLDVKHFSPEELKVK$_{92}$. Cette portion, qui correspond aux brins β3 et β4 du domaine ACD, est le fragment minimal de l'αB humaine ayant encore une activité de type chaperon (Bhattacharyya et al., 2006). Ce peptide est conservé, après lyophilisation, à −20°C. Il est soluble dans le tampon phosphate, mais forme une solution visqueuse, indiquant sa réticulation en solution. Des tests en DLS et en SAXS ont été réalisés, mais aucune des données récoltées n'est exploitable.

7. Vérifications de la pureté et de l'état d'oligomérisation des échantillons protéiques et conservation.

À chaque étape des protocoles d'expression et de purification, des fractions des différents lysats supposés contenir la protéine d'intérêt sont systématiquement prélevées (figure 26 A à C) et mélangées volume à volume à du tampon Laemmli (Laemmli, 1970), puis bouillies trois minutes à 100°C. Elles sont ensuite déposées sur un gel d'électrophorèse en condition dénaturante (SDS-PAGE ou sodium dodecyl sulfate polyacrylamide gel electrophoresis), contenant 15 % de Polyacrylamide (Bio-Rad : acrylamide/bisacrylamide ratio (37,5:1) ; Laemmli, 1970). Cela permet la migration des protéines dénaturées uniquement en fonction de leur masse moléculaire. L'électrophorèse est réalisée sur un système (mini protean III, Bio-Rad). Après migration, la coloration au bleu de Coomassie ou au SimplyBlue SafeStain (Invitrogen) révèle la présence de protéines par des bandes bleues. Le SimplyBlue est une coloration prête à l'emploi, ne contenant pas de produit toxique comme le méthanol nécessaire pour une coloration au bleu de Coomassie. De plus, il est décrit comme étant deux fois plus sensible que le bleu de Coomassie et plus adapté lors d'analyses en spectroscopie de masse. Dans les cas où la quantité en protéines chargées sur le gel est faible, une coloration à l'argent est réalisée suivant les recommandations du fournisseur (Bio-Rad).

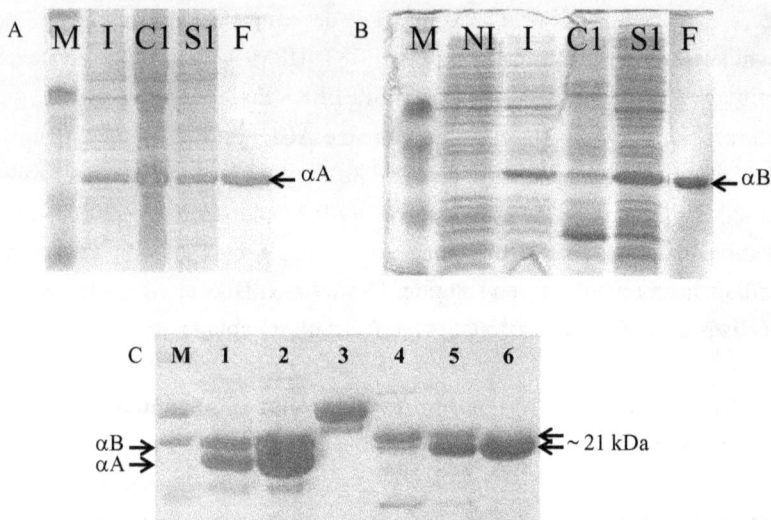

Figure 26. Exemple de gels d'électrophorèse en conditions dénaturantes (SDS-PAGE) pour l'expression et (ou) la purification des protéines. **A**, Expression et purification de l'αA humaine, coloration du gel au SimplyBlue SafeStain (Invitrogen). **B**, Expression et purification de l'αB humaine, coloration du gel au bleu de Coomassie. Piste M : marqueurs, NI : non induit, ensemble des protéines bactériennes, I : induit, ensemble des protéines bactériennes plus la protéine d'intérêt induite par l'IPTG, C1 : fraction insoluble (corps d'inclusion) du lysat bactérien, S1 : fraction soluble du lysat bactérien et F : fraction correspondant à la protéine purifiée après filtration sur gel. **C**, Extraction et purifications des cristallines bovines, fraction corticale, coloration du gel au bleu de Coomassie. Piste M : marqueurs ; 1 et 2 : αN (deux bandes correspondant à αA et αB) ; 3 : βLb ; 4 : γT enrichie en γS, 5 : γT intermédiaires et 6 : γT appauvries en γS.

La spectrométrie de masse est également utilisée pour vérifier la pureté et l'identité des protéines purifiées. La DLS et la filtration sur gel servent à contrôler l'état d'oligomérisation stable et la présence d'agrégats.

Par crainte de modifier leur état d'oligomérisation, les échantillons de α- et β-cristallines (qui sont des oligomères polydisperses) sont conservés à 4°C et ne sont jamais congelés, alors que les γ-cristallines peuvent être congelées à −20°C, voire lyophilisées, car ce sont des monomères monodisperses.

Tous les échantillons protéiques sont conservés dans du tampon phosphate pH 6,8 sauf indication contraire.

II. Les analyses et les expérimentations biophysiques et biochimiques.

1. Caractérisations structurales par diffusion de lumière et des Rayons X.

La diffusion est un phénomène par lequel un rayonnement électromagnétique comme la lumière, est dévié dans de multiples directions par une interaction avec un objet.

Les références suivantes : Finet, 1998 ; Belloni, 1994 et Lomakin et al., 2005 ont été utilisées pour la rédaction de ce chapitre.

a. La théorie.

a1. L'interaction rayonnement-matière et la diffusion par des protéines en solution.

Une onde électromagnétique est définie par son énergie, sa longueur d'onde ou sa fréquence. L'énergie électromagnétique, qui est la résultante d'un champ électrique et d'un champ magnétique, se matérialise sous la forme de photons (quanta d'énergie). Les rayonnements électromagnétiques s'étendent des rayons gamma (faibles longueurs d'onde) aux ondes radio (grandes longueurs d'onde). Le terme de lumière sous-entend lumière visible, allant du rouge au bleu, et représente une infime partie du spectre électromagnétique, (figure 27).

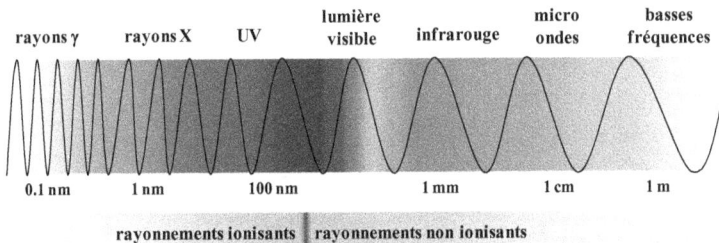

Figure 27. *Spectre du rayonnement électromagnétique.*

L'interaction d'une onde électromagnétique avec de la matière, induit divers phénomènes physiques tels que l'absorption, la réflexion, la réfraction, la fluorescence ou la diffusion, etc. Selon le milieu traversé par le rayonnement et suivant sa longueur d'onde, ces phénomènes sont plus ou moins importants et limitent la transmission de l'onde. Nous nous intéressons ici à la diffusion.

Une onde électromagnétique de longueur d'onde λ_0 et d'intensité I_0 arrive sur une particule (électron, atome) ; celle-ci est alors soumise au champ électrique E_0 de l'onde incidente, il y a création d'un dipôle qui va se mettre à osciller. Cette particule oscillante joue le rôle de source secondaire et réémet une onde électromagnétique de même longueur d'onde λ_0 ; c'est la diffusion élastique. Le dipôle est caractérisé par son moment dipolaire oscillant, P, qui s'écrit :

$$P = \alpha E_0,$$

où et α est la polarisabilité. La polarisabilité α est reliée à l'intensité diffusée selon l'équation :

$$r^2 I_d / I_0 = (16\pi^4 \alpha^2 / \lambda_0^4)[(1 + \cos^2 2\theta)/2],$$

où r est la distance particule diffusante-détecteur, I_d l'intensité diffusée, $2\square$ l'angle de diffusion et le terme $[(1 + \cos^2 2\theta)/2]$ est le facteur de polarisation.

Nous étudions des macromolécules en solution ; soit un solvant dans lequel baignent des protéines. L'intensité diffusée est alors due en partie au solvant et en partie aux protéines. Ce qui nous intéresse, c'est la part de l'intensité diffusée due aux protéines. Or, ne peuvent être mesurées directement que l'intensité diffusée par le solvant seul et celle diffusée par la solution. C'est donc la différence de ces deux mesures qui correspond à la part due aux protéines. Comme l'intensité diffusée est reliée à la polarisabilité α, la différence d'intensité diffusée, ΔI, sera reliée à la différence de polarisabilité, $\Delta\alpha$:

$$I_d(\text{solution}) - I_d(\text{solvant}) = \Delta I \sim \Delta\alpha.$$

Les sources de rayonnements incidents - définis par leur longueur d'onde - utilisées sont généralement monochromatiques, et variées (rayons X ; lumière visible : rouge, vert ; etc.). Selon la longueur d'onde de la source incidente, les paramètres physiques utilisés et les montages expérimentaux changent et la polarisabilité est exprimée de façon différente. De plus, l'intensité du rayonnement diffusé varie ou non en fonction de l'angle de mesure, selon que la taille de la particule est grande ou petite par rapport à la longueur d'onde incidente. Pour nos expériences, nous utilisons soit la lumière visible, soit les rayons X.

a2. La lumière visible.

En lumière visible, c'est l'atome dans son environnement qui diffuse. Un terme pertinent pour exprimer la polarisabilité est l'indice de réfraction. Les différences de polarisabilité traduisent alors des variations des incréments d'indice de réfraction, dn/dc.

Le facteur de Rayleigh, $R(\theta)$, est le terme utilisé pour caractériser l'intensité diffusée en lumière visible. Il s'agit du rapport de l'intensité diffusée sur l'intensité incidente, corrigé pour la distance de l'échantillon au détecteur. Il s'écrit :

$$R(\theta) = r^2 I_d/I_0 = K^* cM,$$

où c est la concentration, M la masse molaire moyenne et K^* une constante ~ au dn/dc et reliée à la polarisabilité α ($\alpha \sim (dn/dc)^2 n_0^2$).

$$K^* = (4\pi^2 (dn/dc)^2 n_0^2 / N_a \lambda_0^4),$$

où N_a est le nombre d'Avogadro, n_0 l'indice de réfraction du solvant. En diffusion de lumière visible, la taille des protéines est inférieure à la longueur d'onde incidente, il n'y a donc pas de dépendance angulaire de la lumière diffusée. La diffusion est dite isotrope.

Voici quelques exemples de diffusion de lumière visible : un ciel bleu, des phares dans le brouillard, la lumière d'une pièce enfumée, etc.

Les expériences de diffusion de lumière se divisent en deux types : les expériences de diffusion « statique » ou « élastique » qui s'intéressent uniquement à l'intensité de l'onde diffusée et les expériences de diffusion « dynamique » ou « quasi-élastique » qui s'intéressent aux variations dans le temps (à l'échelle de la µs) de l'intensité de l'onde diffusée.

a3. Les rayons X.

En rayons X, seuls les électrons contribuent au phénomène de diffusion. La polarisabilité s'écrit alors en termes de paramètres électroniques. Comme les mesures sont généralement faites aux petits angles ($\theta < 5°$), le facteur de polarisation est égal à 1. La polarisabilité α s'écrit alors :

$$r^2 I_d / I_0 = 16\pi^4 \alpha^2 / \lambda_0^4.$$

Pour un électron, l'expression de $r^2 I_d / I_0$ devient :

$$r^2 I_d / I_0 = 16\pi^4 \alpha^2 / \lambda_0^4 = r_{el}^2 = 7{,}9^{-26} \text{ cm}^2,$$

où r_{el} est le rayon de l'électron et $r_{el} = e^2/mc$. La différence de polarisabilité $\Delta\alpha$ entre le tampon et la solution, traduit alors ce que l'on appelle un excès ou un contraste de densité électronique, $\Delta\rho(\mathbf{r})$:

$$\Delta\alpha \sim \Delta\rho(\mathbf{r}) = \rho(\text{solution}) - \rho(\text{solvant}) = \rho(\mathbf{r}) - \rho_0.$$

En diffusion des rayons X, l'intensité diffusée par des protéines en solution est dépendante de l'angle de diffusion, car la taille des protéines (de 1 à 20 nm) est largement supérieure à la longueur d'onde incidente ($\lambda \approx$ 1 Å). L'intensité diffusée par une solution de protéines s'écrit :

$$I(\mathbf{s}) = TF\langle\Delta\rho(\mathbf{r}) * \Delta\rho(-\mathbf{r})\rangle,$$

où $I(\mathbf{s})$ est l'intensité diffusée, $\mathbf{s}$ le vecteur de diffusion et $s = (2/\lambda_0)\sin\theta$, TF la transformée de Fourrier du contraste de densité électronique $\Delta\rho(\mathbf{r})$, convolué par $\Delta\rho(-\mathbf{r})$ - les lettres marquées en gras correspondent à des vecteurs.

b. L'expérimentation.

b1. La diffusion statique de la lumière par SEC-MALS (size exclusion chromatography-multi-angle light scattering) : calcul de masses molaires.

En chromatographie d'exclusion de taille, il est possible d'estimer des masses moléculaires, mais l'élution des molécules est fonction de leur taille et (ou) de leur forme et non de leur masse moléculaire. Le MALS détermine la masse molaire absolue des molécules en solution indépendamment de leur volume d'élution (important pour les macromolécules non globulaires), de façon non destructive. L'oligomérisation et les associations entre protéines peuvent être étudiées. La chromatographie sépare les macromolécules en solution selon leurs propriétés physico-chimiques. Associée au MALS, cela permet de

86

quantifier la masse molaire et la distribution de taille pour un échantillon donné.

On choisit la filtration sur gel (ou SEC pour $\underline{s}$ize $\underline{e}$xclusion $\underline{c}$hromatography) comme technique chromatographique pour les expériences menées avec les α-cristallines. Elle est réalisée sur une colonne de silice (KW 804, Shodex, limite d'exclusion environ à 1000 kDa), connectée à un système de chromatographie : FPLC AKTA Purifier (GE Healthcare), suivie d'un appareil de diffusion à trois angles de diffusion, le MALS (45°, 90° et 135°) dont la source de lumière est un laser dont la longueur d'onde est de 830 nm et d'un réfractomètre (miniDAWN™ TREOS, Wyatt technology ; www.wyatt technology.com ; (figure 28 et 29 A et B). Le logiciel utilisé est nommé ASTRA (V 5.3.2.17, Wyatt technology).

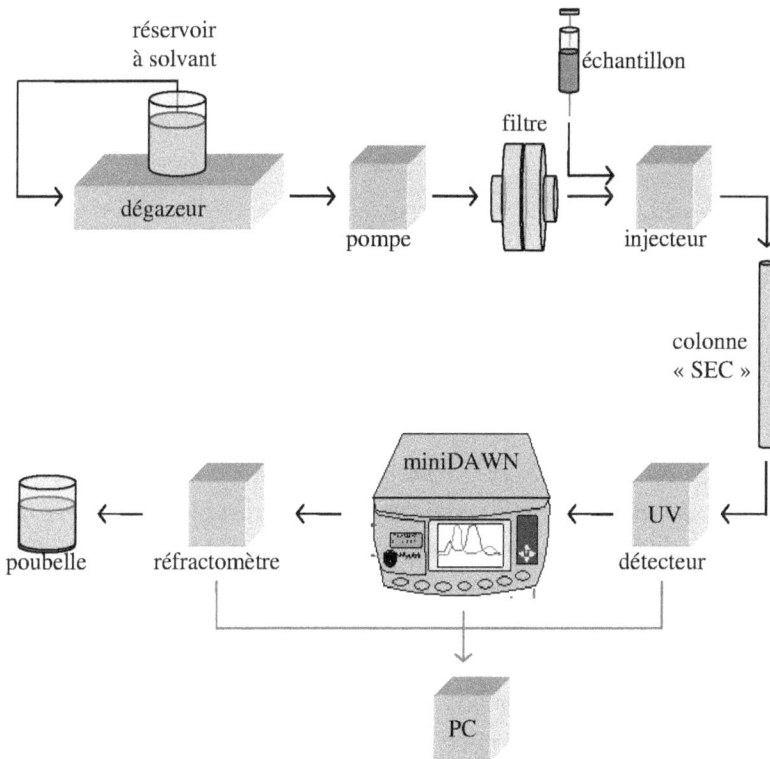

Figure 28. Schéma du montage expérimental SEC-MALS. La grande sensibilité de cette technique contraint à un dégazage permanent du tampon d'élution, qui est au préalable passé sur filtre de 0,1 µm (Millipore). L'échantillon est également filtré (sur filtre Nanosep MF GFP 0,2 µm, Pall life science), avant d'être injecté sur une colonne d'exclusion de taille (Shodex KW804), où les protéines sont séparées en fonction de leur taille et de leur forme. Puis elles passent par la cellule UV, la cellule de détection du MALS et enfin celle du réfractomètre, toutes trois connectées à l'ordinateur. Les protéines peuvent être récupérées à la fin, si on le souhaite. Les données sont analysées par le programme ASTRA (V 5.3.2.17, Wyatt technology).

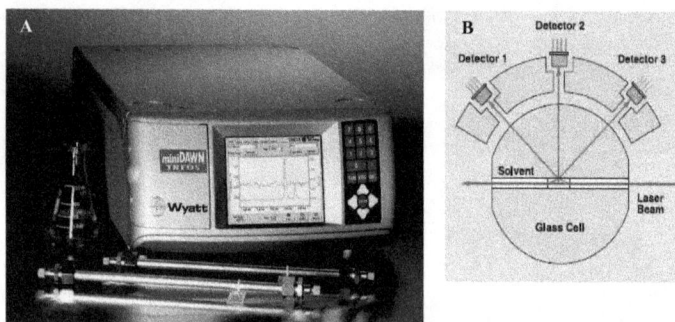

Figure 29. Le MALS. Source : www.wyatt.com. **A**, Photo de l'appareil miniDAWN TREOS (Wyatt technology), utilisé pour les expériences de SEC-MALS. Il s'agit d'un système de diffusion statique de la lumière à trois angles de mesure qui permet la détermination de masses molaires (de $5,10^2$ à 10^7 g.mol^{-1}) et de taille (R_g compris entre 10 et 100 nm). La précision est de 2 à 4 % et la reproductibilité de ~ 1 %. **B**, Schéma de la cellule de mesure. Une source laser monochromatique (830 nm) est envoyée sur une solution de protéines et l'intensité diffusée à 45°, 90° et 135° est mesurée.

Les expériences de « SEC-MALS » sont réalisées rapidement après la purification des échantillons protéiques. De manière à analyser les variations irréversibles de masses molaires induites par la température, les échantillons sont pré-incubés au bain-marie, une heure à la température désirée, puis plongés dans la glace quelques minutes et filtrés dix minutes à 4°C sur des unités de centrifugation (Nanosep MF GFP 0,2 µm, Pall life science) pour éliminer les particules de poussières, les agrégats de haut poids moléculaire et les bulles avant l'injection sur la colonne. Puis, toutes les expériences chromatographie sont faites à température ambiante. Le volume des échantillons injectés est de 50 µL à environ 1 mg.mL^{-1}, à 0,5 mL.min^{-1}.

Une fois les mesures réalisées, quatre profils d'élution sont obtenus : trois correspondant aux intensités diffusées aux trois angles et un issu du réfractomètre (figure 30). Il faut d'abord faire les lignes de base pour chaque profil ; ce qui revient à soustraire le tampon. La zone d'intérêt à analyser est ensuite sélectionnée sur les profils. Les 30 % inférieurs de la hauteur de chaque pic sont rejetés pour les calculs de masses molaires. Le calcul des résultats est obtenu par le diagramme de Zimm, qui utilise l'équation :

$$K*c/R(\theta) = 1/[MP(\theta)] + 2A_2c,$$

où, M est la masse molaire moyenne, A_2 le second coefficient de Viriel (il indique le type d'interaction, attractive ou répulsive, entre particules en solution) et $P(\theta)$ facteur de forme ou « scattering function », qui dépend de la structure de la molécule diffusante et décrit la dépendance angulaire. Compte tenu de la taille des protéines analysées, petite devant la longueur d'onde du faisceau incident, la diffusion mesurée est isotrope. Il n'y a donc pas de dépendance angulaire et $P(\theta) = 1$. L'intensité diffusée garde la même valeur quel que soit l'angle de mesure. Compte tenu de la gamme de concentration ($\approx$ 1 mg.mL^{-1}), on peut assimiler les échantillons protéiques à des systèmes dilués et le A_2 est négligeable. L'équation devient :

$$K*c/R(\theta) = 1/M.$$

Pour résoudre cette équation, il est nécessaire de connaître le dn/dc de la protéine analysée (pour les cristallines, il est égal à 0,185). Comme il faut aussi tenir compte des variations d'intensité du laser et de l'absorbance de l'échantillon, le logiciel applique des corrections. La masse molaire moyenne est calculée selon l'équation :

$$M = \sum c_i M_i / \sum c_i,$$

où c_i est la concentration de la particule de masse molaire M_i (figure 30).

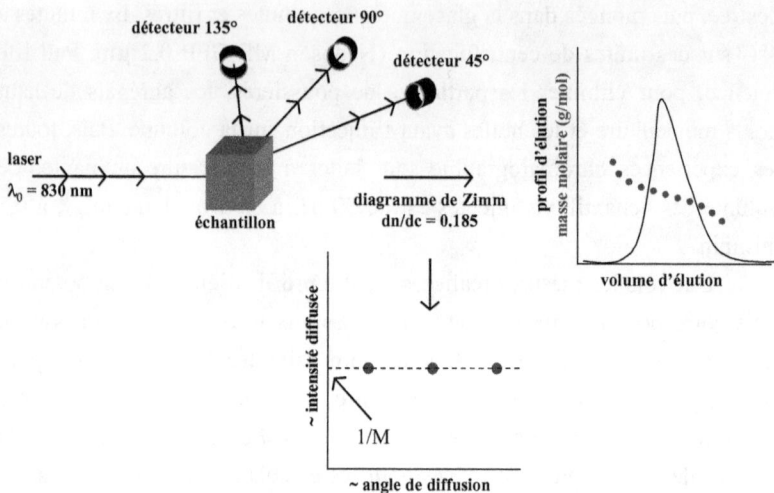

Figure 30. Schéma du traitement des données. Le profil d'élution peut être suivi par le détecteur UV, le réfractomètre ou la lumière diffusée (au choix de l'utilisateur). Puis, à partir de l'intensité diffusée, le diagramme de Zimm est le mode utilisé pour calculer des valeurs de masse molaire pour une zone choisie sur le profil d'élution.

Du fait de la longueur d'onde du laser, 830 nm, les particules étudiées ne sont pas détériorées par l'expérience (sauf si elles sont photosensibles). Les résultats observés se rapportent donc à des particules à l'état « natif ». Le MALS permet aussi le calcul de taille (root mean square radius : rms ou rayon de giration, R_g, en conditions anisotropes) et de A_2, mais nous n'exploitons pas ces données, car nos particules protéiques sont petites devant la longueur d'onde du laser (diffusion isotrope) et trop diluées (limitation par la colonne). On peut choisir de connecter le MALS à un détecteur UV plutôt qu'à un réfractomètre. Dans ce cas pour connaître la concentration en protéines, il faut connaître le coefficient d'extinction molaire, ε_{280nm}, de celles-ci. Or, ε_{280nm} est très variable d'une protéine à l'autre, contrairement au dn/dc des protéines compris entre de 0,183 et 0,186.

b2. La diffusion des rayons X aux petits angles (ou SAXS pour small angle X-ray scattering) en température ou sous pression : calcul de rayons de giration, étude de la forme et des interactions.

Les expériences de SAXS sont réalisées sur la ligne ID2 à l'E.S.R.F (Electron Synchrotron Radiation Facility à Grenoble ; www.esrf.eu/UsersAndScience/Experiments/SCMatter/ID02/) sous la direction de S. Finet et T. Narayanan, et depuis peu sur la ligne SWING à SOLEIL (plateau de Saclay, www.synchrotron-soleil.fr/portal/page/portal/ Recherche/LignesLumiere/SWING) avec l'aide de J. Pérez (figure 31). Les expériences de SAXS sont des expériences de diffusion statique et élastique avec une dépendance angulaire de l'intensité diffusée.

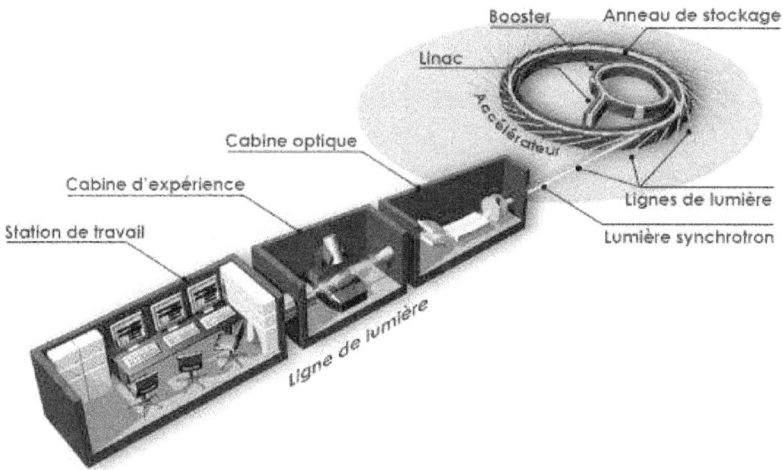

Figure 31. Schéma d'une ligne de lumière au synchrotron SOLEIL. Source : http://www.retraiteshpec.net/visite-synchrotron.htm.

Un faisceau de rayons X, monochromatique et hautement collimaté (faiblement divergeant), irradie un échantillon de particules protéiques en solution qui est à une position fixe. L'intensité diffusée aux petits angles ($\theta < 5°$) est enregistrée par un détecteur bidimensionnel qui peut bouger dans un tube sous vide de 0,75 à 10 m après l'échantillon (figure 32 A).

Les protéines ne sont pas des macromolécules complètement neutres ou inertes ; elles sont plus ou moins hydrophobes, plus ou moins chargées et elles interagissent mutuellement les unes avec les autres par l'intermédiaire d'interactions « à longue distance ». Il existe des interactions de type attractif ou répulsif. En SAXS, on peut travailler avec des gammes de concentrations qui permettent la mise en évidence de ces interactions.

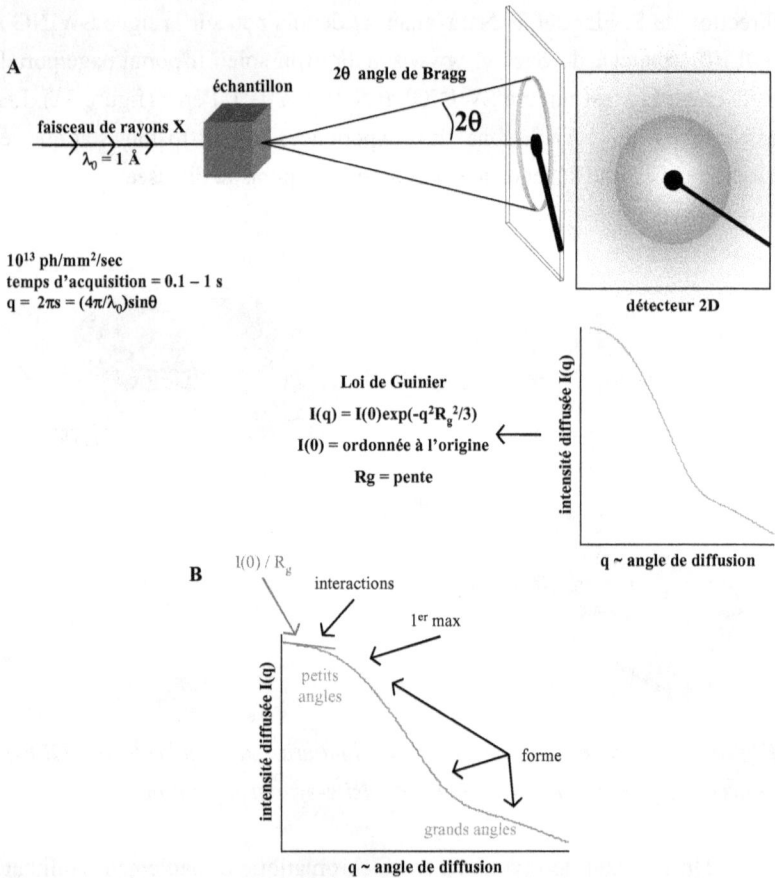

A

échantillon

2θ angle de Bragg

faisceau de rayons X

$\lambda_0 = 1\,\text{Å}$

2θ

détecteur 2D

10^{13} ph/mm²/sec
temps d'acquisition = 0.1 – 1 s
$q = 2\pi s = (4\pi/\lambda_0)\sin\theta$

Loi de Guinier

$I(q) = I(0)\exp(-q^2 R_g^2/3)$

$I(0) =$ ordonnée à l'origine

$R_g =$ pente

intensité diffusée I(q)

q ~ angle de diffusion

B

$I(0) / R_g$

interactions

1er max

petits angles

forme

grands angles

intensité diffusée I(q)

q ~ angle de diffusion

Figure 32. Le SAXS. A, Schéma du montage et du traitement des données. Un faisceau de rayons X est envoyé sur un échantillon protéique et l'intensité diffusée aux petits angles est mesurée par un détecteur 2D. Les images 2D sont traduites en courbes de diffusion et l'analyse peut être faite. B, Un traitement informatique permet l'analyse des résultats (programmes développés à l'ESRF). Certaines informations peuvent être *obtenues directement à partir des courbes de diffusion : la forme des particules en solution (structure tertiaire ou quaternaire des protéines), et le type d'interactions entre molécules. De plus, des paramètres structuraux tels que la masse moléculaire des particules proportionnelle à I(0) et le R_g des particules, peuvent être calculés.*

Dans le cas de solutions concentrées de protéines, où les protéines sont en interaction dans la solution, la moyenne sphérique de l'intensité diffusée par une particule est le facteur de forme I(0, s) et l'intensité diffusée par une solution concentrée de particules, I(c, s), est le produit du facteur de forme par le facteur de structure, S(c, s), qui dépend de la concentration en particules en solution et de l'angle de diffusion (s est appelé vecteur de diffusion), soit :

I(c, s) = I(0, s)S(c, 0).

Cette relation est valable pour des protéines globulaires. Pour un système dilué S(c,0) est égal à 1, il est inférieur à 1 pour des interactions de type répulsif et supérieur à 1 pour des interactions de type attractif.

Pour les expériences de SAXS, les mesures de l'intensité diffusée seront par la suite présentées en fonction du vecteur de diffusion, q, car :

q = $2\pi s$ = $(4\pi/\lambda_0)\sin\theta$.

Un traitement informatique permet l'analyse des résultats (programmes développés à l'ESRF) et certains paramètres structuraux peuvent être obtenus directement à partir des courbes de diffusion (figure 32 B). Les courbes de diffusion apportent des informations sur la forme, l'enveloppe des particules en solution (l'enveloppe, structure tertiaire ou quaternaire des protéines) et le type d'interactions entre molécules. I(0) est proportionnelle à la masse molaire de la particule, donc les variations de I(0) en fonction de différents paramètres tels que la température ou la pression, reflètent les changements de masse molaire. Une estimation de la taille des particules est obtenue à partir du rayon de giration, R_g, et de ses variations. Le R_g correspond à la moyenne quadratique des distances de tous les points de la particule à son centre de gravité, moyenne pondérée par la masse de chaque élément de volume. Pour une particule sphérique de densité électronique constante, le rayon R de la sphère qui occupe le même volume que le volume de la particule est égal à 1,29 R_g. Les valeurs de I(0) et du R_g sont obtenues à partir des intensités diffusées, I(q), en utilisant l'approximation de Guinier (Guinier et Fournet, 1955) :

$$I(q) = I(0) \exp (-q^2 R_g^2/3),$$

R_g et I(0) sont issus respectivement de la pente et de l'ordonnée à l'origine de l'ajustement linéaire de Ln(I(q)) en fonction de q^2 pour de faibles valeurs de q (qR_g < 1,0). Quand la concentration de la protéine augmente, les interactions protéine-protéine ne sont plus négligeables, la pente qui est mesurée conduit alors à un rayon de giration « apparent », mais la forme de la courbe de diffusion change seulement aux petits angles.

Les expériences en température sont réalisées à λ_0 = 0,0995 nm, avec une cellule thermostatée (capillaire de quartz de 2 mm de diamètre et 10 µm d'épaisseur, GLAS, Allemagne) que l'on peut remplir et rincer *in situ*. Le volume de l'échantillon est de 50 µl. Entre deux irradiations, de la protéine « fraîche » est poussée devant le faisceau avec une seringue motorisée, commandée par le programme d'acquisition. Pour les expériences en pression, une cellule « haute pression » a été développée à l'ESRF (pour la ligne ID2 ; D. Gibson), avec un diamètre de 3 ou 4 mm et une épaisseur des fenêtres en diamant de 1 mm (Skouri-Panet et al., 2006 ; figure 33 A à D). Ces expériences sont réalisées à plus haute énergie (16,5 keV au lieu de 12,4 keV, correspondent à λ_0 = 0,0751 nm) de manière à réduire l'absorption venant des fenêtres de diamant qui appliquent la pression sur l'échantillon et de l'épaisseur plus grande de l'échantillon. La cellule est connectée à un système de pressurisation (Nova Swiss), nécessitant de l'eau distillée comme vecteur de pression, et le tout est adapté à un thermostat permettant de chauffer la cellule jusqu'à 150 °C. Un porte-échantillon compatible avec des solutions biologiques (en PEEK ; figure 33 C et D) a été développé pour réduire le volume de l'échantillon (moins de 100 µL) et pour permettre le contact direct du porte-échantillon avec l'eau de la cellule. Le porte-échantillon est conçu pour éviter les changements d'épaisseur de l'échantillon ; ouvert sur le haut, il est fermé avec une membrane de parafilm (figure 33 C).

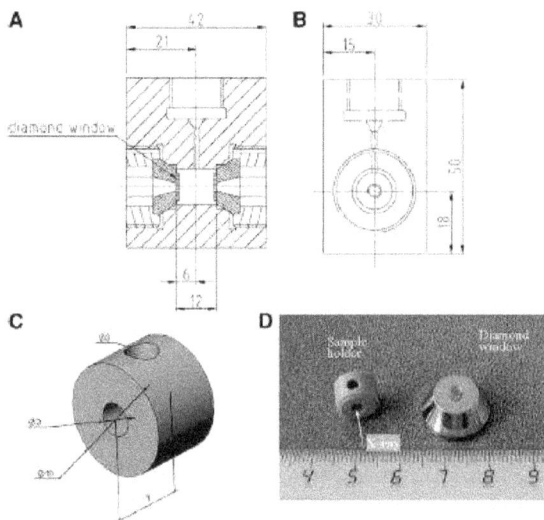

Figure 33. **A**, **B** et **C**, Schémas de la cellule pression et du porte-échantillon développés à l'ESRF. **D**, Photos du porte-échantillon et d'une fenêtre de diamant. La cellule est connectée à un système de pressurisation (700 MPa, Nova Swiss), nécessitant de l'eau distillée comme vecteur de pression. Les fenêtres de diamant utilisées ont un diamètre de 3 ou 4 mm et une épaisseur des fenêtres en diamant de 1 mm. Le porte-échantillon compatible avec des solutions biologiques a été développé pour réduire le volume de l'échantillon (moins de 100 µL) et pour permettre le contact direct du porte-échantillon avec l'eau de la cellule. Le porte-échantillon est conçu pour éviter les changements d'épaisseur de l'échantillon ; ouvert sur le haut, il est fermé avec une membrane de parafilm.

Le temps d'exposition de l'échantillon aux rayons X est choisi en accord avec la concentration et la nature de la protéine testée, de manière à obtenir un signal suffisant par rapport au bruit de fond du détecteur et à limiter les dégâts causés par les radiations : entre 0,1 et 1,0 s d'exposition, répété 3 à 10 fois, enregistré pour chaque condition et 10 à 30 fois pour le tampon. Les données sont collectées par un détecteur bidimensionnel (un détecteur FReLoN, pour Fast-Readout and Low-Noise, couplé à une caméra CCD, 1024 x 1024 pixels, www.esrf.eu/UsersAndScience/Experiments/SCMatter/ID02/Detectors). La distance de l'échantillon au détecteur est de 3 m, correspondant à un incrément du vecteur de diffusion q de 0,0034 nm^{-1} pour λ_0 = 0,0995 nm et 0,0045 nm^{-1} pour λ_0 = 0,0751 nm, et une gamme utile de q de 0,07 à 2,6 nm^{-1} et 0,09 à 2,7 nm^{-1}. Le passage des données 2D aux données finales (courbes : I(q) en fonction de q) nécessite plusieurs étapes : i) la normalisation de la réponse du détecteur dépend du temps d'exposition et de la transmission de l'échantillon ; ii) il est nécessaire de masquer le faisceau transmis et les régions bordant le détecteur avec un cache ; iii) après une intégration azimutale et moyennante de l'image 2D, il faut soustraire le bruit de fond du détecteur de celui de l'échantillon ; iv) le Lupolen est utilisé pour la calibration de l'intensité absolue ; v) les données enregistrées sous pression ne sont pas corrigées pour les variations de contraste dues à de la compressibilité différentielle des protéines et du solvant. Les courbes correspondant à une même condition sont ensuite moyennées, quand il n'y a pas de dégât d'irradiation détecté ou de bulle observée. Les courbes du tampon sont soustraites aux courbes de protéines.

Tous les échantillons sont filtrés sur des unités de centrifugation (Nanosep MF GFP 0,2 µm, Pall life science) avant leur irradiation par rayons X, afin d'éviter la présence de poussières, d'agrégats ou de bulles. Toutes les protéines à notre disposition sont testées en température, en pression et (ou) en combinant les deux. Des couples de protéines sont également analysés pour tenter d'élaborer des tests d'activité chaperon par SAXS.

Il existe quelques limitations à l'utilisation du SAXS pour l'étude de protéines en solution. Tout d'abord, la protéine doit pouvoir être concentrée sans précipiter, elle doit ensuite supporter le transport jusqu'au synchrotron et enfin, elle doit être suffisamment résistante au faisceau de rayons X.

b3. La diffusion dynamique de la lumière (ou DLS pour <u>d</u>ynamic <u>l</u>ight <u>s</u>cattering) : calculs des rayons hydrodynamiques et pourcentages de polydispersité.

L'appareil de DLS utilisé est un DynaPro (Wyatt technology, anciennement Protein Solutions ; www.wyatt technology.com ; figure 34 A). C'est un système compact qui permet de déterminer les tailles et les pourcentages de polydispersité des macromolécules en solution et permet l'établissement de données cinétiques. La source incidente est un laser dont la longueur d'onde est de 830 nm (rouge) de longueur d'onde, polarisé verticalement. Il est dirigé sur des macromolécules en solution (matière). L'intensité de la lumière diffusée à 90° par les molécules, est collectée par une fibre optique jusqu'à un détecteur (photomultiplicateur), lui-même relié à un corrélateur et un ordinateur. L'acquisition, la visualisation et le traitement des données sont faits *via* les programmes Dynamic V et/ou VI (Protein Solutions ; figure 34 B). Lors de l'étude de protéines en solution, l'intensité diffusée étant indépendante de l'angle de diffusion (diffusion isotrope), un seul angle de mesure est nécessaire (90°).

A

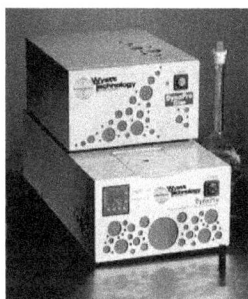

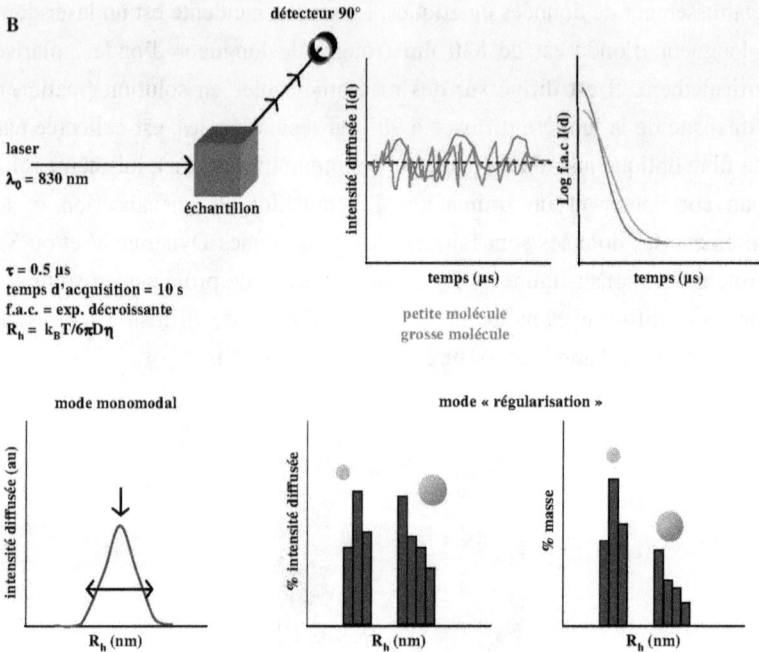

Figure 34. *La DLS. A, Photo de l'appareil de DLS, Dynapro (Wyatt technologie ; source : www.wyatt.com). Ce système compact permet de déterminer les tailles (R_h) et les pourcentages de polydispersité de macromolécules en solution et l'établissement de données cinétiques. B, Schéma du montage et du traitement des données. Une source laser monochromatique, 830 nm, est envoyée sur des protéines en solution et l'intensité diffusée est mesurée à 90° par un détecteur, puis un corrélateur calcule une f.a.c. Deux modes de traitement des résultats sont ensuite possibles : le mode monomodal pour une lecture en temps réel des données et le mode dit de régularisation qui permet de déterminer la présence de plusieurs espèces en solution.*

Les macromolécules en solution sont soumises à des mouvements aléatoires appelés mouvements browniens (translation, rotation, vibration). Chaque particule est constamment en mouvement et ses mouvements ne sont normalement pas corrélés avec ceux des autres particules, dans le cas des conditions idéales. Comme la lumière diffusée provient des macromolécules en mouvement, ces mouvements donnent un aspect aléatoire à la phase de la lumière diffusée, de telle sorte que les lumières diffusées issues de deux particules ou plus se superposent et les interférences fluctuent de façon constructive ou destructive (ce phénomène de fluctuation est généralement dénommé speckle). Les molécules soumises aux mouvements browniens voient leur position relative changer avec le temps. Les fluctuations de l'intensité de la lumière diffusée sont donc dépendantes du temps. Ces fluctuations dépendantes du temps sont mesurées sur des intervalles de temps très courts (0,5 µs) et sont directement reliées à la mobilité des molécules à travers le solvant. Les petites molécules plus mobiles, génèrent des signaux qui fluctuent rapidement, alors que les grosses molécules moins mobiles, génèrent des signaux qui fluctuent lentement. Ces mouvements dépendants du temps sont caractérisés par la fonction d'autocorrélation (f.a.c.) de l'intensité diffusée, $G(\tau)$, définie comme :

$G(\tau) = {}^{\infty}\!\int_0 I(t)I(t+\tau)dt,$

où $I(t)$ est l'intensité diffusée en fonction du temps t et τ le temps de corrélation.

Le corrélateur calcule en temps réel la f.a.c. $G(\tau)$ du signal sortant du photomultiplicateur, il découpe l'expérience de temps t (temps d'acquisition) en intervalles de temps successifs de durée $\Delta\tau$. Durant chaque intervalle, il accumule les impulsions, stocke le nombre trouvé, le multiplie avec chacun des nombres correspondant aux m intervalles précédents et ajoute les différents produits au contenu de mémoire (248 canaux). $G(\tau)$ exprime le degré de corrélation entre deux temps voisins séparés de τ ou le degré de mémoire d'un événement survenu au temps τ plus tôt. Généralement, $G(\tau)$ est une fonction qui décroît quand τ augmente : pour des temps très voisins, la perte de mémoire est faible, si les temps sont très distants l'un de l'autre, il y a décorrélation complète ($\tau \rightarrow \infty$) et la f.a.c. devient :

$G(\infty) = <I(t)>^2 = 1,$

C'est l'utilisateur qui choisit t et $\Delta\tau$; ordinairement t est de 10 s et $\Delta\tau$ de l'ordre de la microseconde dans la plupart des cas (fixé à 0,5 µs pour notre appareil). La valeur de t peut être plus longue, ce qui augmente la statistique, mais ce qui augmente aussi la probabilité qu'une poussière, qu'un agrégat passe devant le faisceau incident. À partir de la f.a.c. mesurée, $G(\tau)$, l'appareil calcule pour un échantillon de particules protéiques globulaires, une f.a.c. normalisée $g(\tau)$ selon l'équation :

$$G(\tau) = [1 + \alpha\, g(\tau)^2],$$

où α est une constante instrumentale. L'analyse de la f.a.c. permet de mesurer directement la constante de diffusion de la molécule, D_T, qui est le coefficient de diffusion translationnelle en m^2/s, (le coefficient de diffusion rotationnelle est négligeable dans le cas de particules globulaires comme les protéines). La f.a.c. normalisée d'un échantillon de particules monodisperses considéré comme idéal - c'est-à-dire sans interaction entre particules - est reliée à sa constante de diffusion D_T, par :

$$g(\tau) = \exp(-\Gamma\tau),$$

où Γ est le taux de décroissance, $\Gamma = D_T q^2$; q le vecteur de diffusion et $q = (4\pi/\lambda_0)\sin(\theta/2)$ où θ est l'angle de diffusion. La f.a.c. normalisée d'un échantillon de particules polydisperses considéré comme idéal est la somme d'exponentielles décroissantes :

$$g(\tau) \approx \Sigma K_i \exp(-D_{Ti} q^2 \tau),$$

où K_i est une constante de pondération.

Le rayon de Stokes, de Stokes-Einstein, ou le rayon hydrodynamique, R_h, nommé d'après George Gabriel Stokes, n'est pas le rayon « vrai » d'une molécule hydratée en solution comme souvent mentionné. C'est en fait, le rayon d'une sphère dure hypothétique qui se déplace à la même vitesse que la molécule étudiée. Le comportement de cette sphère inclut les effets d'hydratation et de forme. Puisque les molécules ne sont pas des sphères parfaites, le R_h est souvent plus petit ($\approx$ 15 %) que le rayon externe. Une molécule plus étendue aura un R_h plus grand comparé à une molécule plus compacte de même masse molaire. L'équation de Stokes-Einstein est valable pour une protéine globulaire et permet la déduction de son rayon hydrodynamique :

$$R_h = K_B T / 6\pi D_T \eta,$$

où K_B est la constante de Boltzman, T la température absolue en degré K et η la viscosité du solvant. *Via* ce rayon, différentes données sont accessibles : une évaluation de la taille et, pour des molécules globulaires, une estimation « grossière » de la masse molaire, M, définie par :

$$M = (4/3)\pi N_a (R_h/R_F)^3/v_s,$$

où N_a est le nombre d'Avogadro, R_F le rapport de friction égal à 1,25707 et v_s le volume spécifique égal à 0,726, dans le cas d'une protéine globulaire. Il est intéressant de constater avec quelle précision la valeur du R_F est donnée à partir des calibrations faite par Wyatt.

Il existe deux façons, deux modes de lecture des résultats (figure 34 B). Le mode « monomodal » cherche à rendre compte de la f.a.c. en supposant que la distribution de tailles des particules en solution a une forme de gaussienne (ou lorentzienne). On obtient pour la distribution de taille, un R_h moyen et un écart-type (ou une polydispersité) indicatif de l'homogénéité de la population. L'algorithme monomodal décompose la f.a.c. en plusieurs termes appelés cumulants. Le premier cumulant donne accès à la taille, donc au R_h, et le second à la polydispersité. Les résultats de l'analyse sont présentés en temps réel, c'est uniquement pour cela que le mode « monomodal » sera utilisé par la suite. Ce mode s'applique bien dans le cas d'une solution monodisperse de protéines comme les γ-cristallines ou polydisperse mais monomodale comme les αN, qu'il caractérise par un R_h moyen et un pourcentage de polydispersité. Le second mode dit de « régularisation » ou de « régularité » optimise la f.a.c. avec un algorithme de moindres carrés. Cet algorithme - qui introduit des hypothèses, des contraintes de régularité - permet d'analyser des mélanges de particules en fournissant des informations supplémentaires telles que la fraction d'intensité diffusée par chaque espèce résolue (détectée) présente dans l'échantillon, et les proportions relatives de chaque espèce. Les résultats de la distribution en tailles des particules sont donnés en pourcentages d'intensité. Ils peuvent aussi être calculés en pourcentage de masse suivant l'équation :

$$\% \ masse_i = [(I_i/R_i^x)/(\Sigma I_i/R_i^x)]100,$$

où I_i est l'intensité diffusée par une ixième particule et R_i son R_h. Ce mode comporte une limitation. Par exemple pour résoudre un mélange de deux protéines, il est nécessaire qu'elles soient suffisamment différentes en taille (5 nm minimum). L'intérêt de ce mode réside dans le cas d'un mélange de molécules, α- et γ-cristallines par exemple, pour connaître leurs proportions relatives - au-delà de trois types de particules, le calcul n'est plus fiable et n'a plus de sens physique - ou bien pour vérifier l'homogénéité d'une solution de protéines et détecter la présence d'agrégats de R_h élevés.

Nous avons considéré le cas des solutions idéales monodisperses et polydisperses, mais il y a aussi le cas des solutions non idéales (monodisperses et polydisperses). Dans ce cas, les mouvements des particules ne sont pas totalement indépendants les uns et des autres et il faut prendre en compte les interactions entre particules dont la contribution dépend de la concentration en protéines et des sels constituants le tampon et les effets de sillage hydrodynamique, qui font souvent apparaître des signaux supplémentaires. Un moyen pour tenter de s'en affranchir est de diluer l'échantillon testé.

Les principaux avantages d'une expérience de DLS sont sa rapidité d'exécution (de quelques minutes à une heure) et la non altération du matériel biologique, sauf s'il est photosensible à 830 nm. Elle nécessite un faible volume de produit, la cuve en quartz à une contenance minimale de 12 µL et la température peut varier très rapidement de 4 à 90°C (effet Peltier), au cours des mesures. Quand l'intensité diffusée au cours du temps est trop variable (± 20 %) ou quand le nombre de photons diffusés atteignant le détecteur est supérieur à 8000 kcoups/s, l'appareil s'éteint automatiquement pour éviter de détériorer le détecteur très sensible (il est d'ailleurs possible d'ajuster la puissance du laser incident). En plus des limites même de l'appareil, il apparaît deux paramètres limitants qui sont la concentration et la masse molaire des protéines étudiées. En effet, l'intensité diffusée est proportionnelle à la concentration et à la masse des particules, c'est pourquoi il convient d'adapter la concentration en fonction de la masse molaire de chaque protéine. La grande sensibilité de l'appareil peut être aussi un inconvénient, car la moindre poussière ou le moindre agrégat, fausse la mesure. Tous les échantillons sont donc filtrés sur des unités de filtration de 0,20 µm (Nanosep MF GFP, Pall life science) avant chaque mesure. Il est aussi nécessaire de dégazer les tampons utilisés pour diluer les échantillons protéiques, car la présence de microbulles engendre des perturbations.

La DLS est utilisée pour la caractérisation, avec des paramètres physiques, des sHsps et des autres protéines à notre disposition : les cristallines bovines (αN, αA, βH, βLa, βLb et γT), les cristallines humaines (αA, αB et ses mutants R120X, βB2 et ses trois mutants de déamination et γS), la Hsp26 de levure, la Hsp22 humaine et la CS porcine. La taille et le pourcentage de polydispersité sont les deux paramètres observables. Cela permet de vérifier ainsi la stabilité ou la variabilité de ces valeurs en fonction du temps et (ou) en fonction de la température. Les concentrations en protéines sont comprises entre 0,1 et 2 mg.mL^{-1} pour les α-cristallines (400 à 800 kDa) et les sHsps, entre 0,5 et 2 mg.mL^{-1} pour les β-cristallines (50 et 300 kDa) et entre 1 et 6 mg.mL^{-1} pour les γ-cristallines (21 kDa). Aucune variation des valeurs de R_h et de % Pd n'est imputable aux variations de concentration lors des expériences, pour ces protéines analysées seules. Le volume des échantillons est de 50 ou 80 µL pour parer à tout problème d'évaporation, le temps de corrélation τ est fixé à 0,5 µs, le temps d'acquisition t pour une mesure est de 10 s. Chaque expérience est un ensemble d'au moins 20 à 360 mesures. La viscosité η du tampon phosphate est de 1,019.

On parle d'agrégats en suspension ou solubles, quand les valeurs de R_h sont supérieures à 100 nm (la diffusion de lumière n'est plus isotrope et les valeurs ne sont pas fiables) et quand les f.a.c. correspondantes ne sont pas ajustables aux modèles de calculs. Il peut s'agir soit d'agrégats encore solubles, soit d'agrégats insolubles, mais qui n'ont pas encore précipité au fond de la cuve et passent encore devant le faisceau ; ils sont donc analysés par DLS au même titre qu'une particule soluble.

2. Caractérisations structurales par d'autres techniques.

a. La calorimétrie différentielle à balayage (ou DSC pour differential scanning calorimetry).

La DSC mesure les changements énergétiques de molécules en solution en fonction de la température et sert à déterminer des données thermodynamiques absolues pour des transitions induites par la température, telles que la dénaturation de protéines. Les mesures en calorimétrie sont directes : les propriétés intrinsèques des molécules en solution sont mesurées sans qu'il y ait nécessité de modifications chimiques, d'immobilisation des molécules ou d'apport d'une sonde spectroscopique ; de plus, si le processus de dénaturation est réversible, la technique n'est pas destructive. Une expérience de DSC mesure directement et permet le calcul de paramètres thermodynamiques caractéristiques des molécules biologiques : les changements de capacité calorifique, ΔCp, la température de demi-transition, T_t, l'enthalpie, ΔH, l'entropie, ΔS, et l'enthalpie libre de Gibbs, ΔG.

L'appareil est constitué de deux cellules (capillaires), où sont placés l'échantillon (la solution de molécules) et la référence (le tampon) et ces cellules sont dans la même enceinte calorifique (figure 35 A). Pendant les expériences, ces cellules sont constamment pressurisées pour prévenir la formation de bulles lors des changements de température et permettre ainsi les mesures de ΔCp, elles sont en équilibre thermique à la température initialement choisie par l'utilisateur. Lors d'une transition endothermique ou exothermique, l'échantillon absorbe ou dégage de l'énergie. Les différences de perte ou de gain de chaleur entre les deux cellules sont mesurées et compensées par l'instrument de manière à toujours maintenir les deux capillaires à la même température. La différence de chaleur émise ou absorbée par les deux cellules correspond à la différence de capacité calorifique apparente entre le solvant et les molécules en solution. C'est cette variation d'énergie qui est enregistrée en fonction de la température. Le résultat d'une expérience de DSC montre une courbe de ΔCp (en kJ.K^{-1}.mol^{-1}) en fonction de la température (en °C).

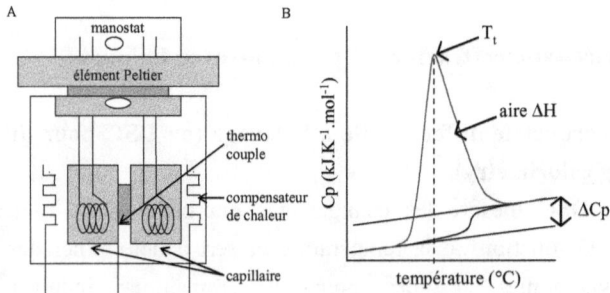

104

Figure 35. *La DSC. Source : www.calscorp.com/.* **A,** *Schéma de la cellule. L'appareil est constitué de deux cellules en capillaire, où sont placés l'échantillon (la solution de protéines) et la référence (le tampon), qui se trouvent dans la même enceinte calorifique. Pendant les expériences, ces cellules sont constamment pressurisées pour prévenir la formation de bulles lors des changements de température. Les analyses peuvent être faites sur une gamme de température allant de −10 à +130°C par un élément Peltier.* **B,** *Certaines informations peuvent être directement obtenues directement à partir des courbes de DSC : les changements de capacité calorifique, ΔCp et la température de demi-transition, T^t. De plus, des paramètres thermodynamiques sont calculés comme l'enthalpie, ΔH, qui correspond à l'aire sous la courbe, l'entropie, ΔS (ΔS = $_{T1}$ᵀ² (Cp/T)dT), et l'enthalpie libre de Gibbs, ΔG (ΔG = ΔH − TΔS).* **C,** *Photo de l'appareil de DSC. Les expériences de DSC sont réalisées avec un appareil Nano-Differential Scanning Calorimeter III, modèle CSC 6300 (Calorimetry Sciences Corporation), qui permet le calcul de paramètres thermodynamique de molécules biologiques pour des transitions induites par la température.*

Il faut d'abord établir une ligne de base en mettant du tampon dans les cellules référence et échantillon, pour corriger l'écart d'énergie entre ces deux compartiments, puis on teste la solution de protéines. La soustraction de la ligne base corrige les mesures et donne accès à la capacité calorifique molaire partielle des protéines seules, Cp. La courbe informe sur la T_t et peut aussi être utilisée pour calculer des ΔH de transitions (figure 35 B). Ce calcul est fait par l'intégration du pic

correspondant à la transition donnée (l'aire sous la courbe ; figure 35 B).
Le ΔH de transition est exprimé, en kJ.mol^{-1}, par l'équation suivante :

$$\Delta H = {_{T1}}\!\int^{T2} CpdT,$$

où T est la température en K (degrés Kalvin). La DSC calcule aussi des ΔS de transitions, en kJ.K^{-1}.mol^{-1}, selon la formule suivante :

$$\Delta S = {_{T1}}\!\int^{T2} (Cp/T)dT.$$

Cela donne ainsi accès à l'enthalpie libre de Gibbs, ΔG, en kJ.mol^{-1} :

$$\Delta G = \Delta H - T\Delta S.$$

De plus, la forme de la courbe renseigne sur la nature de la transition observée (modèle à deux ou multiples états, s'il s'agit d'une dénaturation, est-elle coopérative ?). Les informations nécessaires à connaître avant le calcul des résultats sont la concentration et la masse moléculaire des protéines étudiées.

Les expériences de DSC sont réalisées, dans le laboratoire du Pr. M. Reboud-Ravaux (FRE2852 UPMC), avec un appareil Nano-Differential Scanning Calorimeter III, modèle CSC 6300 (Calorimetry Sciences Corporation, www.calscorp.com/ ; figure 35 C), qui permet des analyses sur une gamme de température allant de -10 à $+130°C$ par un élément Peltier. Toutes les mesures sont faites en tampon phosphate (sans DTT, ni EDTA, ni azide, pour éviter tous signaux supplémentaires). Les solutions de protéines sont chauffées de manière constante à 0,5 ou 1°C.min^{-1} de 15 à 100°C. De plus, une pression de trois atmosphères est appliquée sur les cellules pendant les expériences. La réversibilité des transitions (le refroidissement) est testée à 2°C.min^{-1} de 100 à 15°C. La dépendance en température de l'excès de capacité calorifique est analysée avec le programme CpCalc (Calorimetry Sciences Corporation). Les capillaires de référence et de l'échantillon ont un volume de 330 µL. Les concentrations en protéines sont comprises entre 0,2 et 5 mg.mL^{-1}. Les solutions de référence (tampon) et protéiques sont filtrées et dégazées juste avant l'expérience.

b. La microscopie électronique (ou ME).

Les expériences de ME à transmission sont réalisées en collaboration avec J.P. Lechaire, du service de microscopie électronique de l'IFR de Biologie Intégrative (IFR83 Paris 6, http://ifr-bi.snv.jussieu.fr/).

L'échantillon est déposé sur une grille de carbone préalablement ionisée pour permettre une bonne adhérence de l'échantillon. Après une minute, la grille est lavée brièvement avec une solution aqueuse, puis colorée avec de l'acétate d'uranyl 1 %, pendant 2 minutes. Le surplus est absorbé à l'aide de papier filtre. Il s'agit d'une coloration négative. L'observation est faite avec un microscope 912 Omega, (Zeiss, 120 kV), à différents grossissements : 20000, 31500 et 50000. Cette méthode permet une visualisation directe des protéines étudiées et ainsi l'obtention de contrôles sur la taille et la polydispersité de ces molécules. Cette technique a été appliquée pour l'αN, l'αA, l'αB, R120X, Hsp26 et différents mélanges d'αN avec des γT. La concentration en protéines des échantillons est comprise entre 0,5 à 1 mg.mL^{-1}.

3. Étude des propriétés dynamiques des sHsps.

a. Par électrofocalisation en gel (ou gel IEF pour isoelectric focusing).

En IEF, les protéines à analyser migrent dans un gel contenant des molécules polyélectrolytiques de petite taille appelées ampholines. Ces ampholines ont une bonne capacité tampon et sont conductrices à leur point isoélectrique (pI). Soumises à un champ électrique, elles migrent et s'immobilisent à leur pI respectif où leur charge nette est nulle, créant ainsi sur toute la longueur du gel un gradient de pH. La linéarité et les bornes de ce gradient de pH sont déterminées par la nature et la diversité des ampholines incorporées au sein du gel. Les protéines à analyser vont être séparées le long de ce gradient de pH de manière analogue. De par leur caractère amphotérique, elles vont migrer dans le gel et se concentrer dans la zone de pH correspondant à leur propre pI où leur charge nette est nulle. L'IEF est une technique séparative où il y a concentration (focalisation) de la fraction étudiée, ce qui explique en partie le pouvoir de résolution élevé de cette méthode. Classiquement, l'IEF met en oeuvre des gels de polyacrylamide ou d'agarose.

Des gels standardisés et faciles d'utilisation sont commercialisés : Ready gel IEF gel, Bio-Rad. Ces gels IEF séparent les protéines sur une gamme de pH comprise entre 3 et 10. L'électrophorèse est réalisée sur un système (mini protean III, Bio-Rad), et les gels sont colorés à l'argent (selon les recommandations du fournisseur Bio-Rad).

b. Par chromatographie échangeuse d'ions.

Pour mettre en évidence les échanges de sous-unité entre les αA et αB humaines d'une part et entre l'αB humaine ou ses mutants R120X (X = K, D, G) et les αN bovines d'autre part, des séries de chromatographies d'échange d'anions (cf. page 75) ont été réalisées.

Une colonne HiTrap ANX FF de 1 mL, connectée à un système de chromatographie : FPLC (AKTA basic UPC, GE, Healthcare), est utilisée. Le tampon d'équilibration est composé de 20 mM Tris à pH 6,8 et le tampon d'élution est identique au premier avec en plus 1 M de NaCl. Ces tampons permettent la séparation de l'αB (pI = 6,76, qui n'est pas retenue sur la colonne), des αN ou de l'αA (pI = 6,02 et 5,77, éluées par le gradient NaCl) et des espèces intermédiaires (figure 36). L'élution est faite à température ambiante, le volume d'injection est de 100 µL, le débit est de 1 mL.min^{-1} et le gradient est fixé, après optimisation, à : i) 1,5 % par mL pour les couples αB/αN ; ii) 1,5 % par mL sur 20 mL puis à 14 % par mL ensuite pour les couples αA/αB. La concentration finale en protéines est comprise entre 1 et 2 mg.mL^{-1}. Après avoir mélangé les protéines à 4°C, température à laquelle les échanges de sous-unité n'ont pas lieu, l'échantillon est directement injecté (0 h) ou pré-incubé à une température choisie (généralement 37°C) pendant un temps donné, avant le chargement sur la colonne. Pendant l'incubation et à l'injection, les protéines sont encore en tampon phosphate pH 6,8 car elles sont plus stables dans ce milieu. Le volume d'injection étant très inférieur au volume de la colonne, les mélanges protéiques sont dilués lors de l'injection. On considère que le peu de tampon phosphate présent, n'altère en rien les interactions colonne-protéines (ce point a été vérifié avec les αN et aucune différence visible n'est observée). Enfin, des fractions de 0,5 mL sont récoltées, elles sont concentrées, puis déposées sur gel dénaturant SDS-PAGE pour vérifier la présence d'un ou de deux type de sHsps (d'une ou de deux bandes). À chaque expérience et quel que soit le type de protéine chargée, il y a toujours un peu de protéines éluées après un volume de colonne (non retenues) qui correspondent à la proportion de protéines qui traverse la colonne sans interagir avec elle.

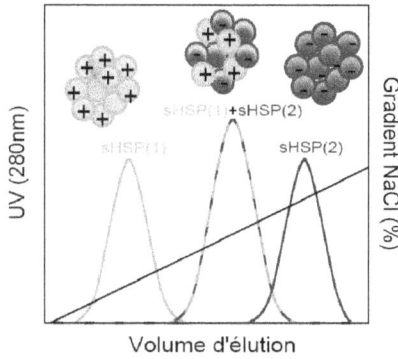

Figure 36. *Schéma d'une expérience d'échange de sous-unités. Les sHsps ont la capacité d'échanger des sous-unités entre elles et cet échange est sensible aux conditions environnementales. Pour tester in vitro cette propriété dynamique, la chromatographie échangeuse d'anions est utilisée pour séparer deux types de sHsps ionisables en fonction de leur charge (ou pI). Elles doivent avoir des points isoélectriques ou pI suffisamment distincts : pI αA = 5,77 ; pI αB/R120X = 6,76 ; pI αN = 6,02, (données Swiss Prot). Un gradient de sel (NaCl) sert à l'élution des protéines fixées sur la colonne. Les deux sHsps sont au préalable incubées à une température et à un temps donnés, puis injectées sur colonne de chromatographie. Si l'échange de sous-unités a eu lieu, un pic d'élution intermédiaire à ceux des sHsps et correspondant au nouveau complexe formé par les sHsps, sera détecté.*

Des expériences témoins ou contrôles sont réalisées pour chaque sHsp. Chaque protéine est testée seule après seize ou vingt-quatre heures à 4°C, à température ambiante et à 37°C, pour vérifier qu'elle est éluée au même volume quelle que soit la température de pré-incubation ; ainsi, la température ne modifie pas les interactions protéine-colonne. On fait de même pour les mélanges de deux protéines, qui sont incubés seize ou vingt-quatre heures à 4°C et à température ambiante. Deux populations différentes, une retenue et une non retenue sont observées. On vérifie que les échanges sont nuls ou fortement ralentis à 4°C et à température ambiante.

D'une série d'expériences à l'autre, le volume d'élution d'une protéine peut varier. Ceci est dû au fait que les tampons d'élution, bien que de composition constante, sont renouvelés régulièrement et de petites variations peuvent être introduites au moment de leur fabrication. Les tampons sont changés au début de chaque série d'expériences. De plus, il peut y avoir des évolutions dans le choix des programmes utilisés pour commander l'instrument FPLC (par exemple le départ du gradient de sel). Ces deux point concourent au fait qu'une même protéine peut être éluée à différents volumes. Le critère de choix, qui définit le mieux l'élution de la protéine, correspond au pourcentage en sel auquel la protéine est éluée.

4. Tests d'activité de type chaperon.

a. Par diffusion dynamique de la lumière.

L'appareil de DLS peut être utilisé pour faire des mesures statiques d'intensité diffusée. On s'intéresse alors à l'intensité diffusée par l'échantillon, que l'on suit sur des temps « longs » (dix minutes à une heure) en fonction de la température par exemple. Dans ce cas, l'intensité diffusée est équivalente au facteur de Rayleigh $R(\theta)$; ce qui permet de suivre les évolutions en temps ou en température d'un type de protéine ou d'un mélange de plusieurs protéines (cas des tests d'activité chaperon). Les valeurs de R_h sont également observées ; elles sont indicatrices de la présence d'agrégats en suspension, dans les cas où la protéine cible et la sHsp ne sont pas suffisamment différentes en taille pour être résolues individuellement.

a1. Les cibles modèles.

L'activité de type chaperon de αB et de ses mutants R120X vis-à-vis de la citrate synthase, CS, a été testée par DLS. On suit en fonction du temps, l'intensité diffusée par l'échantillon protéique. Suivre l'évolution de l'intensité diffusée à 90° en DLS, équivaut à suivre l'évolution de la DO avec un spectrophotomètre (bien que les longueurs d'onde soient différentes) et peut être utile pour mettre en évidence une agrégation

110

induite par la chaleur. La plupart des tests rapportés dans la littérature, réalisés avec la CS comme protéine cible de sHsp, sont faits entre 37 et 45°C (Ghosh et al., 2005), ici une analyse de l'agrégation de la CS par DLS en fonction de la température montre que ce processus est plus rapide à 48°C. Les tests d'activité de type chaperon sont donc faits à 48°C. Les intensités diffusées par la CS seule et par la CS en présence d'αB ou d'un de ses mutants, sont d'abord mesurées à 20°C, de manière à montrer que la solution protéique reste stable en fonction du temps. Puis, après équilibration de l'appareil à 48°C, les échantillons sont replacés dans celui-ci et les intensités diffusées sont enregistrées en fonction du temps sur une période maximale d'une heure. Pour optimiser le signal, les concentrations en CS et en αB/R120X sont respectivement de 2,2 et 0,5 mg.mL^{-1} environ ; le ratio (CS:αB/R120X) est de (4,5:1). Des contrôles sont effectués avec l'αB et ses mutants seuls dans les mêmes conditions : les intensités diffusées sont d'abord mesurées à 20°C, puis une heure à 48°C. Le volume des solutions testées est de 80 μL, dans le tampon phosphate. Le laser est réglé à 50 % de sa puissance maximale et le temps d'acquisition pour chaque mesure est de 10 s. Chaque expérience est un ensemble de 180 à 360 mesures, répété trois fois et répété pour deux préparations différentes de chaque protéine.

Les intensités diffusées sont normées de manière à pouvoir comparer les résultats obtenus avec les différentes sHsps (αB et R120X). La valeur moyenne des intensités diffusées à 20°C est soustraite aux courbes d'intensité diffusée correspondantes à 48°C (pour les courbes de sHsp seule et pour les mélanges CS et sHsp) et les courbes d'intensité diffusée par les sHsps seules à 48°C sont ensuite soustraites aux courbes d'intensité diffusée par le mélange :

$$[I_d^{48°C}(CS+sHsp) - <I_d^{20°C}(CS+sHsp)>] - [I_d^{48°C}(sHsp) - <I_d^{20°C}(sHsp)>].$$

a2. Les cibles physiologiques.

L'activité de type chaperon des α-cristallines vis-à-vis des β- et γ-cristallines a aussi été testée par DLS. Les tests d'activité sont faits à 60 et 66°C, ce qui correspond aux températures de dénaturation respectivement des β- et γ-cristallines. Les intensités diffusées par les β- ou γ-cristallines seules ou en présence d'α-cristallines, dans différents rapports, sont mesurées, à 90°, d'abord à 23 ou 20°C, de manière à montrer la stabilité de la solution protéique en fonction du temps, puis après équilibration de l'appareil à 60°C ou sans équilibration à 66°C. Les intensités diffusées sont enregistrées en fonction du temps sur une période d'une heure pour les β-cristallines et d'un quart d'heure pour les γ-cristallines. Des contrôles sont effectués avec les α-cristallines seules dans les mêmes conditions : les intensités diffusées sont d'abord mesurées à 23 ou 20°C, puis à 60°C ou à 66°C.

La concentration en β-cristallines est toujours de 0,5 mg.mL^{-1} et la concentration en α-cristallines varie en fonction du ratio appliqué. À l'inverse, la concentration en α-cristallines reste constante (0,5 mg.mL^{-1}), quand les γ-cristallines sont les cibles. Le volume réactionnel est de 80 µL, dans le tampon phosphate. La puissance du laser est réglée au minimum (à 10 %) et le temps d'acquisition pour chaque mesure est de 10 s. Chaque expérience est un ensemble des 100 à 360 mesures, répété au moins trois fois.

La normalisation des intensités diffusées pour les β-cristallines est la suivante :

$$[I_d^{60°C}(\beta+\alpha) - <I_d^{23°C}(\beta+\alpha)>]/<I_d^{23°C}(\beta+\alpha)> - [I_d^{60°C}(\alpha) - <I_d^{23°C}(\alpha)>]/<I_d^{23°C}(\alpha)>,$$

et les résultats concernant les γ-cristallines montrent l'évolution des R_h en fonction du temps.

b. Par spectrophotométrie UV-visible.

La capacité de l'αB et de ses mutants à prévenir la dénaturation et l'agrégation de l'ADH induite par sa réduction au 1,10-phénanthroline a été analysée. Les tests sont conduits à 42°C, dans un volume réactionnel de 500 µL dans un tampon 50 mM phosphate de sodium, pH 7,2, additionné de 100 mM NaCl, contenant 0,4 mg.mL^{-1} d'ADH en présence ou en absence d'αB ou de ses mutants R120X à 0,08 mg.mL^{-1}, soit un ratio (ADH:αB/R120X) de (5:1). Les tests sont effectués pendant 40 minutes à 360 nm sur un spectromètre UVIKON 923. Des expériences témoin sont réalisées avec l'αB et ses mutants seuls dans les mêmes conditions. L'ensemble de ces expériences, nécessitant l'utilisation de l'ADH, a été réalisé par S. Simon.

III. Les analyses bioinformatiques.

Le travail de bioinformatique présenté ici, a été effectué en partie par É. Duprat (équipe Interactions macromoléculaires, FRE2852 UPMC) et en partie sous sa direction.

1. Alignements multiples de séquences.

L'alignement multiple des séquences de vingt sHsps a été réalisé ; il comprend les séquences des onze sHsps humaines, des trois sHsps dont les structures 3D sont résolues par diffraction des rayons X (Hsp16.5 : code PDB 1shs, Hsp16.9 : 1gme et Tsp36 : 2bol), des quatre sHsps dont une structure basse résolution est connue (Hsp26, Hsp20.2, Acr1 et shsp) et des deux α-cristallines bovines (αA et αB). Ces protéines sont constituées d'un domaine ACD (conservé) flanqué d'une région N-terminale et d'une extension C-terminale (variables en taille et en composition en acides aminés), à l'exception de la protéine Tsp36 qui comporte deux domaines ACD séparés par un peptide de liaison (41 acides aminés). Les séquences des domaines ACD, des régions N-terminales et des extensions C-terminales sont alignées séparément. La délimitation de ces régions est réalisée à partir des structures 3D disponibles ; la conservation des domaines ACD permet, de plus, d'identifier leurs bornes à partir des séquences (ClustalW, http://www.ebi.ac.uk/Tools/clustalw/). L'alignement multiple des séquences des domaines ACD est construit en combinant les alignements obtenus par ClustalW, Muscle (http://www.drive5.com/muscle) et Mafft (http://align.bmr.kyushu-u.ac.jp/mafft/online/server/), avec les données structurales 3D disponibles ; ces informations s'avèrent particulièrement utiles pour l'alignement des boucles (et plus particulièrement au niveau de la boucle entre les brins β5 et β7 (soit L57 ; figures 7 et 61, cf. pages 22 et 164), variable en taille et en composition en acides aminés). Les séquences des régions N- et C-terminales sont alignées manuellement.

Une approche similaire nous a permis de construire l'alignement multiple des séquences de huit β-cristallines et huit γ-cristallines ; il comprend les séquences des β- et γ-cristallines bovines ainsi que celles de la βB2 et de la γS humaines. Ces protéines sont constituées de deux domaines homologues (notés par la suite D1 et D2) - eux-mêmes formés de deux motifs structuraux de type clé grecque (M1 et M2 pour D1 ; M3 et M4 pour D2) - séparés par un peptide de liaison, et encadrés d'une région N-terminale et d'une région C-terminale. De même que pour les sHsps, les différentes régions sont alignées séparément ; un unique alignement des domaines D1 et D2 est construit, afin d'identifier leurs sites homologues. L'alignement des régions variables en taille et en composition en acides aminés (N- terminale, C- terminale, peptide de liaison) a nécessité la prise en compte d'un plus grand nombre de séquences parmi la super famille des β- et γ-cristallines (vingt-cinq espèces de vertébrés).

2. Analyse *in silico* des mutants R120X de l'αB-cristalline.

Afin de compléter les résultats concernant les effets des mutations R120X de l'αB sur son état d'oligomérisation et son activité de type chaperon, nous avons mené une analyse *in silico* destinée à comprendre son influence à l'échelle du dimère.

La structure quaternaire de l'αB n'étant pas connue à ce jour, nous avons basé cette étude sur les trois structures 3D de sHsps disponibles. Pour chacune d'entre elles, la première étape a consisté en la construction *in silico* de dimères « mutants », par remplacement de l'acide aminé en position équivalente au R120 de l'αB (R107 dans 1shs, R108 dans 1gme, R158 dans 2bol) par K, D, C ou G.

Chaque dimère est ensuite soumis à une étape de minimisation énergétique, afin d'éviter les encombrements stériques et optimiser énergétiquement le positionnement des atomes de la chaîne latérale de l'acide aminé muté. L'énergie potentielle de chaque dimère atteint ainsi un minimum local.

Nous avons ensuite réalisé des simulations de Dynamique Moléculaire sur chaque dimère (sauvage ou mutant) préalablement minimisé. Cette approche *in silico* consiste à appliquer un champ de forces (qui définit les paramètres indiquant comment les particules agissent les unes sur les autres) sur un système solvaté, et à suivre la trajectoire des atomes au cours du temps ; le solvant est ici « explicite », chaque dimère étant immergé dans une boîte de molécules d'eau. Au cours d'une simulation de Dynamique Moléculaire, le recuit simulé consiste à chauffer rapidement et à refroidir lentement un système, afin d'en déterminer les configurations de plus basse énergie. Pour permettre au système de s'échapper des minima énergétiques locaux (passer les barrières énergétiques locales), et d'explorer l'ensemble de l'espace conformationnel, le système est chauffé périodiquement. Pour chaque dimère considéré (sauvage ou mutant), nous avons répété cent fois un processus de recuit simulé de 6 ps ; chaque cycle comprend des étapes successives de chauffage (on passe de 300°K à 600°K en 1 ps), d'équilibration (à 600°K pendant 1 ps), et de refroidissement (on passe de 600°K à 300°K en 4 ps) ; chaque pas de temps correspond à 1 fs. Au cours de ces simulations, réalisées à l'aide du package GROMACS (http://www.gromacs.org), les coordonnées des atomes du dimère considéré sont collectées toutes les 0,5 ps ; ces coordonnées sont ensuite utilisées pour une analyse des sites de contact et des fluctuations structurales.

Afin d'analyser les fluctuations structurales de chaque dimère (sauvage ou muté) au cours du processus de recuit simulé, nous avons suivi l'évolution des valeurs de RMSD (root mean square deviation, qui est ici une mesure de la distance moyenne entre les atomes du dimère au cours de la Dynamique Moléculaire et ceux du même dimère minimisé) en fonction du temps. Pour chaque dimère, nous calculons la moyenne et l'écart-type des valeurs de RMSD des cent structures « refroidies » ; ces structures sont collectées toutes les 6 ps pendant la simulation Dynamique Moléculaire, à la fin de chaque phase de refroidissement, et correspondent par conséquent aux différents minima locaux d'énergie potentielle du système. Enfin, une analyse statistique des variances est réalisée (test *anova* dans R), de manière à déterminer si les valeurs moyennes de RMSD sont significativement différentes entre la protéine sauvage et ses quatre mutants.

Pour chaque dimère, sauvage ou muté, nous procédons ensuite à une analyse des contacts impliquant les atomes du résidu équivalent au R120 ; nous détectons les liaisons hydrogène intra et intermoléculaires, de distance inter atomique inférieure à 3,6 Å, pour chacune des vingt structures « refroidies » dont l'énergie potentielle est la plus faible.

3. Analyse *in silico* de la βB2-cristalline humaine et de ses mutants de désamidation.

Il s'agit d'une analyse des sites de contacts, afin d'identifier les liaisons hydrogène et van der Waals intra et intermoléculaires (de distance inter atomique < 3,6 Å) impliquant les atomes des résidus équivalent aux Q70 et Q162 de la βB2 humaine, parmi les vingt-sept structures 3D disponibles de β- et γ-cristallines. À partir de l'alignement multiple de séquences des β- et γ-cristallines, les sites homologues des résidus détectés sont ensuite étudiés pour évaluer leur niveau de conservation.

TRANSITIONS STRUCTURALES DES SHSPS

Très peu de choses sont connues sur les mécanismes régulant la taille et l'activité des sHsps. Beaucoup de questions sont sans réponse, par exemple : comment des sous-unités protéiques similaires peuvent-elles s'assembler pour former des homo- et (ou) des hétéro-oligomères de différentes tailles et polydispersités, comment de telles structures sont-elles influencées par leur environnement pour former des entités fonctionnelles, comment le mécanisme d'échange des sous-unités peut-il induire la formation de complexes sHsp-cible à la suite d'un stress ? Parmi une variété de paramètres qui peuvent être utilisés pour clarifier ces points, il y a, bien sûr, la température utilisée ordinairement, mais aussi la pression qui a une place spéciale.

La pression est généralement combinée à des techniques spectroscopiques comme les UV, la fluorescence ou l'infrarouge, qui apportent des informations utiles sur les caractéristiques thermodynamiques de dénaturation des protéines et les changements de structure secondaire, pendant le repliement ou la dénaturation de protéines. Les perturbations induites par la pression sur les macromolécules en solution sont dépendantes des variations de volume, favorisant la formation de structures occupant des volumes plus petits. La pression est habituellement utilisée pour perturber les interactions hydrophobes et éliminer (les cavités internes des protéines). La pression hydrostatique est également beaucoup utilisée pour caractériser la structure et la dynamique des intermédiaires conformationnels tels que les « molten-globules » dans les processus de repliement, ou plus récemment dans les processus de dénaturation ou d'agrégation des protéines impliquées dans les maladies neuro-dégénératives par exemple. L'avantage que procure l'utilisation de la pression est que les protéines globulaires subissent des changements structuraux réversibles sous une certaine gamme de pression. De plus, la pression est aussi capable d'induire la formation de nouveaux intermédiaires conformationnels.

Les techniques usuelles de spectroscopie n'apportent pas d'informations sur la structure globale, (la forme ou l'enveloppe). Quand une information de ce type est nécessaire le SAXS apparaît comme une technique de choix. C'est un outil puissant qui permet la caractérisation de la structure tertiaire ou quaternaire d'une protéine en solution, correspondant à un processus de repliement/dénaturation ou d'association/dissociation, en utilisant des agents « perturbateurs » comme par exemple des dénaturants chimiques, la température ou la pression.

Ici, nous avons suivi les changements de structures quaternaires de différentes sHsps par SAXS en fonction de la température, de la pression et de la combinaison des deux. Les gammes de pression et température sont respectivement les suivantes : de 100 à 300 MPa et entre 20 et 70°C. La détection des effets induits par la pression est habituellement limitée par l'absorption des fenêtres de diamant de la cellule pression. Une autre difficulté est de faire une mesure de l'échantillon et du tampon dans les mêmes conditions. Cette difficulté est surmontée par l'optimisation du porte-échantillon. Des expériences de chromatographie, de ME, et de DLS sont effectuées en parallèle et permettent un contrôle des échantillons protéiques et la validation des phénomènes observés en SAXS. D'ailleurs la DLS présente un grand avantage pour l'étude des phénomènes d'association et de dissociation, car elle peut dans certains cas déterminer le nombre d'espèces en solution. Trois sHsps ont été testées : les αN bovines, l'αB humaine et la Hsp26 de levure. Ces trois systèmes sont choisis, car ils ont des comportements différents en température. Les αN et l'αB augmentent de masse moléculaire et de taille en température - mais pas de la même façon - alors que Hsp26 diminue.

Ce travail a donné lieu à un article intitulé : « sHsps under temperature and pressure : the opposite behaviour of lens α-crystallins and yeast Hsp26 », par Skouri-Panet F., Quevillon-Cheruel S., Michiel M., Tardieu A. et Finet S., (*Biochimica et Biophysica Acta*, 2006, (1764), 372-383). C'est la première publication où le SAXS a été utilisé pour suivre les transitions structurales des sHsps sous pression. Concernant les αN, les interactions et les transitions en température avaient déjà été réalisées par SAXS depuis longtemps, mais rien encore n'avait été publié ni sur l'αB, ni sur la Hsp26. Pour ce premier article, ma participation s'est limitée aux expériences de DLS et de ME. Par la suite, j'ai pris part aux expériences de

SAXS et ce travail a été complété notamment pour les αA bovine et humaine et un mutant de délétion de la Hsp26.

I. Les α-cristallines natives.

1. Les effets de la température.

De manière à valider l'utilisation de la DLS pour l'analyse des sHsps, nous avons d'abord analysé les αN dont les transitions en températures étaient déjà connues. À température ambiante, l'αN a un rayon hydrodynamique, R_h, de 8,6 nm et une polydispersité de 15,5 % environ. Le calcul de la masse moléculaire proposé par le système de DLS donne une valeur de 1100 kDa pour un R_h de 8,6 nm. Le poids moléculaire des αN étant autour de 840, elles forment donc des oligomères peu compacts. Cet assemblage reste stable en température jusqu'à 60°C environ. Les variations de R_h et de polydispersité ne sont pas significatives, alors que par ailleurs l'échange de sous-unités est déjà effectif dès 30°C. Autour de 60°C, on observe une transition de taille qui correspond environ à un doublement de masse moléculaire et à 70°C, les αN s'agrègent.

Pour étudier la cinétique de cette transition, une solution d'αN est placée à 66°C. L'évolution du R_h est croissante sur une vingtaine de minutes, mais sa progression est moindre après 400 s et un équilibre est atteint pour un R_h autour de 11,2 nm (figure 37), qui se rapporte à une masse moléculaire calculée de 2500 kDa environ et à un volume 2,21 fois plus important qu'à température ambiante ; le pourcentage de polydispersité, % Pd, reste inchangé. Cette transition est irréversible et rapide. Au bout d'un certain temps à 66°C ou à une température supérieure (70°C) des agrégats en suspension apparaissent, puis les αN finissent par s'agréger (R_h supérieur à 100 nm). Le R_h moyen des αN est de 10,5 nm, au bout d'une heure à 60°C, et le rapport des volumes entre 20 et 60°C est alors de 1,82 (figure 83 A, cf. page 222).

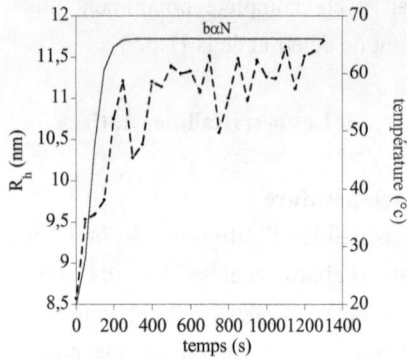

Figure 37. *Évolution du R_h des αN bovines (en noir) en fonction du temps. La courbe bleue représente la température qui passe de 20 à 66°C. Les concentrations en αN sont comprises entre 0,1 et 2 mg.mL⁻¹ pour les expériences de DLS ; aucune variation des valeurs de R_h et de % Pd n'est imputable aux variations de concentration entre 0,1 et 2 mg.mL⁻¹.*

Les images de ME montrent les αN à l'état natif à 20°C et après quinze minutes d'incubation à 66°C (figure 38). Dans les deux cas, il est clair qu'il s'agit de particules globulaires et polydisperses, sans symétrie apparente, mais les particules sont de plus grandes tailles après incubation à 66°C. Une mesure grossière des diamètres donne un rapport 1,3 entre les deux observations, soit un rapport en volume de 2,20 en accord avec les données de DLS ci-dessus.

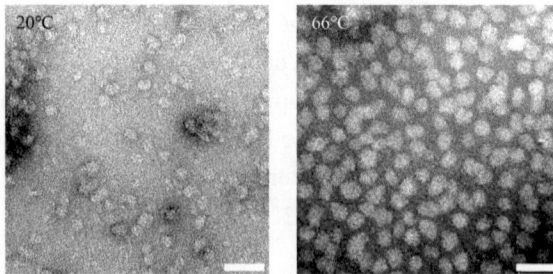

Figure 38. *Clichés de ME des αN bovines en coloration négative, grossissement : 50000, à 20°C (à gauche) et après quinze minutes à 66°C (à droite). La barre blanche correspond à 50 nm.*

120

Une série d'expériences SAXS en température à pression ambiante a été fait de 31 à 69°C, pour un échantillon d'αN de 6 mg.mL^{-1} (figure 39 A). Les R$_g$ correspondant ont été déterminés (figure 39 B). Les αN sont stables sous le faisceau de rayons X à condition de limiter le temps d'exposition. À 6 mg.mL^{-1}, les interactions répulsives entre αN sont faibles et les courbes expérimentales de diffusion peuvent être considérées comme étant proches du facteur de forme. Toutefois, dans cette série, le R$_g$ à 31°C (6,1 nm) est un peu inférieur à celui du facteur de forme, habituellement compris entre 6,2 et 6,5 nm. La valeur du R$_g$ à 31°C reflète l'effet des interactions répulsives résiduelles.

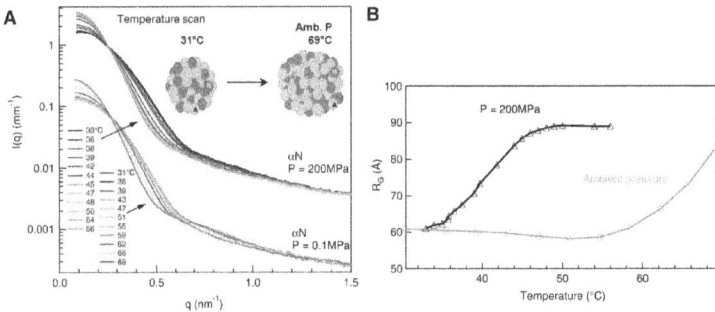

Figure 39. Analyse d'une solution d'αN bovines. A, Deux séries d'expériences en température : l'une à pression ambiante (6 mg.mL^{-1}) et l'autre à 200 MPa (15 mg.mL^{-1}). Les intensités diffusées normées sont enregistrées en fonction du vecteur de diffusion, q, entre 31 et 70°C à 0,1 MPa et entre 33 et 56°C à 200 MPa. Dans un souci de clarté, la série de courbes à 200 MPa est décalée vers le haut. B, Les R$_g$ correspondants sont rapportés en fonction de la température.

Toutes les courbes de diffusion montrent un premier maximum et un épaulement (de q = 0,65 à 1,0 nm^{-1}). De telles courbes sont représentatives de la nature globulaire et polydisperse des αN. Ce ne sont pas des protéines compactes et elles occupent un volume qui est à température ambiante, égal à deux fois leur volume sec (Vérétout F. et al., 1989).

Des expériences précédentes avaient montré que les courbes de diffusion restaient identiques de 4°C environ jusqu'à 30°C. Dans cette série, les courbes enregistrées à pression ambiante semblent similaires de 31°C jusqu'à 50-55°C. En les regardant avec plus d'attention, on voit que le R_g diminue un peu et que l'épaulement des courbes vers q = 0,65 devient plus prononcé, de 31 à 69°C. Ceci indique une réduction de la polydispersité. Après 55°C, la forme des courbes change de manière plus visible, progressivement jusqu'à 60°C et plus fortement encore jusqu'à 69°C. L'intensité aux petits angles et le R_g augmentent, alors que la largeur du premier minimum se réduit, indiquant l'augmentation de la taille moyenne des particules. À 60°C, l'intensité à l'origine, I(0), donc la masse molaire est deux fois plus importante que celle observée à 31°C et le R_g est passé respectivement de 6,1 à 8,3 nm.

Toutes les courbes se croisent les unes avec les autres en un même point et se superposent aux grands angles. C'est le profil attendu quand deux espèces seulement - un état initial et un état final - sont présentes, sans détection significative d'espèces intermédiaires. Ces courbes à haute température (entre 55 et 60°C) apparaissent stables et n'évoluent pas quand l'échantillon est gardé à la même température au moins pendant une heure. Cela confirme que les αN subissent vers 60°C une transition structurale qui correspond à peu près à un doublement en taille et en masse, ceci est en accord avec les résultats de DLS. Le rapport des R_g, proches de l'inverse de la racine cubique de 2, indique que la compaction des deux formes est pratiquement la même. Une telle transition induite par la température a aussi été décrite par M.R. Burgio, sur la base d'images de microscopie électronique, (Burgio et al., 2001). Cette transition des αN n'est pas réversible quand l'échantillon protéique est ramené à température ambiante. Il faut noter que les αN restent stables et ne précipitent pas durant les quelques jours suivant l'expérience de SAXS.

Quand la température est supérieure à 70°C, l'intensité aux petits angles, le I(0) et le R_g augmentent rapidement en fonction du temps, indiquant la formation d'agrégats plus larges qui finalement précipitent dans le capillaire. Cette ultime transition irréversible mène à la formation d'agrégats insolubles, on parle alors de précipitation.

Plus la concentration en αN est élevée, plus l'influence des interactions répulsives se fait sentir. Cela ne change en rien le type de transitions irréversibles que subissent les αN en fonction de la température, les températures de transition et de précipitation restent les mêmes.

2. Les effets de la pression.

Seules quelques études sous pression en SAXS avaient été faites sur des échantillons biologiques. Il a donc été nécessaire de fabriquer une cellule spécialement pour ce type d'expériences. Le premier problème a été l'absorption des rayons X, par l'eau ou les solvants, qui augmente très vite avec la pression, la conséquence étant que le signal transmis à travers l'échantillon s'atténue rapidement et que l'échantillon ne diffuse plus suffisamment. Pour passer outre cette limitation, les expériences sont faites à une longueur d'onde plus courte (λ = 0,075 nm) de manière à réduire l'absorption. Le second problème a été le fait que les fenêtres de diamant, sont nécessaires à l'application de la pression, non seulement absorbent les rayons X, mais en plus contribuent au bruit de fond. Pour augmenter le rapport signal sur bruit, les expériences sont réalisées quand cela est possible avec des concentrations plus élevées en protéines, jusqu'à 40 mg.mL^{-1} pour les αN. La figure 40 A montre les courbes de diffusion, en fonction de la pression croissante (de 0,1 à 300 MPa), des αN à 20 et 40 mg.mL^{-1}. Des résultats similaires sont obtenus pour les deux concentrations en protéines, sauf qu'à concentration plus élevée il faut tenir compte des interactions répulsives qui deviennent de plus en plus visibles aux petits angles.

Deux effets de la pression sont clairement visibles : les changements de contraste et les transitions induites.

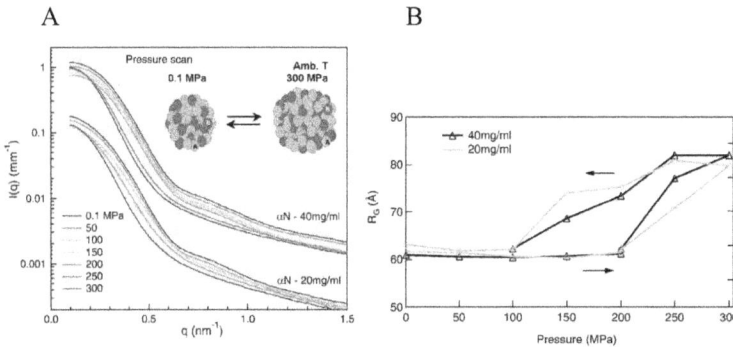

Figure 40. Analyse d'une solution d'αN bovines. A, Deux séries d'expériences en pression à 20 et 40 mg.mL⁻¹ à 22°C. Les courbes d'intensités diffusées normées sont enregistrées entre 0,1 et 300 MPa. Dans un souci de clarté, la série de courbes à 40 mg.mL⁻¹ est décalée vers le haut. B, Les R_g correspondants sont représentés en fonction de la pression. Un cycle complet d'hystérésis est montré. Les flèches indiquent les points mesurés pendant la pressurisation et pendant la dépressurisation.

Après les corrections et normalisation nécessaires, il apparaît que l'ensemble des courbes est décalé vers des valeurs d'intensité diffusée plus basses, quand la pression augmente, mais leur forme reste la même de 0,1 à 200 MPa. Pour l'échantillon à 20 mg.mL⁻¹, I(0) diminue de 0,2 à 0,12 ; mais le R_g reste toujours constant. Ce saut d'intensité reflète une diminution du contraste de densité électronique entre les protéines et le solvant, car la compressibilité des protéines globulaires est connue pour être environ quatre fois et demi plus petite que la compressibilité de l'eau, mais les protéines gardent la même forme sous cette gamme de pression.

Quand la pression est augmentée au-delà de 200 MPa, on continue à observer cette variation de contraste, mais l'effet est couplé à une importante modification de la forme des courbes, (figure 40 A). L'intensité proche de l'origine et les R_g (figure 40 B) augmentent, alors que la largeur du premier maximum diminue. Tout cela indique une augmentation de la taille et de la masse moléculaire des αN, qualitativement similaire à ce qui est obtenu quand la température seule augmente. Une analyse quantitative des variations de I(0) est difficile à faire du fait de la superposition des deux effets : les changements de contraste et la transition induite.

Une différence importante, entre les expériences en température et en pression, est que les expériences en pression sont complètement réversibles. La variation du R_g avec la pression est donnée dans la figure 40 B. Cependant une hystérésis est observée pour les expériences en pression, par exemple la figure 40 B montre qu'il faut attendre d'être revenu à 100 MPa pour retrouver la valeur initiale du R_g.

3. Les effets combinés de la température et de la pression.

Pression et température peuvent être combinées. Un scan en température de 33 à 56°C a été fait à 200 MPa, pression à laquelle les changements induis sont restreints, avec un échantillon de 15 mg/L. Les courbes de diffusion et les R_g correspondants sont également montrés figure 39 A et B. Encore une fois, une transition induite par la température est observée, qui correspond à une augmentation en taille et en masse moléculaire, mais qui a lieu à plus basse température. La transition démarre dès 35°C et finit à 47°C. Il est intéressant de noter qu'aucun changement n'est détecté quand la température est élevée jusqu'à 60°C et que la transition n'est pas réversible. À la fin, l'intensité diffusée à l'origine, donc la masse moléculaire, a doublé. De la même manière le R_g a varié de 6,1 à 9,0 nm. Le second maximum des courbes de diffusion semble moins prononcé qu'à pression ambiante, ce qui pourrait indiquer que la polydispersité est plus importante sous pression.

La transition en température à 200 MPa induit aussi de plus larges particules que celles observées avec la température seule, ainsi différents états finaux peuvent être obtenus quand température et pression sont combinées.

II. L'αA-cristalline bovine.

1. Les effets de la température.

En premier lieu, une caractérisation structurale, en fonction de la température, de l'αA a été réalisée par DLS. L'αA bovine a un R_h de 7,4 nm et un % Pd de 28 % à 23°C. Entre 23 et 37°C, l'intensité diffusée par l'échantillon diminue et le R_h est de 7,3 nm, indiquant une diminution de la polydispersité (% Pd = 18 %). Le cliché de ME figure 41 A montre l'αA après une heure d'incubation à 37°C. Il s'agit de particules globulaires et polydisperses, sans symétrie apparente. Les valeurs de R_h ne varient pas significativement jusqu'à 48°C environ. Au-delà de cette température, ces valeurs augmentent progressivement. À 60°C, l'intensité diffusée par l'αA augmente, indiquant une augmentation du R_h. Les expériences réalisées avec l'αA humaine donnent des résultats similaires, les valeurs de R_h à 23 et 37°C sont de 6,3 nm, alors que le % Pd passe de 20 à 15 %.

Une série d'expériences en température à pression ambiante de l'αA bovine a été fait à 1,8 mg.mL^{-1} et les R_g correspondant ont été déterminés (figure 41 B et C). L'αA est moins stable que les αN stable sous le faisceau de rayons X.

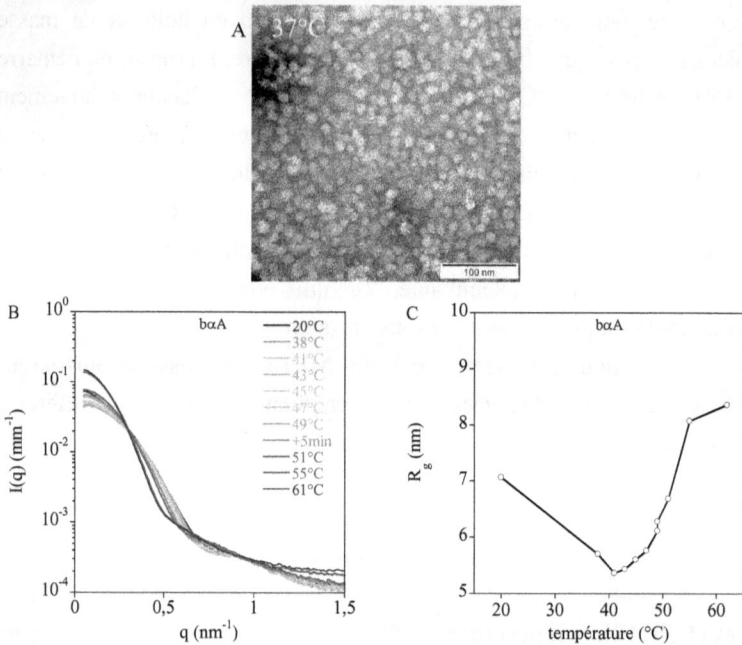

Figure 41. *Analyse d'une solution d'αA bovines à 1,8 mg.mL^{-1}. **A,** Cliché de ME de l'αA bovine en coloration négative, grossissement : 50000, après une incubation d'une heure à 37°C. **B,** Une série d'expériences en température est réalisée à pression ambiante. Les intensités diffusées normées sont enregistrées en fonction du vecteur de diffusion, q, entre 20 et 62°C. **C,** Les R_g correspondants sont rapportés en fonction de la température.*

Toutes les courbes de diffusion montrent un premier maximum et un épaulement (centré sur q = 0,90 nm^{-1}). De telles courbes sont représentatives de la nature globulaire et polydisperse d'αA.

Dans cette série, les courbes enregistrées à pression ambiante semblent similaires de 20°C jusqu'à 45°C. En les regardant avec plus

126

d'attention, on voit que leur forme évolue entre ces deux températures. En effet, entre 20 et 38°C, l'épaulement (centré sur $q = 0,90$ nm^{-1}) se prononce plus, aux petits angles I(0) a diminué de moitié et le R_g correspondant diminue de 7,1 nm à 5,7 nm. Tout ceci indique une réduction de la taille et de la polydispersité. La solution d'αA s'homogénéise. Ensuite, entre 38°C et 51°C, les paramètres évoluent moins rapidement et plus progressivement, le Rg et I(0) réaugmentent (le R_g atteint sa valeur initiale à 51°C), la largeur du premier maximum se réduit et l'épaulement se déplace vers les petites valeurs de q puis s'estompe. À 49°C, l'intensité diffusée par l'échantillon est mesurée à cinq minutes d'intervalle, le R_g évolue peu passant de 6,1 à 6,3 nm. C'est entre 51 et 55°C que les plus grandes variations surviennent : le R_g passe de 6,7 à 8,0 nm, I(0) augmente de 25 % environ, la largeur du premier maximum se réduit et l'épaulement centré sur $q = 0,90$ nm^{-1} a disparu, indiquant l'augmentation de la taille moyenne des particules. Entre 55 et 61°C, il y a peu de changements et les courbes se superposent bien. À 61°C, l'intensité à l'origine, I(0), donc la masse molaire est 2,6 fois plus importante que celle observée à 20°C et 4,5 fois plus grande qu'à 38°C et le R_g est passé respectivement de 7,1 à plus de 8,4 nm.

Toutes les courbes se croisent les unes avec les autres en un même point (q= 0,3 nm^{-1}). La transition de l'αA en température est progressive et irréversible. L'αA finit toutefois par faire des agrégats insolubles, quand la température est trop élevée. Les résultats de SAXS sont en accord avec les données de DLS.

Deux autres séries d'expériences ont été réalisées avec deux concentrations d'αA (2,5 et 9,8 mg.mL^{-1} ; données non montrées). Jusqu'à 9,8 mg.mL^{-1}, les interactions répulsives entre αA sont faibles et les courbes expérimentales de diffusion sont proches du facteur de forme et les résultats sont en accord avec la première série faite à 1,8 mg.mL^{-1}. Le type de transition irréversible que subit l'αA en fonction de la température, les températures de transition et de précipitation restent les mêmes.

2. Les effets de la pression.

Les courbes de SAXS en fonction de la pression à température ambiante de l'αA bovine à 9,8 mg.mL^{-1}, ainsi que les R_g correspondant sont illustrés en figure 42 A et B.

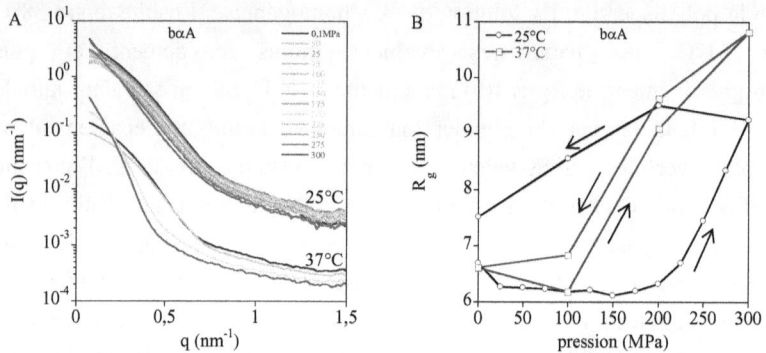

Figure 42. *Analyse d'une solution d'αA bovines à 9,8 mg.mL^{-1}. A, Deux séries d'expériences en pression à 25 et 37°C. Les courbes d'intensités diffusées normées sont enregistrées entre 0,1 et 300 MPa. Dans un souci de clarté, la série de courbes à 25°C est décalée vers le haut. B, Les R_g correspondants sont représentés en fonction de la pression. Un cycle complet d'hystérésis est montré. Les points les plus bas sont enregistrés pendant l'augmentation en pression et les points les plus hauts au retour à pression ambiante, comme indiqué par les flèches.*

Quand la pression est appliquée à température ambiante (25°C), le comportement de l'αA est similaire à celui des αN. Jusqu'à 200 MPa, l'ensemble des courbes de diffusion est décalé vers des valeurs plus basses de l'intensité diffusée, en fonction de la pression, ce qui reflète une diminution du contraste entre protéines et solvant. Au-delà de 200 MPa, la forme des courbes de diffusion change et les valeurs de I(0) et du R_g augmentent en fonction de la pression (de 6,2 à 9,3 nm), indiquant un changement de taille et une augmentation de la masse moléculaire. Lors de la décompression de la solution d'αA, les données indiquent que les transitions induites par la pression sont quasiment réversibles à 25°C avec cependant une hystérésis (figure 42 B).

Les deux effets de la pression sont ici encore clairement visibles : les changements de contraste d'abord, puis les transitions induites ensuite.

3. Les effets combinés de la température et de la pression.

Les courbes de SAXS de l'αA bovine, en fonction de la pression à 37°C, ainsi que les R_g, correspondants sont illustrés figure 42 A et B.

À 37°C, l'αA est plus homogène en taille et moins polydisperse qu'à 25°C (comme on l'a vu lors des transitions induite par la température). Dans ce cas, la transition induite par la pression commence très rapidement entre 100 et 200 MPa. Le changement de contraste entre les protéines et le solvant apparait plus réduit comparé aux courbes enregistrées à température ambiante. De plus, la taille de l'αA pour à 300 MPa est très largement supérieure à 37 qu'à 25°C (le R_g passe de 9,3 à 10,8 nm). Les courbes se croisent en un unique point aux alentours de q $\approx$ 0,2 nm^{-1}. Enfin, les transitions induites par la pression sont totalement réversibles sans hystérésis.

III. L'αB-cristalline humaine.

1. Les effets de la température.

La structure quaternaire de l'αB recombinante n'avait jamais été étudiée par DLS ni SAXS. Il était connu, par des expériences de chromatographie, que les assemblages d'αB ont une taille inférieure à ceux des αN, à température ambiante. En effet, l'αB apparaît plus « petite » que les αN en DLS avec, à 20°C, un R_h de 7,6 nm et une polydispersité entre 20 et 30 %. Ce R_h augmente à partir de 43°C ; il est égal à 7,8 nm après un quart d'heure à 45°C et la polydispersité est autour de 20 %. Contrairement aux αN, les changements de taille sont progressifs en fonction de la température entre 45°C et 60°C environ. Au-delà de 60°C, on observe une augmentation forte et brutale du R_h, indiquant que l'αB s'agrège (données non montrées).

Les observations de l'αB, faites en ME (figure 43), montrent une protéine globulaire et polydisperse dont le diamètre augmente avec la température. Pour plus de détails concernant les transitions de l'αB en température, se rapporter au chapitre suivant concernant l'étude des mutants R120X de l'αB.

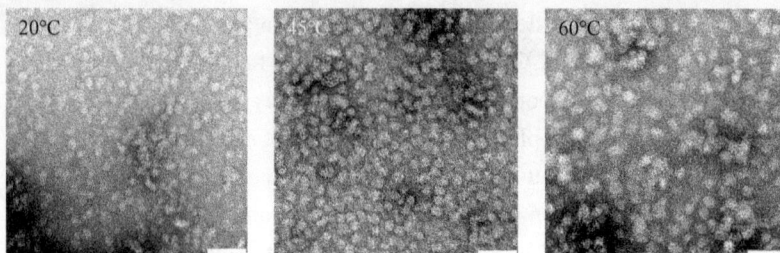

Figure 43. *Clichés de ME de l'αB humaine en coloration négative, grossissement : 50000, à 20°C (à gauche), après quinze minutes à 45°C (au milieu) et après quinze minutes à 60°C (à droite). La barre blanche indique 50 nm.*

Le scan en température à pression atmosphérique et les R_g correspondants sont mesurés pour l'αB humaine à 3,7 mg.mL^{-1}, (figure 44 A et B). À cette concentration, on s'affranchit totalement des effets d'interactions entre protéines. L'αB semble stable sous le faisceau de rayons X.

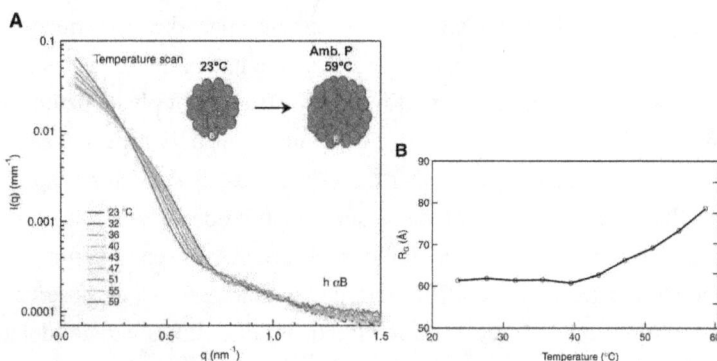

Figure 44. *Analyse d'une solution d'αB humaine à 3,7 mg.mL^{-1}. **A,** Une série d'expériences en température à pression ambiante entre 23 et 59°C. Les intensités diffusées normées sont enregistrées en fonction du vecteur de diffusion, q. **B,** Les R_g correspondants sont représentés en fonction de la température.*

130

À 23°C, la forme de la courbe (largeur du premier maximum et position du second) indique que la taille et le nombre de sous-unités de l'αB sont plus petits que ceux des αN. Ceci est en accord avec les données obtenues par chromatographie filtration sur gel, DLS et spectrométrie de masse. Le second maximum est mieux défini pour l'αB que pour les αN, indiquant une polydispersité réduite.

Comme pour les αN, la taille et la masse moléculaire de l'αB augmentent avec la température. L'augmentation débute vers 40°C et est continue jusqu'à 59°C. À cette température, la valeur de I(0), donc de la masse moléculaire, est environ deux fois plus élevée que sa valeur initiale et le R_g est de 8,0 nm, comparé à 6,1 nm à 23°C. Là encore la transition est irréversible. Au-delà de 60°C, l'intensité à l'origine augmente très rapidement, indiquant la formation de larges agrégats qui précipitent par la suite. L'augmentation de la température a induit une transition suivie d'une agrégation.

2. Les effets de la pression.

Les courbes de SAXS en fonction de la pression à température ambiante de l'αB à 3,7 mg.mL^{-1}, ainsi que les R_g sont illustrés en figure 45 A et B.

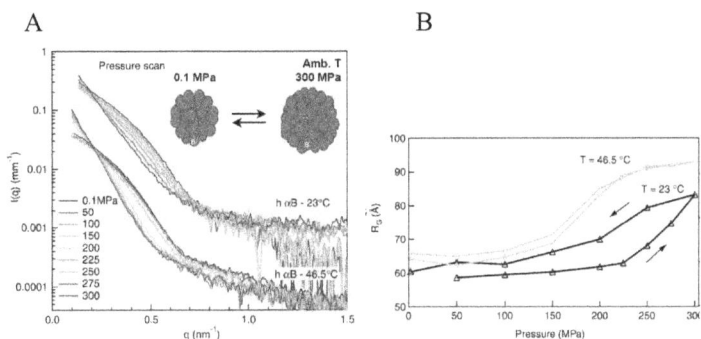

Figure 45. Analyse d'une solution d'αB humaine à 3,7 mg.mL^{-1}. *A, Deux séries d'expériences en pression à 46,5 et 23°C. Les courbes d'intensités diffusées normées sont enregistrées en fonction du vecteur de diffusion, q, entre 0,1 et 300 MPa. Dans un souci de clarté, la série de courbes à 23°C*

est décalée vers le haut. **B,** *Les R_g correspondants sont représentés en fonction de la pression pendant la totalité du cycle pressurisation/dépressurisation. Un cycle complet d'hystérésis est montré. Les points les plus bas sont enregistrés pendant l'augmentation en pression et les points les plus hauts au retour à pression ambiante, comme indiqué par les flèches.*

Quand la pression est appliquée à température ambiante (23°C), le comportement de l'αB est similaire à celui des αN. Jusqu'à 200 MPa, l'ensemble des courbes de diffusion est décalé vers des valeurs plus basses de l'intensité diffusée, en fonction de la pression, ce qui reflète une diminution du contraste entre protéines et solvant. Au delà de 200 MPa, les formes des courbes de diffusion commencent à changer et les valeurs de I(0) et du R_g augmentent en fonction de la pression. À 300 MPa, quand I(0) est corrigée pour le contraste (comme cela a été fait pour les αN), la transition induite par la pression correspond quasiment à un doublement de la masse moléculaire. Lors de la décompression, les changements structuraux sont réversibles avec une hystérésis (figure 45 A et B).

3. Les effets combinés de la température et de la pression.

Les courbes de SAXS en fonction de la pression à 46.5°C, ainsi que les R_g sont illustrés figure 44 A et B.

À 46,5°C, la transition induite par la température a déjà débuté. Dans ce cas, la transition induite par la pression commence très rapidement entre 150 et 200 MPa et atteint un plateau après 250 MPa. Le changement de contraste entre les protéines et le solvant apparait plus réduit comparé aux courbes enregistrées à température ambiante. Les courbes se croisent en un unique point à $q \approx 0,2$ nm^{-1}, comme attendu quand seulement deux espèces (initiale et finale) sont impliquées sans la présence significative d'espèce intermédiaire. La transition induite par la pression est totalement réversible sans hystérésis, et la masse moléculaire finale à 300 MPa est exactement égale au double de la masse moléculaire initiale, avec un R_g variant de 6,5 à 9,0 nm.

Comme la transition n'implique que deux espèces, la variation de l'énergie de Gibbs (ΔG_p) en pression à 46,5°C peut être calculée, (figure

46). On obtient ΔG_p = 41 kJ.mol^{-1}. Le changement de volume correspondant (ΔV) est négatif et est égal à –221 mL.mol^{-1}, pour une αB de trente sous-unités en moyenne. Il faut noter que le volume à température ambiante et à pression atmosphérique est environ 460000 mL.mol^{-1}.

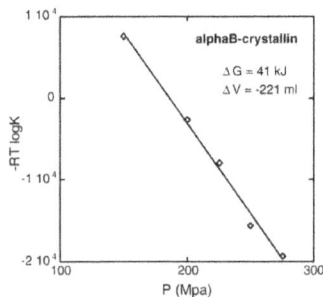

Figure 46. *Variations de l'énergie libre de Gibbs à 46,5°C, d'une solution d'αB humaine à 3,7 mg.mL^{-1}, sous pression.*

IV. La Hsp26 de levure.

1. Les effets de la température.

La Hsp26 est une petite protéine de choc thermique de levure *Saccharomyces cerevisiae*, régulée par la température. À température ambiante, Hsp26 adopte la forme d'un oligomère monodisperse, de vingt-quatre sous-unités organisées régulièrement en anneau. Autour de 40-43°C, elle se dissocie en dimère, (Haslbeck et al., 1999 ; White et al., 2004). Une telle transition structurale induite par la température est analysée par DLS et par SAXS. À température ambiante, une seule espèce avec un R_h de 8,0 nm est observée. De 20 à 40°C, cette population ne change pas. À 43°C, une seconde population apparait avec un R_h de 2,03 nm, correspondant à un dimère. Le pourcentage de cette seconde espèce augmente en fonction du temps pendant environ seize minutes (1000 s). Après cela un équilibre semble atteint avec 85 % de dimère et 15 % de 24-mères, (figure 47 A). Aucun intermédiaire n'est mis en évidence. Quand l'échantillon est refroidi à 20°C, la transition inverse se produit de façon totalement réversible et en très peu de temps (moins de 200 s ; figure 47 A).

133

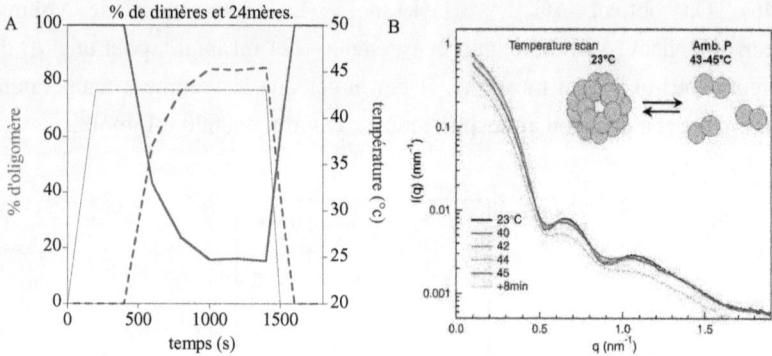

Figure 47. *Analyses d'une solution de Hsp26 de levure à 20 mg.mL^{-1}. A, Pourcentages de 24-mères (line rouge pleine) et de dimères (line rouge en pointillé) observés par DLS en fonction du temps après un saut de température de 20 à 43 °C (line bleue). **B**, Une série d'expériences en température entre 23 et 45°C à pression ambiante. Les intensités diffusées normées sont enregistrées en fonction du vecteur de diffusion, q. Un modèle schématique de la dissociation partielle du complexe natif, induite par une augmentation de la température, est aussi montré. À la température la plus élevée, l'ensemble de l'intensité diminue en fonction du temps, alors que l'intensité transmise reste inchangée, indiquant qu'une partie de l'échantillon, une fois dissocié en dimère, forme de large agrégats qui précipitent à cause des dégâts d'irradiations du faisceau de rayons X.*

Les courbes de SAXS de Hsp26 (20 mg.mL^{-1}) enregistrées à 23°C sont visibles dans la figure 47 B. Leurs profils montrent deux minimums et trois maximums ce qui correspond au profil attendu pour une protéine globulaire monodisperse faite d'un grand nombre de sous-unités. Au-delà de 43-44°C, les valeurs de I(0) diminuent et les oscillations de la courbe commencent à s'estomper comme attendu pour une transition 24-mères-dimère. Après cinq à dix minutes à 45°C, l'ensemble de l'intensité diminue comme si les nouveaux dimères formés s'agrégeaient sous le faisceau de rayons X et précipitaient rapidement. C'est pourquoi les expériences de SAXS ne sont pas poursuivies plus loin.

2. Les effets de la pression.

Les courbes de SAXS enregistrées à température ambiante et pression variable sont illustrées dans la figure 48 A. Les valeurs de I(0) et la fraction correspondant au dimère sont montrées dans la figure 48 B.

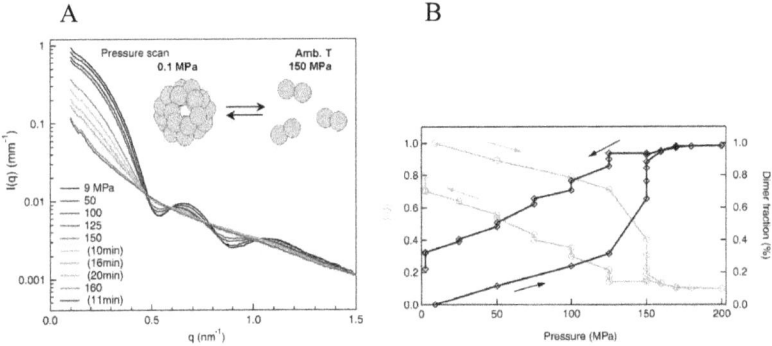

Figure 48. *Analyses d'une solution de Hsp26 de levure à 20 mg.mL^{-1}. A, Une série d'expériences en pression entre 9 et 150 MPa à 22 °C. Les intensités diffusées normées sont enregistrées en fonction du vecteur de diffusion, q. Un modèle schématique de la dissociation partielle du complexe natif, induite par une augmentation de la pression, est aussi montré. À 150 et 160 MPa, plusieurs spectres ont été enregistrés toues les cinq minutes jusqu'à ce que l'état d'équilibre soit atteint. **B**, L'intensité à l'origine, I(0), et la fraction correspondant au dimère en fonction de la pression. Un cycle complet d'hystérésis est montré et le sens de la pressurisation et de la dépressurisation est par les flèches.*

Les changements commencent à avoir lieu à une pression plus basse que pour les α-cristallines, entre 50 et 100 MPa et la transition se termine autour de 160 MPa. Pour réaliser ce scan en pression, un certain délai est nécessaire pour que les changements de pression prennent place, de l'ordre de cinq à vingt minutes. Ce temps d'attente entre chaque changement de pression initialement de cinq minutes, augmente jusqu'à vingt minutes à 150 MPa avec un spectre enregistré toutes les cinq minutes. Mais l'équilibre ne semble pas atteint à chaque fois. Là encore, la transition est réversible lors de la décompression.

Toutes les courbes se croisent en quatre points, indiquant que seules deux espèces sont présentes en solution, (le 24-mère se dissocie en dimères sans intermédiaire stable). La variation de l'énergie de Gibbs avec la pression à 20°C, est calculée (figure 49). Le ΔG_p est égale à 73 kJ.mol^{-1} et correspond à un changement de volume négatif, égal à –480 mL.mol^{-1}, pour un volume de 456000 mL.mol^{-1}.

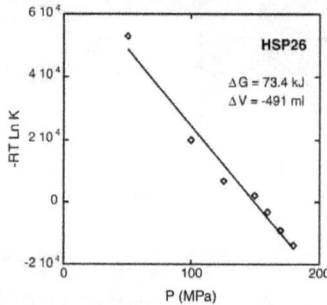

Figure 49. *Variations de l'énergie libre de Gibbs à 46,5°C, d'une solution de Hsp26 de levure à 20 mg.mL^{-1}, sous pression.*

3. Le mutant de délétion de Hsp26.

Le mutant Δ43N de la Hsp26 de levure a été analysé par DLS et SAXS. La DLS montre qu'il a un R_h inférieur à celui de la protéine sauvage (autour de 4,5 nm) et un % Pd de 23 %, à 23°C. La présence d'agrégats ($R_h > 50$ nm) est détectée, mais ils sont très minoritaires (moins de 1 %). En DLS, aucune dissociation n'est détectée à 43°C. Au cours du temps, un précipité apparait dans la solution de sHsp26 mutée.

La figure 50 montre la superposition des courbes d'intensité diffusée enregistrées en SAXS, de la Hsp26 sauvage et du mutant Δ43N. Il apparait que ce mutant a un R_g de 4,0 nm plus petit que celui de la Hsp26 (6,9 nm) à température ambiante. Aucune transition n'est également détectée lors d'une élévation de la température.

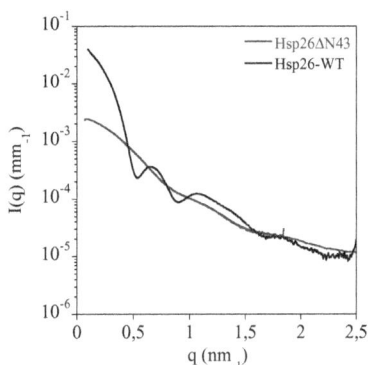

Figure 50. *Comparaison des courbes d'intensité diffusée de la Hsp26 sauvage (en noir) et du mutant de délétion Hsp26Δ43N (en bleu) à température et pression ambiante. Les intensités diffusées normées sont enregistrées en fonction du vecteur de diffusion, q.*

V. Transitions structurales : conclusion.

La DLS et le SAXS apparaissent comme des techniques particulièrement adaptées à la caractérisation des transitions en température et (ou) pression des sHsps, car elle apporte des informations directes et complémentaires sur la structure quaternaire, la forme, la taille et la polydispersité des macromolécules en solution. En particulier, l'introduction de la pression pour l'analyse de protéines, qui a nécessité la construction d'un porte-échantillon adapté, a montré la grande qualité des résultats obtenus même pour des concentrations considérées habituellement comme faibles.

Malgré le fait que les sHsps partagent un domaine ACD très conservé, elles montrent des variations dans leur nombre de sous-unités, leur taille et leur polydispersité. À cela s'ajoute qu'elles se différencient aussi par leurs transitions. Elles présentent des transitions structurales en température et (ou) en pression. Les αN, l'αB et l'αA augmentent de taille et de masse moléculaire avec la température et la pression, alors que dans des conditions similaires un 24-mère de Hsp26 se dissocie en dimères. Les contacts entre sous-unités qui stabilisent la Hsp26 ou les α-cristallines semblent différents. Dans tous les systèmes, l'état final obtenu par une augmentation de pression, ressemble à celui observé par une augmentation de température. Dans le cas de Hsp26, les transitions induites par la température ou la pression sont toutes les deux réversibles. Les transitions observées pour les α-cristallines sont irréversibles en température et totalement réversibles en pression. Ceci semble indiquer que les états finaux induits par la température ou la pression sont similaires, mais pas strictement identiques. Des petites différences dans les transitions induites par la température ou la pression ont été démontrées dans d'autres systèmes protéiques, ce qui explique probablement la réversibilité des transitions en pression (Panick et al., 1999).

Les scans en température et pression des sHsps nous montrent, par une description détaillée, les transitions structurales induites. Le début des transitions en température est autour de 55°C et la majeure partie de la transition se tient entre 60 et 69°C pour les αN, entre 45 et 60°C pour l'αA, entre 40 et 60°C pour l'αB et autour de 43°C pour Hsp26. Les formes obtenues à haute température apparaissent plus polydisperses, pour les α-cristallines. Quand la température est supérieure à la température de transition, les α-cristallines forment très rapidement et irréversiblement de larges agrégats qui précipitent par la suite. Les changements de taille et de polydispersité ainsi que les températures de transitions sont confirmés par DLS.

Nos résultats de SAXS diffèrent sur certains points, de ceux obtenus par d'autres équipes comme celle de Regini (Regini et al., 2004). Ces différences peuvent être expliquées par les différences dans les protocoles de préparation, de purification et de conservation des échantillons.

Pour les expériences en pression, les transitions structurales débutent au-delà de 150 MPa pour les α-cristallines et entre 100 et 175 MPa pour Hsp26. Il est intéressant de noter que l'αA et l'αB qui sont connues pour être moins stables que l'αN, commencent à changer de taille à plus basse température (après 40°C), mais à dans une même gamme de pressions que les αN. Seules quelques études structurales ont été réalisées sur Hsp26. Elles ont montré que Hsp26 est un 24-mère monodisperse qui se dissocie en dimère quand la température diminue, de manière réversible. Nous avons confirmé la transition en température de Hsp26 autour de 43°C (en SAXS et DLS) et montré une transition identique en pression (100-175

MPa) qui n'implique que deux populations, sans intermédiaire stable détectable. Dans cette gamme de pression, il n'y a pas de dénaturation observable. Seuls les changements des états d'assemblages sont démontrés.

Il est communément admis que les transitions en température sont contrôlées par des effets hydrophobes, alors que les transitions dues à la pression semblent refléter les changements de volume associés aux transitions. Avec les α-cristallines et Hsp26 les transitions en température semblent identiques aux transitions en pression ; les états finaux correspondent, pour les α-cristallines, à une association plus importante des sous-unités entre elles et à une dissociation des sous-unités pour Hsp26. Or, l'augmentation du nombre de sous-unités est inhabituelle car la plupart des systèmes protéiques sont connus pour se dissocier sous l'effet de la pression. La dissociation en pression est généralement considérée comme la première étape vers la dénaturation complète. Les résultats obtenus avec les α-cristallines sont particulièrement importants car ils montrent que la dénaturation peut aussi se faire par l'intermédiaire d'une association, réversible, induite par la pression. Les assemblages formés par les α-cristallines induits soit par la température, soit par la pression, pourraient être moins structurés (plus flexibles avec moins de structures secondaires) que les assemblages initiaux. La dissociation induite par la pression est souvent suivie par une dénaturation (un dépliement, perte de structure secondaire) des sous-unités, avec de possibles agrégations irréversibles de l'entité entière. Les résultats obtenus avec Hsp26 démontrent que la dissociation réversible induite par la pression sans agrégation est aussi possible. Dans tous les cas il est clair que, dans nos conditions expérimentales, nous n'observons pas le dépliement des sous-unités elles-mêmes, car les courbes de diffusion confirment la présence de particules globulaires bien définies. Ce résultat est en accord avec les données de microscopie électronique (Burgio et al., 2001).

Les changements de structure secondaire sont difficiles à détecter par SAXS seulement. De récentes expériences de fluorescence et de FTIR sous pression avec des αN indiquent qu'il n'y a pratiquement pas de changements de structure secondaire et tertiaire au-dessous de 400 MPa. Cela confirme que les changements entre 100 et 300 MPa sont essentiellement des variations de structure quaternaire (Bode et al., 2003).

Les effets de la température et de la pression semblent cumulatifs. À température ambiante les changements structuraux de l'αB n'apparaissent qu'au dessus de 200 MPa, alors que 150 MPa sont suffisants à 46,5°C. Il en va de même pour l'αA entre 25 et 37°C. Une barrière cinétique associée à l'échange de sous-unité peut-être impliquée car, à température ambiante, l'échange est quasiment nul alors qu'il est effectif à 46,5°C. L'hystérésis lors de la décompression de l'αB est réduite à 46,5°C comparé à 23°C. Le changement de volume associé à la transition en pression des sHsps, qu il s'agisse d'une association ou d'une dissociation, est petit et négatif ; en accord avec le résultat général que les transitions induites par la pression correspondent à une diminution du volume spécifique.

Avec Hsp26, la forme la plus « simple » est le dimère. Comme le dimère est induit à la suite d'un stress, on peut penser que c'est la forme active *in vivo*. « L'activation de Hsp26 requière-t-elle sa dissociation en dimère ? » est une question pas encore tranchée. Notre étude semble indiquer que quel que soit l'état d'assemblage, un trait commun aux sHsps est la nécessité de passer par une forme « active » pour être fonctionnelle - une structure quaternaire favorisant les interactions hydrophobes. Les αN doivent avoir transité (doubler de taille) pour protéger efficacement leurs cibles physiologiques (Putilina et al., 2003).

Cette étude confirme aussi l'exceptionnelle stabilité des αN dont la purification remontait à six mois plutôt. Les effets de la pression ne peuvent être observés qu'après 200 MPa à température ambiante. Entre 100 et 300 MPa, les processus d'association sont majoritaires, alors qu'aucun dépliement des sous-unités n'est démontré. Température et pression peuvent être combinées et permettent aux transitions d'avoir lieu respectivement à plus basse pression et température.

Cette étude montre l'importance de la compréhension de l'adaptation fonctionnelle des protéines, extrèmophiles ou non, sous des conditions inhabituelles de pression et de température. La pression représente une approche potentiellement très informative pour l'étude de la structure et de la stabilité des protéines. L'application de la pression hydrostatique induit habituellement des perturbations des structures (primaires et secondaires pas tertiaires) natives des protéines, dues à la diminution du volume de la protéine - perturbation de la structure secondaire ou des contacts tertiaires par le solvant. Dans notre cas, nous utilisons *in situ* la pression et la température associée au SAXS pour analyser les modifications de structure quaternaire, car l'activité de type chaperon des sHsps semble étroitement liée aux transitions structurales et à l'échange de sous-unités. La pression peut-être un outil de plus pour analyser ces processus en conditions réversibles.

CARACTÉRISATION D'UNE MUTATION PATHOLOGIQUE, L'ARGININE 120 DE L'αB-CRISTALLINE HUMAINE

Un nombre croissant de mutations pathologiques bien identifiées, émerge parmi les sHsps (Sun et MacRae, 2005). La plus connue et la plus étudiée est une mutation ponctuelle de l'arginine en position 120 de l'αB humaine, qui est responsable d'une myopathie, liée à la desmine, autosomique dominante (desmin-related myopathy), souvent associée à une cardiomyopathie et une cataracte (Vicart et al., 1998). Cette arginine est très conservée au sein de la famille des sHsps. Des mutations équivalentes dans l'αA (R116C), la Hsp22 (K141E or K141N) et la Hsp27 (R140G) sont aussi impliquées dans différentes pathologies héréditaires (Litt et al., 1998 ; Irobi et al., 2004 ; Zhang et al., 2005 ; Houlden et al., 2008) et plusieurs mutations ponctuelles (proches dans la séquence primaire de l'arginine conservée), dans la Hsp27 (R127W, S145F, R136W) sont impliquées dans la maladie de Charcot-Marie-Tooth et dans une neuropathie motrice héréditaire distale (Evgrafov et al., 2004 ; Arrigo et al., 2007). Dans toutes ces maladies héréditaires, la transmission est autosomique dominante. L'implication de ce résidu conservé dans les maladies humaines héréditaires semble jouer un rôle très important dans la perturbation des structures et fonctions des sHsps.

Les α-cristallines exhibent les propriétés structurales et fonctionnelles qui sont étroitement associées à leurs structures dynamiques. De plus, la mutation R120G est depuis longtemps connue pour engendrer des modifications *in vitro* de la structure et de l'activité de type chaperon de l'αB (Bova et al., 1999). Le processus par lequel une mutation ponctuelle est suffisante pour modifier de telles propriétés, et conduire à des pathologies, reste à déterminer. Afin éclaircir ce point, nous avons analysé les propriétés *in cellulo* et *in vitro* de l'αB sauvage et de ses mutants. Nous avons construit et exprimé différents mutants en position 120 de l'αB (R120X) : R120G, R120C, R120K et R120D. - En complément de la mutation pathologique R120G, la mutation R120K conserve la charge positive, lysine et arginine ont des caractéristiques physicochimiques très proches (pI basique, groupe fonctionnel, encombrement stérique), la mutation R120D introduit une charge négative supplémentaire dans la protéine et enfin la mutation R120C, mime la mutation pathologique retrouvée dans l'αA (figure 51). - Après expression dans des cultures de lignées cellulaires, la capacité d'agrégation de la protéine sauvage et des mutants a été évaluée et la localisation des agrégats déterminée par immunofluorescence. Les assemblages solubles ont été caractérisés *in vitro* par DLS, ME et SAXS vis-à-vis de la température et de la pression. Enfin des modèles *in silico* des quatre mutants R120X ont été générés au sein de sous-structures dimériques à partir des trois structures 3D disponibles de sHsps (Hsp16.5, Hsp16.9 et Tsp36), de manière à obtenir des indices pour comprendre comment ces mutations peuvent induire une déstabilisation structurale et une altération fonctionnelle.

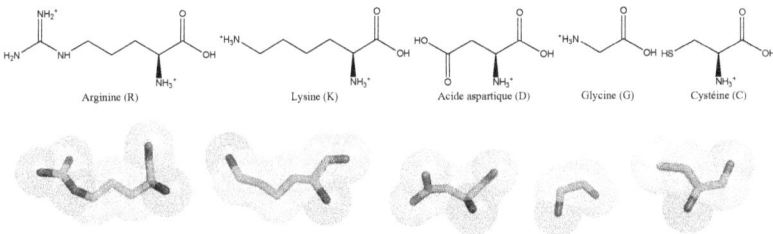

Figure 51. *Formule chimique et représentation 3D de : l'arginine, la lysine, l'acide aspartique, la glycine et la cystéine. En vert les atomes de carbone, en bleu les atomes d'azote, en rouge les atomes d'oxygène et en jaune l'atome de soufre. Les sphères se rapportent aux rayons de van der Waals de chaque type d'atome.*

Cette étude des mutants R120X de l'αB humaine a donné lieu à deux publications : « Residue R120 is essential for the quaternary structure and functional integrity of human alphaB-crystallin », par Simon S., Michiel M., Skouri-Panet F., Lechaire J.P., Vicart P. et Tardieu A., (*Biochemistry*, 2007) et « Abnormal assemblies and subunit exchange of αBcrystallin R120 mutants could be associated to destabilization of the dimeric substructure », par Michiel M., Skouri-Panet F., Duprat É., Simon S., Férard C., Tardieu A. et Finet S., (*Biochemistry*, 2008). La première décrit les localisations et les stabilités *in cellulo* ainsi que les états d'assemblages *in vitro* des mutants R120X, alors que la seconde s'intéresse aux transitions structurales des mutants à la suite d'un stress et propose une interprétation des effets au niveau structural de la mutation en position 120 par une analyse *in silico*. Cette dernière a été réalisée sous la responsabilité d'É. Duprat.

I. Étude *in cellulo* des mutants R120X de l'αB-cristalline humaine.

Les expériences menées *in cellulo* sont l'œuvre de S. Simon.

1. Localisation et caractérisation des assemblages formés par l'αB-cristalline et ses mutants dans des lignées cellulaires de mammifères.

La localisation par immunofluorescence de l'αB et des différents mutants, a été déterminée à vingt-quatre et quarante-huit heures post-transfection, dans les lignées cellulaires NIH-3T3 (murine) et Cos-7 (de singe). Ces lignées sont choisies car les cellules NIH-3T3 n'expriment pas de sHsp endogène, alors que les cellules Cos-7 expriment à un haut niveau une Hsp27 endogène associée à un faible niveau d'une αB endogène. Les sHsps recombinantes (αB et R120X) ont été localisées au même endroit dans ces deux lignées cellulaires transfectées (figure 52). En accord avec ce qui a déjà été décrit (Vicart et al., 1998), l'αB a une localisation homogène dans le cytoplasme à vingt-quatre et quarante-huit heures post-transfection (figure 52 A, B, K, L) et les mêmes observations sont faites pour le mutant R120K (figure 52 C, D, M, N). Le mutant R120G, quant à lui, est essentiellement trouvé sous forme d'agrégats dans le cytoplasme à vingt-quatre heures post-transfection (figure 52 E, F, O, P). À quarante-huit heures post-transfection, ces agrégats sont plus gros et périnucléaires ; ceci est en accord avec des travaux précédents publiés (Vicart et al., 1998 ; Chavez Zobel et al., 2003). Enfin, les mutants R120C et R120D forment des agrégats dont la localisation est similaire à celle du R120G à vingt-quatre et quarante-huit heures post-transfection (figure 52 G à J, Q à T). Toutefois, les agrégats formés par R120D apparaissent plus gros que ceux formés par R120G. La présence de l'αB ou de ses mutants R120X dans le noyau est observée uniquement dans un nombre non significatif de cellules.

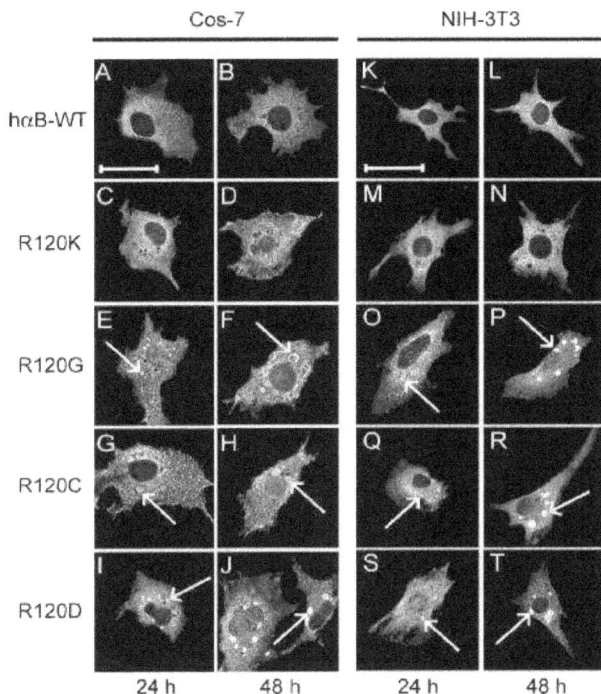

Figure 52. *Localisation cellulaire de l'αB, et des mutants R120X dans les lignées cellulaires COS-7 et NIH-3T3 à vingt-quatre et quarante-huit heures post-transfection. L'αB (**A, B, K** et **L**) et R120K (**C, D, M,** et **N**) montrent un immunomarquage homogène dans le cytoplasme des deux lignées cellulaires à vingt-quatre et quarante-huit heures après la transfection. En revanche, l'expression de R120G (**E, F, O** et **P**), R120C (**G, H, Q** et **R**), et R120D (**I, J, S** et **T**) induit la formation d'agrégats cytoplasmiques et/ou péri-nucléaires qui peuvent être observés vingt-quatre heures après la transfection dans les deux lignées cellulaires. Les flèches indiquent la présence d'agrégats dans les cellules. La barre blanche représente 50 μm.*

2. Cinétique d'agrégation dans les lignées cellulaires de mammifères.

Étant donné que le phénomène d'agrégation est dépendant du temps (Chavez Zobel et al., 2003), nous avons déterminé le pourcentage de cellules transfectées contenant des agrégats à vingt-quatre et quarante-huit heures post-transfection, dans les lignées Cos-7 et NIH-3T3. La figure 53 montre la variation du nombre d'agrégats dans les cellules Cos-7 transfectées en fonction du temps. À vingt-quatre heures post-transfection, dans les cellules Cos-7, aucun agrégat d'αB et du mutant R120K n'est observé, au contraire des mutants R120G, C et D où un pourcentage significatif d'agrégats est présent (respectivement 20 %, 24 % et 18 %). À quarante-huit heures post-transfection, alors que l'αB et le mutant R120K n'ont pas évolué, une augmentation significative des agrégats des mutants R120G, C et D est observée dans les cellules transfectées (respectivement 36 %, 34 % et 20 %). Le nombre d'agrégats augmente pour le mutant R120D et plus encore pour les mutants R120G et R120C, suggérant que R120G et C s'agrègent plus rapidement que R120D. Les mêmes observations ont été faites dans les cellules NIH-3T3. Le niveau d'expression des protéines recombinantes était contrôlé de manière à être similaire dans toutes les expériences, éliminant ainsi la possibilité d'un effet dose-dépendant. La vérification a été faite par Western Blot avec un anticorps spécifique anti-αB sur l'extrait protéique total des cellules transfectées à quarante-huit heures post-transfection.

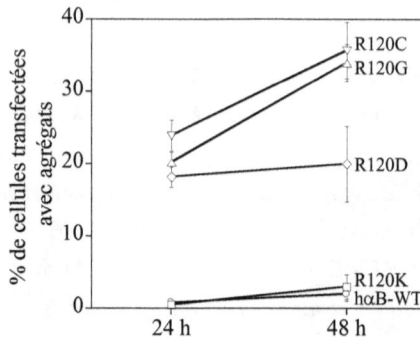

Figure 53. *La capacité de l'αB et des mutants R120X à former des agrégats en fonction du temps dans la lignée cellulaire COS-7 est évaluée. Le pourcentage de cellules transfectées contenant des agrégats est reporté pour deux temps : vingt-quatre et quarante-huit heures post-transfection. Les barres verticales correspondent à l'erreur standard. La formation d'agrégats augmente doucement pour l'αB et les mutants R120K et R120D et plus rapidement pour R120G et R120C.*

146

II. Étude *in vitro* des mutants R120X de l'αB-cristalline humaine.

1. Expression et solubilité dans les hôtes bactériens.

Comme la renaturation des αN bovines, après leur dénaturation à l'urée, conduit à des particules de masse moléculaire plus faible, nous n'avons pas utilisé les sHsps recombinantes provenant des corps d'inclusion (ou fractions insolubles des lysats bactériens) pour nos expériences *in vitro*, la resolubilisation des corps d'inclusion pouvant induire des changements de l'état d'oligomérisation natif (puisqu'elle nécessite l'emploi d'agent dénaturant comme l'urée). Nous avons donc cherché des conditions d'expression, dans *E. coli*, qui conduisent à la production d'un maximum de protéines recombinantes dans les lysats bactériens solubles. En conditions optimales, l'αB et le mutant R120K sont principalement retrouvés dans le lysat bactérien soluble, alors qu'une fraction significative des mutants R120G et D reste insoluble. Le mutant R120C est exclusivement retrouvé dans la fraction insoluble, c'est pourquoi il n'a pas fait l'objet d'expérimentation *in vitro* par la suite. Malgré cette optimisation, il arrive parfois que l'on n'obtienne pas la protéine d'intérêt : ou bien que son expression ne soit pas induite, ou bien qu'elle soit intégralement retrouvée dans la fraction insoluble du lysat bactérien. Ces problèmes ne sont quasiment jamais rencontrés pour les préparations d'αB et ils le sont quelquefois pour les mutants R120X. La difficulté de production des protéines suit cet ordre : αB < R120K < R120D < R120G.

2. Purification, stabilité et reproductibilité.

a. Purification et exemple de caractérisation par filtration sur gel et DLS des assemblages formés par les protéines recombinantes à température ambiante.

Le lysat bactérien total soluble est purifié par tamis moléculaire. Comme seule la fraction soluble est utilisée pour la purification, le mutant R120C n'est pas purifié. Le rendement en protéines recombinantes (l'αB et ses mutants R120X), est compris entre 5 et 2 mg pour 100 mL de culture bactérienne.

La caractérisation *in vitro* d'une série de quatre préparations de protéines recombinantes (l'αB et de ses trois mutants R120X) est réalisée à 20 °C par filtration sur gel et DLS. Les profils d'élution sur une colonne S200HR sont montrés figure 54. L'αB est éluée sous la forme d'un pic symétrique à un volume de 10,3 mL correspondant à une protéine de 600 à 680 kDa environ (quelques agrégats sont élués dans le volume mort, ce n'est pas systématique pour les préparations d'αB). Tous les mutants sont élués à proximité ou dans le volume mort, ce qui correspond à des particules de masses moléculaires supérieures à 1000 kDa. Même si des valeurs correctes de masses moléculaires ne peuvent être données par cette technique, il est visible qu'elles croissent selon cet ordre : αB < R120K ≤ R120D < R120G. Pour les mutants, un épaulement est visible sur les pics élués (Ve ≈ 11 mL), correspondant à des particules de masses moléculaires autour de 500 kDa.

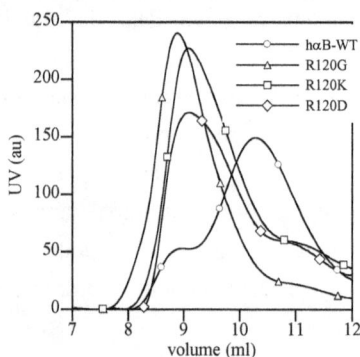

Figure 54. *Profils d'élution de filtration sur gel de l'αB, R120K, R120G et R120D réalisés sur une colonne S200HR. Le débit est de 0,75 mL.min⁻¹. Des fractions de 0,25 mL sont récoltées et leur homogénéité est vérifiée sur gels SDS-PAGE. Une seule bande est observée pour l'αB. En ce qui concerne les mutants, leur volume d'élution étant proche du volume mort de la colonne et spécialement dans le cas du mutant R120G, quelques autres bandes de faible intensité, sont visibles en plus de la protéine d'intérêt.*

Pour les expériences de DLS et de SAXS suivantes, seul le pic principal de chaque préparation est utilisé. Pour tous les mutants et particulièrement pour le R120G, le rendement en cristallines est plus grand et les profils FPLC plus reproductibles quand la séparation par chromatographie est faite immédiatement après l'extraction des protéines totales. Un maximum d'étapes est donc fait le même jour : l'expression, la purification et les expériences de DLS. En ce qui concerne les expériences de SAXS, l'expression et la purification des protéines sont réalisées durant la semaine précédant notre venue au synchrotron.

Les distributions de R_h moyens, correspondant à cette série, sont montrées figure 55 et le résumé des données de DLS est montré dans le tableau 9. Les profils de distribution de tailles sont assez différents de l'αB aux mutants. Les profils correspondant aux mutants sont asymétriques, indiquant la présence significative d'une fraction de particules de larges tailles. Les valeurs de R_h au maximum des pics suivent cet ordre croissant : αB ≈ R120K < R120D ≈ R120G (figure 55) et la largeur des pics de distributions augmente suivant cet ordre : αB < R120K < R120D ≈ R120G. La valeur de R_h pour l'αB est de 7,6 (± 0.3) nm avec un pourcentage de polydispersité (% Pd) inférieur à 20 %. Quand il est analysé le jour de son extraction, R120G donne des valeurs de R_h autour de 13,3 nm et un % Pd autour de 58 %, avec une part non-négligeable de particules s'étirant jusqu'à des R_h de 30-50 nm. Sur une période de quelques jours, l'échantillon a précipité et la valeur de R_h de la fraction soluble restante a augmenté. Les données concernant le mutant R120K sont plus variables, autour de 10,9 nm ; la polydispersité est de 46,1 % environ et les valeurs observées restent stables avec le temps. Le R_h du mutant R120D est de 12,8 nm environ et il évolue en fonction du temps. Dans tous les cas, le % Pd est élevé, autour de 50 %.

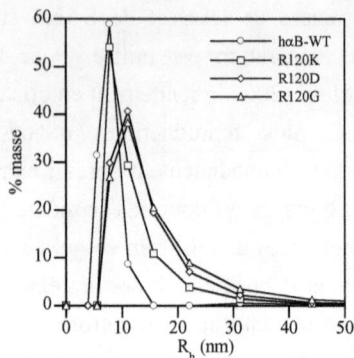

Figure 55. *Distributions de tailles, R_h, d'échantillons d'αB et des mutants R120X calculées par DLS. Les mesures sont faites à 20°C immédiatement après la purification des protéines. La concentration des échantillons est de 0,4 mg.mL^{-1}. La concentration en protéines est comprise entre 0,1 et 1 mg.mL^{-1} pour les expériences de DLS.*

Tableau 9.

	charge	stabilité *in vitro*	R_h (nm)	% Pd
αB	+1	+ +	7,6	17,0
R120K	+1	+	10,9	46,1
R120D	-1	-	12,8	48,5
R120G	0	- -	13,3	58,2

La stabilité se réfère à la capacité des protéines à rester en solution en fonction du temps. Les valeurs de R_h et les pourcentages de polydispersité, % Pd, correspondent à préparations montrées dans la figure 55. Il s'agit de mesures de DLS effectuées à 20 °C.

b. La stabilité *in vitro*.

Une fois purifiée, l'αB est stable sur plusieurs semaines ; la solubilité et la taille des particules demeurent quasiment identiques. Au contraire, le mutant R120G montre une forte tendance à précipiter en fonction du temps, la majorité des protéines précipitant dans les premiers jours suivant la purification. Les mutants R120K et R120D ont des comportements intermédiaires : le R120K augmente légèrement en taille sur une semaine, alors que le R120D augmente rapidement en taille en quelques jours. Ces deux mutants forment un petit pourcentage de précipité dans les mêmes

150

temps (tableau 9). Ces résultats conduisent également à faire les expériences de DLS et les tests chaperon rapidement après les purifications.

c. La reproductibilité.

Dans un souci de reproductibilité, les valeurs de R_h moyens obtenus pour chaque préparation de protéines recombinantes (l'αB et ses mutants R120X) ayant abouti, sont mesurées par DLS à 20 ou 23°C. Les histogrammes de la figure 56 montrent le nombre de préparations correspondant à ces valeurs de R_h pour chaque type de protéine.

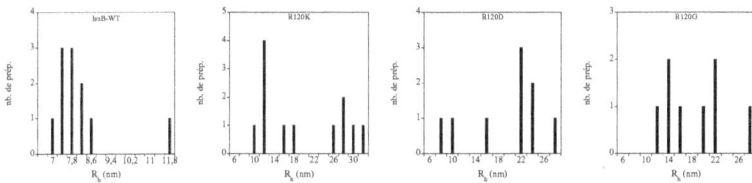

Figure 56. *Histogrammes représentant le nombre de préparations protéiques en fonction des valeurs de R_h, à 20 ou 23°C, pour l'αB et les mutants R120X.*

Pour l'αB, ces valeurs sont reproductibles et centrées sur un R_h de 7,6 nm, en revanche pour les mutants R120X et surtout le R120D il y a une dispersion plus importante de ces valeurs à 20 ou 23°C. Nous avons également vérifié que, quelles que soient les valeurs de R_h, les évolutions en température pour un même type de protéine sont toujours semblables. Par ailleurs, quelques valeurs de R_h aberrantes apparaissent pour chaque type de protéine, elles ne sont pas retenues pour la suite : une sur douze pour l'αB et cinq sur douze pour le R120K. Dans le cas des deux autres mutants, les valeurs de R_h d'une préparation à l'autre sont très dispersées.

3. Les effets de la température.

a. La détermination des R_h et des pourcentages de polydispersité par DLS.

Les mutants solubles R120X sont analysés par DLS en fonction de la température pour déterminer leurs R_h et leurs % Pd. La stabilité des

151

différentes protéines est aussi suivie en fonction du temps. Pour analyser les modifications structurales induites par la température, les R_h et les % Pd sont mesurés à chaque température d'intérêt.

La DLS est une approche souple qui peut être utilisée dans différents cas. Une exploration rapide des systèmes est faite selon la règle suivante : après l'équilibration de l'échantillon à la température physiologique pendant quinze minutes, le total de l'intensité diffusée est mesuré tous les 2°C entre 37 et 63°C sur 200 s (vingt points de 10 s chacun, figure 57 A). Cette intensité diffusée totale est issue des particules diffusantes en solution et de leurs associations. Dans ce qui suit, nous distinguons les changements de taille, ou de nombre de sous-unités, reproductibles et induits par une élévation de la température (appelés les transitions induites par la température), de la formation incontrôlée d'agrégats de hauts poids moléculaires correspondant à du matériel dénaturé. L'intensité diffusée en DLS est en particulier très sensible à la formation d'espèces ou d'agrégats de hauts poids moléculaires encore solubles, et elle augmente rapidement aussitôt que de tels agrégats sont formés. Comme cela a été décrit dans le paragraphe précédant les profils de distribution de tailles à température ambiante sont assez différents pour l'αB et pour ses mutants. Les profils de distribution de tailles des mutants sont plus asymétriques, indiquant la présence d'une fraction significative de particules de grandes tailles et masses moléculaires. La présence d'agrégats ($R_h \geq 100$ nm, non montré) peut être détectée très tôt, dès 43°C pour R120G, à 59°C pour l'αB et R120D et autour de 61°C pour R120K.

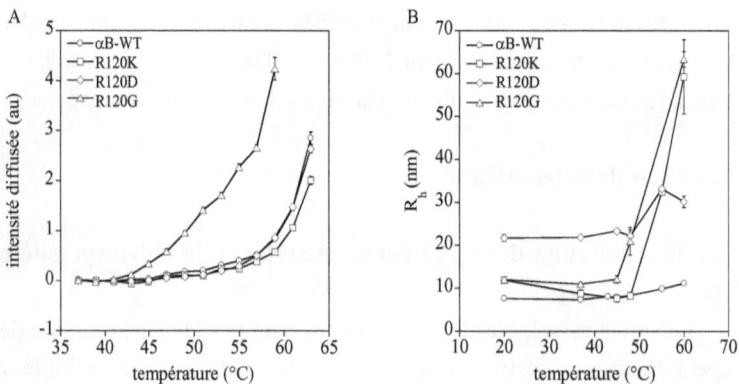

Figure 57. Analyses de DLS de (○) αB et de ses mutants (□) R120K, (◊) R120D et (Δ) R120G en fonction de la température. *A*, Expériences de cinétique : l'intensité diffusée par la solution de protéines est mesurée tous les 2°C de 37°C à 63°C, pendant 200 s (20 points de 10 s chacun). *B*, Expériences de stabilité : les valeurs de R_h sont calculées après équilibration de chaque échantillon 1010 s à la température choisie et moyennées sur l'ensemble des préparations. Les concentrations en cristallines sont comprises entre 0,1 et 1 mg.mL^{-1}.

Dans une autre série d'expériences, le porte-échantillon est d'abord équilibré à la température choisie : 23, 37, 45, 48, 55 ou 60°C. Puis, l'échantillon est introduit dans le porte-échantillon et la f.a.c. est enregistrée en fonction du temps sur une période de une heure (360 points de 10 s) ou jusqu'à la saturation du détecteur pour les températures les plus élevées, nous permettant ensuite de calculer le R_h et le % Pd à n'importe quel temps. Un échantillon nouveau est utilisé à chaque mesure. Jusqu'à 50°C, l'équilibration thermique a lieu en dix minutes, puis le système reste stable pour au moins une heure. Les valeurs de R_h et de % Pd sont finalement comparées après 1010 s. Les valeurs observées à différentes températures pour les différentes αB et moyennées sur différentes préparations, sont données dans le tableau 10. Les R_h sont montrés dans la figure 57 B. Les préparations qui ont donné des valeurs de R_h aberrantes ne sont pas prises en compte.

Entre la température ambiante et 45°C environ, les R_h aux maximum de la distribution sont croissants suivant cet ordre : αB < R120K < R120G < R120D. Le % Pd augmente de la même façon. L'αB, R120K et R120D restent très stables à 4°C sur plusieurs jours. Au contraire R120G forme rapidement un précipité au fond du tube en quelques jours.

Tableau 10. Résumé des expériences de DLS.[a]

	température	ambiante	37°C	45°C	48°C	55°C	60°C
αB	R_h (nm)	7,6 (0,1)	7,3 (0,1)	7,8 (0,1)	8,3 (0,2)	9,8 (0,2)	11,2 (0,3)
	% Pd	29,7 (2,8)	21,5 (1,4)	21,3 (1,8)	21,6 (6,8)	36,8 (4,2)	23,0 (2,0)
R120K	R_h (nm)	11,9 (0,6)	8,7 (0,9)	7,6 (0,8)	8,2 (0,6)	32,5 (0,1)	59,3 (8,6)
	% Pd	35,7 (3,0)	21,4 (3,8)	17,6 (2,5)	17,7 (4,9)	39,9 (1,1)	24,3 (3,7)
R120D	R_h (nm)	21,6 (0,8)	21,8 (0,5)	23,3 (0,3)	22,1 (1,4)	33,2 (0,5)	30,2 (1,3)
	% Pd	39,0 (3,6)	46,5 (5,1)	47,7 (4,4)	43,6 (1,5)	43,3 (2,6)	27,1 (4,7)
R120G	R_h (nm)	12,0 (0,4)	10,9 (0,5)	12,1 (0,8)	20,9 (3,2)	N.D.*	63,4 (1,8)
	% Pd	34,7 (4,7)	37,4 (5,4)	51,6 (3,5)	53,5 (2,8)	N.D.*	29,7 (2,4)

[a]Valeurs moyennes des R_h et du % de polydispersité, % Pd, après un temps d'équilibration de 1010 s à la température choisie. Les erreurs standard sont données entre parenthèses. *N.D. : non déterminé.

154

La taille et la polydispersité de l'αB sont minimums à 37°C, (l'intensité diffusée totale est aussi minimum à 37°C, figure 57). Le R_h de l'αB à 37°C (7,3 nm) commence par augmenter légèrement après 40°C pour atteindre 11,2 nm à 60°C. La polydispersité s'élève dans le même temps. La formation irréversible de larges agrégats (> 50 nm) est visible après 60°C. Chaque mutant se comporte selon des règles qui lui sont propres. Le R_h du R120K diminue d'abord jusqu'à environ 45°C de 11,9 à 7,6 nm, probablement en raison d'une baisse de la polydispersité, et puis augmente rapidement jusqu'à 32,5 nm à 55°C, indiquant une rapide transformation de la population de particules initiales en espèces plus larges. (Après 48°C, le système DLS est incapable de différencier les particules et la croissance d'agrégats et le R_h mesuré est une moyenne qui prend en compte une large gamme d'espèces de tailles différentes). Le R_h de R120D est de 22,0 nm environ et reste stable jusqu'à 48°C, puis il augmente jusqu'à 33,2 nm à 55°C, indiquant la croissance de plus larges espèces. Le R_h diminue ensuite probablement du fait de la sédimentation de ces plus larges espèces hors du faisceau laser. Tous les changements observés sont trouvés irréversibles. Le R120G se comporte différemment. Son R_h diminue de 12,0 nm à 23°C à 10,9 nm 37°C et reste stable jusqu'à 45°C. Puis il augmente à cause de la formation d'agrégats de hauts poids moléculaires, au cours du temps.

b. La visualisation des tailles et de la polydispersité par ME.

Les études menées par ME livrent des données compatibles avec les résultats obtenus par DLS. En coloration négative, l'αB apparaît, à 20°C, homogène en taille avec un diamètre externe moyen de 15 (± 2) nm (figure 58 A). Tous les mutants sont plus grands et plus polydisperses, (figure 58 B à D). La polydispersité est particulièrement élevée pour les mutants R120D (figure 58 C) et R120G (figure 58 D), où la présence de larges particules avec des formes variables est significative. Leurs formes allant de quasi-sphérique à allongée sont clairement visibles. Étant donné que la ME ne peut pas toujours être réalisée juste après la purification des protéines, une partie des agrégats visibles peut provenir de ce délai d'attente entre purification et visualisation par ME. À 45°C, les particules apparaissent avec un diamètre plus important et plus polydisperses qu'à 20°C et ce, quelle que soit la nature de la protéine observée.

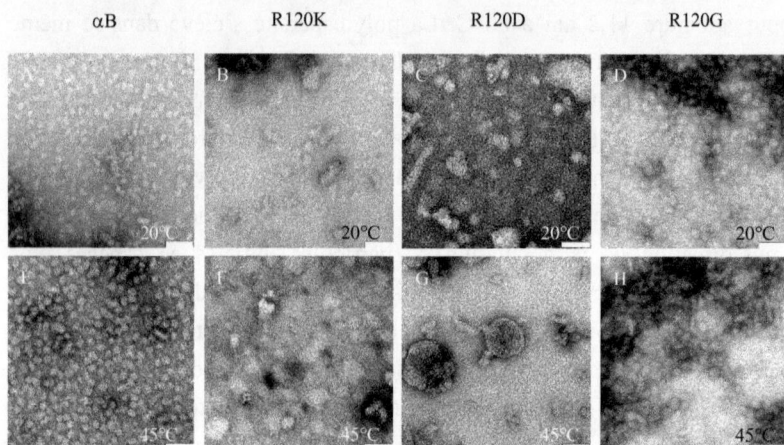

Figure 58. Observations, par microscopie électronique, d'échantillons d'αB en coloration négative (2 % d'acétate d'uranyl) et photographiés aux grossissements de 50000. La barre blanche représente 50 nm pour toutes les images. *A, αB et ses mutants B, R120K ; C, R120D et D, R120G. Il est intéressant de noter que la taille et la polydispersité des particules augmentent de A à D.*

c. L'étude des transitions induites par la température, par SAXS.

Les courbes de diffusion en SAXS de l'αB et de ses trois mutants sont enregistrées en fonction de la température, de l'ambiante à 60°C. L'évolution des courbes de diffusion en fonction de la température est montrée dans la figure 59 A à D, et les courbes d'intensité de l'αB et des R120X à température ambiante sont comparées dans la figure 59 E. L'évolution des R_g correspondant est illustrée dans la figure 59 F.

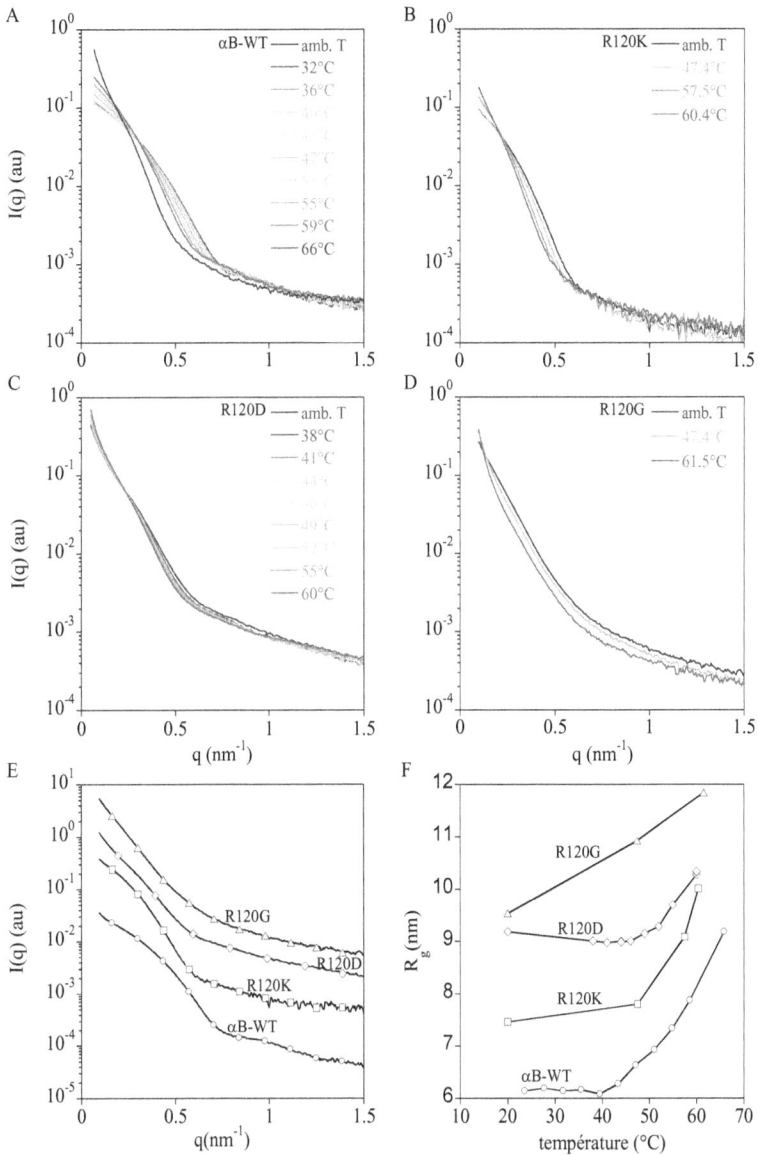

Figure 59. Les transitions structurales induites par la température observées par SAXS. Séries d'expériences en température à pression ambiante de *A*, l'αB et de ses mutants : *B*, R120K ; *C*, R120D et *D* R120G. Les intensités diffusées normées sont enregistrées en fonction du vecteur de

157

diffusion q entre la température ambiante et 66 °C à pression P = 0,1 MPa
*(1 atmosphère). **E**, Les courbes d'intensité diffusée normée de (○) l'αB et*
de ses mutants (□) R120K, (◊) R120D et (Δ) R120G à température et
pression ambiante. Dans un souci de clarté les courbes sont décalées
*verticalement. **F**, Les R_g correspondant sont représentés en fonction de la*
température.

Dans les séries de courbes en température, la concentration en protéines est comprise entre 3 et 8 mg.mL^{-1} pour obtenir un rapport signal sur bruit suffisant. Les courbes peuvent être considérées comme étant proches du facteur de forme (figure 59 E). Les formes des courbes de diffusion sont typiques de celles provenant de particules globulaires avec une taille et une polydispersité augmentant suivant l'ordre : αB < R120K < R120D ~ R120G. En effet, les largeurs du maximum central diminuent et les R_g augmentent en accord avec cet ordre (les valeurs de R_g sont respectivement de 6,1 ; 7,5 ; 9,2 et 9,5 nm). Après le maximum central, l'αB montre un épaulement autour de q égal 1 nm^{-1}. L'épaulement est une indication de polydispersité, et devient plus prononcé quand la polydispersité diminue. Il est à peine visible pour R120K et complètement invisible pour R120D et R120G, comme attendu avec une augmentation de polydispersité. La présence de quelques pour cent de larges particules dans les échantillons de R120D et R120G peut aussi être déduite à partir de l'augmentation de l'intensité diffusée près de l'origine.

La taille et le poids moléculaire de l'αB sont stables jusqu'à 40°C, puis ils augmentent avec la température (figure 59 A). L'augmentation est continue jusqu'à 59°C (Skouri-Panet et al., 2006). À 59°C la masse moléculaire, qui est estimée à partir des valeurs de I(0) (données non montrées), est environ deux fois égale à la valeur de la masse moléculaire initiale et le R_g est de 7,9 nm par rapport à 6,1 nm à 20°C. La transition est irréversible. Au-delà de 60°C, la formation de larges agrégats (qui sédimentent au fond du tube) est observée. Un minimum de polydispersité, estimé à partir de la forme de l'épaulement vers q égal 1 nm^{-1}, peut être observé vers 37°C. Le mutant R120K se comporte de manière similaire (figure 59 B), avec une valeur de R_g assez stable jusqu'à 48°C, mais plus haute (7,5 nm à 20°C et 7,8 nm à 48°C), et augmentant après jusqu'à 9,1 nm à 58°C. Les changements en tailles sont moins importants que pour la protéine sauvage, car le R_g augmente de 17 % entre 48 et 55°C, au lieu de 30 % pour l'αB entre 40 et 59°C. La transition induite par la température du mutant R120D (figure 59 C) est encore plus restreinte, avec un R_g passant de 9,1 à 10,2 nm entre 48 et 60°C (12 %). Toutes ces données sont en accord avec les données de DLS et même elles se complètent. Le mutant R120G (figure 59 D) est visiblement contaminé par des agrégats même à température ambiante, probablement à cause de la purification des protéines qui a eu lieu quelques jours plus tôt que les expériences de SAXS. Le R_g correspondant, est égal à 9,5 nm à 20°C, augmente jusqu'à 11,8 nm à 61°C. Dans ce cas, il n'est pas clair s'il s'agit bien de l'augmentation de taille contrôlée par la température, ou si les changements observés près de l'origine des courbes de diffusion correspondent seulement à la formation de larges agrégats (correspondant à la première étape vers une précipitation incontrôlée du matériel dénaturé).

4. Les effets de la pression.

Les séries d'expériences en pression, depuis la pression ambiante jusqu'à 300 MPa, pour l'αB et les mutants R120X sont illustrées dans la figure 60 A, B et C et les R_g correspondants sont dans la figure 60 D.

Le mutant R120D a précipité et n'a pas pu être étudié en pression pendant cette série d'expériences au synchrotron. Dans les trois autres cas, deux effets sont superposés : l'ensemble des intensités diffusées diminue quand la pression augmente, reflétant une diminution du contraste entre les protéines et le solvant ; les modifications structurales induites par la pression observées entre 0 et 300 MPa miment les modifications induites par la température observées entre 20 et 60°C. Pour l'αB la transition correspond assez à un doublement de taille. La transition est totalement réversible avec une hystérésis comme cela est illustré dans les figures 60 A et D. la taille du mutant R120K augmente aussi avec la pression, mais relativement moins (figure 60 B et D). Comme avec la température, le R_g maximum augmente d'environ 20 %, mais la transition est essentiellement réversible. Finalement, les changements observés pour les courbes de diffusion de R120G sont les plus compliqués à interpréter, car elles reflètent simultanément une augmentation de taille et de polydispersité ou en d'autres termes, la formation de plus larges agrégats. Les changements, à la limite entre transition et précipitation, ne sont que partiellement réversibles. Dans tous les cas, un état à haute pression est similaire à un état à haute température, en accord avec ce qui est attendu pour des états d'équilibre.

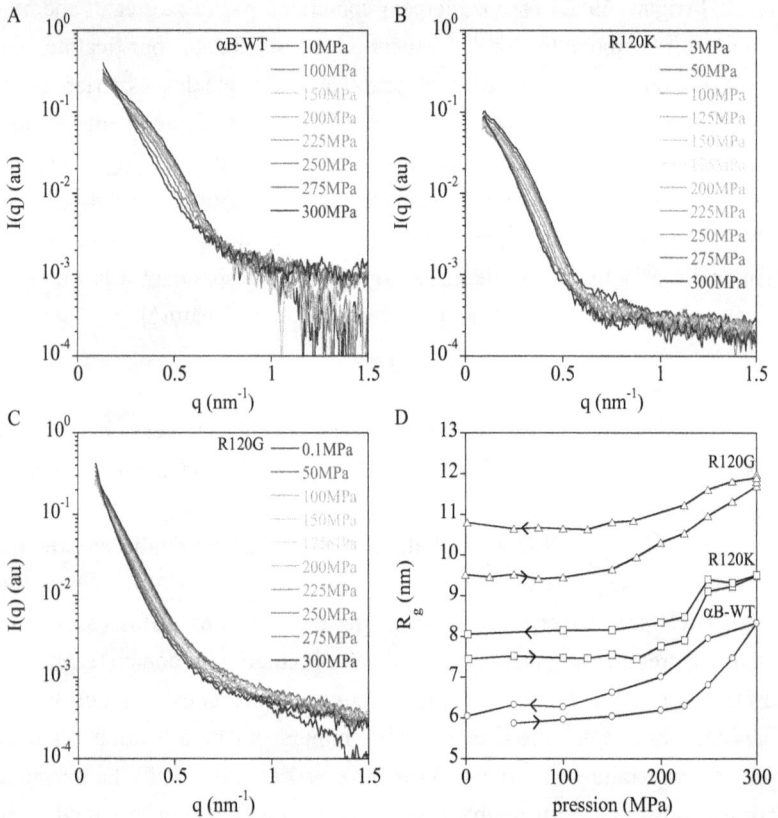

Figure 60. Transitions structurales induites par la pression observées par SAXS. Séries d'expériences en pression et à température ambiante de *A*, l'αB et ses mutants *B*, R120K et *C*, R120G. Les intensités diffusées normées sont enregistrées entre 0,1 et 300 MPa (1 et 3000 atmosphères). *D*, Les R_g correspondants sont représentés en fonction de la pression. Un cycle complet d'hystérésis est montré. Les plus basses courbes sont enregistrées pendant l'augmentation en pression ; les plus hautes courbes

correspondent au retour à la pression ambiante, comme indiqué par les flèches.

5. Les effets combinés de la température et de la pression.

Certaines expériences en pression sont aussi réalisées à d'autres températures que l'ambiante, 37 ou 48°C (données non montrées). La variation de contraste, entre les protéines et le solvant, induite par la pression est réduite quand la température est plus élevée. Les effets de la pression sont amplifiés par une élévation de la température ; avec les mutants, une plus haute température semble favoriser la formation irréversible d'un pourcentage variable d'agrégats de hauts poids moléculaires, ce qui entre en compétition avec la formation réversible des assemblages de hauts poids moléculaires correspondant aux transitions structurales réversibles. Dans le cas de l'αB, la combinaison de la haute température (43,5°C) avec la pression, favorise la transition structurale réversible (Skouri-Panet et al., 2006).

III. Étude *in silico* des mutants R120X de l'αB-cristalline humaine.

Une visualisation directe des trois structures 3D indique que les résidus R équivalents au R120 de l'αB, et leur environnement local, sont équivalents (similarité des contacts intramoléculaires) et correctement superposables au niveau du monomère. Dans la sous-structure dimérique de Hsp16.5, le résidu R120 est aussi engagé dans des interactions intermoléculaires entre les deux domaines ADC constituant le dimère. Cette interface (que l'on peut supposer caractéristique de la super famille des sHsps) n'est pas observée dans Tsp36, ni entre ses deux sous-unités, ni entre les deux domaines ACD d'une même sous-unité. L'alignement multiple de séquences de : Hsp16.5, Hsp16.9, Tsp36, Hsp27, Hsp22, αA et αB, est réalisé sur la totalité des séquences de manière à localiser les résidus impliqués dans les environnements équivalents à celui du R120. Les séquences de l'αA, de Hsp22 et de Hsp27, sont inclues dans cet alignement, car elles portent des mutations responsables de pathologies humaines connues. L'alignement multiple de séquences des domaines ACD est cohérent avec ceux déjà publiés (van Montfort et al., 2001 ; Stamler et al., 2005). Du fait de la faible identité de séquence entre les extensions N-terminales, une tentative d'alignement a été faite manuellement, mais cette région n'est pas critique pour l'environnement local du R120. Les résultats sont illustrés dans la figure 61 A.

Pour analyser les possibles impacts d'une mutation du résidu R120 sur l'intégrité structurale et l'assemblage, des mutants de sous-structures dimériques sont générés *in silico* par remplacement d'un acide aminé (par K, D, G et C), dans chaque fichier de coordonnées 3D PDB (1shs, 1gme et 2bol), en position équivalente à la position 120 de l'αB. Pour chaque système, des simulations de 6 ps MD permettent d'explorer le paysage énergétique (afin de simuler les transitions conformationelles potentielles du dimère de Hsp16.5 ou de Hsp16.9 lors de son assemblage en oligomères), et le processus de recuit simulé est répété cent fois. Puis, les vingt structures avec les plus bas potentiels d'énergie sont retenues parmi les cent structures refroidies et les sites de contact impliquant le résidu équivalent au R120 sont définis comme ceux, où les liaisons hydrogènes sont détectées en accord avec les distances interatomiques. Nous avons défini et calculé un index de conservation (IC) pour chaque site de contact comme étant le nombre de structures (parmi les vingt) où une liaison hydrogène donnée est observée. La liste des contacts observés et des IC correspondants pour les vingt structures de Hsp16.5, Hsp16.9 et Tsp36, et dans chaque cas pour αB, R120K, R120D, R120G et R120C est donnée dans le tableau 11.

Des exemples de sous-structures dimériques observées pour la Hsp16.5 sauvage et les mutants, durant le processus de recuit, sont montrés dans la figure 61 B. La Hsp16.5 est choisie comme exemple, car sa séquence dans l'environnement équivalent à celui du R120 est la plus similaire à celle de l'αB. La première structure montrée correspond au dimère de 1shs. Puis, chaque structure montrée ensuite correspond à la structure (parmi les cent structures avec le plus bas potentiel énergétique) ayant une valeur de RMSD (root mean square deviation) la plus proche du RMSD moyen.

Les contacts observés dans la structure de 1shs sont les suivant : I37, S38, G39, K40, G41, F42, M43, L77, I79 et E98 (le seul site de contact intermoléculaire). Ces contacts sont essentiellement conservés pendant le recuit de la protéine sauvage (R sur la figure 61 B), alors que pour les quatre structures des mutants R120X considérées, de grandes perturbations des contacts sont observées (tableau 11). Les sous-structures R et K préservent des régions de contacts similaires, avec des contacts au sein d'une sous-unité dans les brins β B1, β B5 et la boucle L12 (ou équivalent ; les structures secondaires β B1 et L12 ne sont présentes que dans Hsp16.5), et des contacts entre les deux sous-unités dans la boucle L57, alors que les contacts entre les deux sous-unités sont perdus avec les mutations D, G et C. Les contacts avec la boucle L12 disparaissent avec les mutations G et C et finalement, le mutant G perd ses contacts avec le brin β B1. L'expérience réalisée avec 1gme aboutit au même résultat ; seul le mutant K conserve le contact entre sous-unités, qui est perdu dans tous les mutants générés avec 2bol.

A

```
          B1  I12
N-ter
HSP16.5_METJA    1  --------------MFGR-----------DPFDS--LFERMFKEFFATPMTGTTMIQ------------------SSTGICISGKCFMP------
HSP16.9_TRIAE    1  --------------VRR----------------TNVFD-PFADLWADPFDTFRSIV----------------------------PAISGGGSETAAFAN-AR------
Tsp36_TAESA      1  MSIFPTRDSRDLSSRRRSLIDWEFPQMALVPLDQVFD--WAERSRQSLHDDIVNM----HRNLFSLEPFTAMDNAFESVMKEMSAIQPREFHPELEYTQPGELDFLKDA
HSP27_HUMAN      1  ----MTERRVPFSLLRGPSW----DPFRDWYPHSRLFDQAFGLP---RLPEE---WSQW---LGGSSWPGVVRPLPPAAIESPAVAAPAYSRALSRQLSSGV
HSP22_HUMAN      1  ----MADGQMPFSCHY-PSRLRRDPFRDSPLSSRLLDDGFGMD---PFPDDLTASWPDWALPRLSS-AWPGTLRSGMVPRG--
Cryst-A_HUMAN    1  ----MDVTIQHPW--FKRTLG----PFY---PSRLFDQFFGEG---LFEYDLLPF-R--------QSLFR--T-VLDSGI------
Cryst-B_HUMAN    1  ----MDIAIHHPW--IRRPFF----PFHS---PSRLFDQFFGEH---LLESDLFP-TR--------PPSFLRAPS-WFDTGL------

     B2    L23     B3     L34    B4       L45  B5       L57              B7         L78        B8      L89  B9
ACD
HSP16.5_METJA   45  ISIIEG D----Q HIKVIAW LP--GVNKED IILNAV G-D RAK RSPLMITESERIIYSEIPEEE EIYRTIK LPATVKEENA SAKFE N-G VLSVI
HSP16.9_TRIAE   46  MDWKET P----E AHVFKAD LP--GVKKEE VKVEVE DGN VLVVSGE RTKEKEDKNDKWHRVERSSG- KEVRFR LLEDAKVEEV KAGLE N-G VLTVI
Tsp36-1_TAESA  104  --YE VGKDGRL HFKVYFN VK--NFKAEE ITIKAD K-N KLVVRAQ KSVACGDAAM-----SE SVGRSIP LPPSVDRNHI QATIT TDD VLVIE
Tsp36-2_TAESA  228  --AE D----D RWRVSLD VN--HFAPDE ITVKTK D-G VVEITGK HEERQDEHGY------ISR-SHSEHR EFYKAFV TPEVVDASKT QAEIV D-G LMVVE
HSP27_HUMAN     86  SEIRHT A----D RWRVSLD VN--HFAPDE ITVKTK D-G VVEITGK HEERQDEHGY------ISR CFTRKYT LPGVDPTQV SSSIS PEG TLTVE
HSP22_HUMAN     87  TPPPFP G----E PWKVCVN VH--SFKPEE LMVKTK D-G YVEVSGK HEEKQEGGI------VSK NFTKKIQ LPAEVDPVTV FASLS PEG LLIIE
Cryst-A_HUMAN   62  SEVRSD R----D KFVIFLD VK--HFSPED ITVKVQ D-D FVEIHGK HNERQDDHGY------ISR EFHRYR LPSNVDQSAL SCSLS ADG MLTFC
Cryst-B_HUMAN   66  SEMRLE K----D RFSVNLD VK--HFSPEE LKVKVL G-D VIEVHGK HEERQDEHGF------ISR EFHRKYR IPADVDPLTI TSSIS SDG VLTVN

C-ter
HSP16.5_METJA  135  ----KAESSIKKGINIE----------------- 147
HSP16.9_TRIAE  136  ----KAEVKKPEVKAIQISG-------------- 151
Tsp36_TAESA    312  LFK---MPKLATQSNEITIPVTFESRAQLGPEAAKSDETAAK 314
HSP27_HUMAN    169  QVPPYSTFGESSFNNELPQDSQEVTCT-------- 205
HSP22_HUMAN    170  ----KIQTGLDATHAERAIPVSREEKP--TSAPSS------- 196
Cryst-A_HUMAN  145  ----RKQVSGPERTIPITREEKPAVTAAPKK---- 173
Cryst-B_HUMAN  149  -------------------------------------- 175
```

164

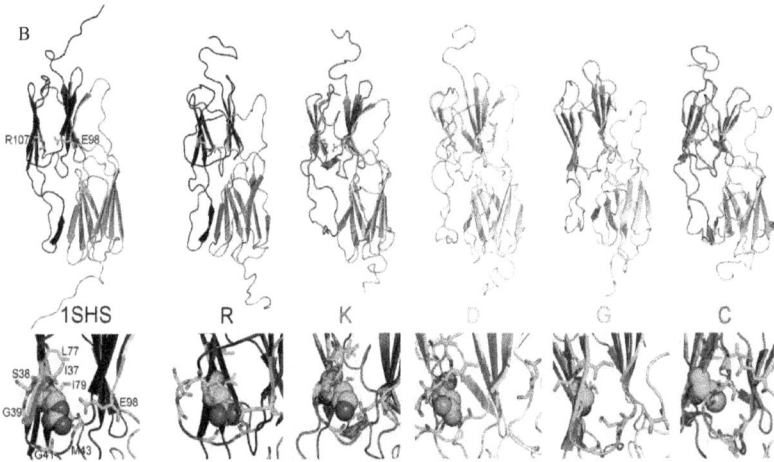

Figure 61. *Analyses* in silico *des conséquences structurales induites par les mutations R120.* **A,** *Alignement multiple de séquences de la région N-terminale (N-ter), du domaine « α-cristalline » (ACD) et de l'extension C-terminale (C-ter) de six sHsps :* Hsp16.5 de Methanococcus jannaschii *(code PDB : 1shs ; numéro d'accès Swiss Prot : Q57733),* Hsp16.9 de Triticum aestivum *(1gme ; Q41560),* Tsp36 de Taenia saginata *(2bol; Q7YZT0), et* Hsp27 *(P04792),* Hsp22 *(Q9UJY1),* αA *(P02489),* αB *(P02511) d'*Homo sapiens. Tsp36 *comprend une région N-ter, deux domaines ACD séparés par un peptide de liaison (séquence non montrée), et suivie par une extension C-ter ; Tsp36-1 et Tsp36-2 se réfèrent aux séquences du premier et du second domaine ACD, respectivement. En italique sont indiqués les acides aminés absents de la structure 3D. Les structures secondaires du domaine ACD sont indiquées par B pour les brins β ou L pour les boucles ; les structures secondaires, β B1 et L12 du domaine N-ter en gris, ne sont présentes que dans Hsp16.5. Les sites conservés en acides aminés (exactement identiques ou avec des propriétés physico-chimiques similaires) sont surlignés en gris. Les acides aminés en position 120 (dans la séquence de l'αB humaine) sont surlignés en rouge. Les sites de contacts de ces résidus homologues (R107 dans 1shs, R108 dans 1gme, R158 dans 2bol Tsp36-1) pendant le processus de recuit simulé (voir tableau 11) ; dans le cas de 1shs, les principaux contactes (CI > 5) sont indiqués par les lettres blanches, et montrés dans la seconde partie de la figure. B, Sous-structures dimériques 3D de la protéine sauvage et des*

165

mutants de Hsp16.5 de Methanococcus jannaschii *pendant le processus de recuit simulé. De gauche à droite: Les structures dimériques sont montrées sur la ligne supérieure, avec les résidus 107 (R, K, D, G ou C) et E98 représentés en bâtons. Chaque structure 3D est partielle, la principale partie de la région N-ter étant absente (jusqu'au résidu 33). Ces structures correspondent au dimère 1shs (chaînes A et C en noires foncée et claire, respectivement), et après le recuit simulé, pour la protéine sauvage en bleu, et les mutants K en rouge, D en cyan, G en orange et C en magenta. Chaque sous-structure montrée correspond à une structure (parmi les cent structures avec le plus bas potentiel énergétique) ayant un RMSD moyen (proche de la valeur moyenne ou comprise dans la déviation standard). La ligne du bas est un zoom de l'environnement local du résidu 107, ses atomes étant représentés par des sphères. Les principaux sites de contactes intra- et intermoléculaires observés pendant le processus de recuit simulé avec la structure native (lettres blanches dans l'alignement multiple de séquences plus haut) sont représentés par des bâtons verts : I37, S38, G39, G41, M43, L77, I79 et E98.*

Tableau 11. Analyse des contacts : sites et conservation pendant le processus du recuit simulé.[a]

			N-ter	B1	L12	ACD B2	B5	I79	L57
R	1shs	pdb		I37 S38	G39 K40 G41 F42 M43		L77	I79	E98*
		I.C.		8 11	10 4 14 1 6		14	19	7
	1gme	pdb	S32	A40 F41	A44	M46 L79 V80	V81	V139	E100*
		I.C.	2	2 4	2	2 8 7	14		8
	2bol	pdb	S59 N68		G95 E96		L137	V139	
		I.C.	6 1		1 11		4	20	
K	1shs	pdb		S38	G39 K40 G41 F42 M43		L77	I79	E98*
		I.C.		8	8 13 15 4 9		11	20	6
	1gme	pdb	F10 D11	A40 F41 A42 N43 A44			L79	V81 S82	E100*
		I.C.	1 4	2 9 1 3 10			8	20 2	1
	2bol	pdb	S59 E61 P62		E96		L137	V139	
		I.C.	5 7 1		7		2	14	
D	1shs	pdb		I37 S38	G39 K40 G41 F42 M43 P44			I79	
		I.C.		4 3	13 7 9 5 15 1			2	
	1gme	pdb		A40 F41 A42 N43 A44			L79	V81	
		I.C.		1 2 13 19 19			8	20	
	2bol	pdb	S59 E61				L137	V139 R140	
		I.C.	9 1				1	20 5	

Tableau 11. Analyse des contacts : sites et conservation pendant le processus du recuit simulé.[a]

			N-ter		ACD		
			B1	*L12*	B2	B5	L57
G	1shs	pdb				L77	I79
		I.C.				16	20
	1gme	pdb				L79 V80 V81	S82
		I.C.				13 1 20	2
	2bol	pdb				L137	V139 R140
		I.C.				3	20 3
C	1shs	pdb	S38			L77 E78 I79	
		I.C.	1			8 1 20	
	1gme	pdb		G39		L79	V81
		I.C.		1		8	20
	2bol	pdb				L137	V139
		I.C.				5	19

[a]Résumé des sites de contact (par liaison hydrogène) du résidu 120 (R pour la protéine sauvage; K, D, G et C pour les mutants) pendant le processus de recuit simulé pour *Methanococcus jannaschii* Hsp16.5 (code PDB : 1shs), *Triticum aestivum* Hsp16.9 (1gme) et *Taenia saginata* Tsp36 (2bol). Pour chaque protéine, les liaisons hydrogène sont identifiées par le programme *contact* (CCP4), sur les vingt structures avec le plus bas potentiel énergétique. Les acides aminés sont indiqués par le code à une lettre et un nombre, qui se réfère à la numérotation des structures 3D dans PDB. Une étoile indique un site de contact intermoléculaire. Un indice de conservation (I.C.) est calculé pour chaque site de contact, comme étant le nombre de structures (parmi les 20) où une liaison hydrogène donnée est observée. Chaque colonne du tableau correspond à un site homologue dans l'alignement multiple de séquences (Figure 61 A). Le brin β B1 et la boucle L12 (en italique) se réfèrent seulement à la *M. jannaschii* Hsp16.5 (1shs); les résidus I37, S38, G39 et K40 sont localisés dans le brin β B1; alors que les résidus G41, F42, M43 et P44 sont localisés dans la boucle L12.

IV. La mutation pathologique de l'arginine 120 : conclusion.

Ce travail analyse quel peut être le rôle du résidu 120 de l'αB. Ce résidu est connu pour jouer un rôle crucial dans le contrôle de la structure quaternaire et l'intégrité fonctionnelle de l'αB (Bova et al., 1999 ; Kumar et al., 1999 ; Perng et al., 1999 ; Simon et al., 2007a). Dans notre étude, un panel de techniques diversifiées et complémentaires (immunofluorescence, DLS, SAXS, etc.), a été utilisé pour analyser et comparer en fonction de l'environnement (*in cellulo* et *in vitro*), et dans différentes conditions (stressantes ou non), la localisation cellulaire, les états d'assemblage et les transitions conformationnelles de l'αB et de ses mutants R120X. Des informations supplémentaires ont été obtenues sur la stabilité des mutants et sur leurs propriétés à former des agrégats de hauts poids moléculaires ou des précipités insolubles. Enfin, des simulations de dynamique moléculaire de mutants des trois structures 3D connues (par mutation dirigée à la position équivalente au R120) ont suggéré que les modifications comportementales observées pouvaient résulter d'une déstabilisation de l'environnement local, induite par la mutation ; dans les structures de Hsp16.5 et Hsp16.9 cette déstabilisation pourrait conduire à une perturbation de l'interface entre les deux domaines ADC à l'échelle du dimère.

Il était déjà connu que, dans les cellules de mammifères, l'αB est principalement localisée dans le cytoplasme de manière uniforme, au contraire du mutant R120G qui forme des agrégats au court du temps. Premièrement des agrégats apparaissent dans le cytoplasme des cellules transfectées. Deuxièmement, ces agrégats sont rétro-transportés le long des microtubules pour former des masses péri-centrosomales (Chavez Zobel et al., 2003). Dans notre étude, S. Simon a transfecté des lignées cellulaires Cos-7 et NIH-3T3 afin de déterminer la localisation cellulaire de l'αB et des différents mutants R120X et de mieux caractériser l'aptitude des mutants à former des agrégats, en relevant le nombre de cellules transfectées contenant des agrégats à différents temps (vingt-quatre et quarante-huit heures post-transfection). Toutes les αB testées ont une localisation cytoplasmique dans les deux lignées cellulaires, mais alors que l'αB et le mutant R120K sont répartis de manière homogène dans le cytoplasme, l'expression des mutants R120G, R120D et R120C induit la croissance d'agrégats cytoplasmiques. De plus, ces résultats montrent, qu'au court du temps, l'αB et le mutant R120K restent solubles et qu'en revanche, avec les mutants R120G, R120D et R120C, on détecte un taux significatif de cellules transfectées avec agrégats, qui augmente avec le temps. Le manque de solubilité est supposé associé à l'augmentation du taux d'exposition de zones hydrophobes à la surface qui serait responsable de la tendance croissante à s'associer et à s'agréger, (Bhattacharyya et al., 2002 ; Srinivas et al., 2003 ; Reddy et al., 2006). L'augmentation du nombre de cellules transfectées avec des agrégats apparaît plus lente pour R120D que pour R120G ou R120C. Ce phénomène n'est pas dû à une différence du niveau d'expression des protéines. Les résultats montrent, que quelle que soit la mutation de l'arginine 120, la localisation cytoplasmique des différentes αB, dans les cellules non-stressées Cos-7 et NIH-3T3, est préservée. La conservation de la charge positive semble être nécessaire au maintien de la solubilité qui pourrait assurer une localisation uniforme et homogène des protéines. En effet, un changement de la charge conduit toujours à la formation d'une quantité non-négligeable d'agrégats. De plus, le taux d'agrégats est fonction du type de mutation.

Les résultats obtenus dans les cellules de mammifères transfectées sont cohérents avec les schémas d'expression de l'αB et des R120X dans *E. coli*. L'αB et le mutant R120K sont essentiellement exprimés dans la fraction soluble, les mutants R120G et R120D sont trouvés pour moitié dans la fraction soluble et le R120C est intégralement exprimé dans la fraction insoluble. Comme la taille et la masse moléculaire des α-cristallines est connue pour être particulièrement sensible aux conditions environnementales (Tardieu et al., 1986), rien n'est tenté pour resolubiliser les corps d'inclusion, ce qui exclut une étude *in vitro* de R120C.

La purification des différentes espèces d'αB nous a d'abord permis de vérifier leurs stabilités *in vitro*, quand elles sont conservées à 4°C, en évaluant leur capacité à rester soluble en fonction du temps. Alors que les propriétés de l'αB restent inchangées sur une quinzaine de jours, nous sommes capables de montrer que toutes sortes de mutations du résidu 120 déstabilisent la structure de l'αB. Notre étude démontre une fois de plus la spécificité de la mutation R120G car, en accord avec de précédents travaux

(Treweek et al., 2005), le mutant R120G est trouvé être instable en solution. Les mutants R120K et R120D ont des stabilités intermédiaires entre celles de la protéine sauvage et du R120G. Pour éviter une complexité de plus, nos expériences *in vitro* sont menées sur des préparations protéiques les plus fraîches possibles. Habituellement, les mesures de DLS sont faites le même jour que la purification. La propriété la plus étonnante des α-cristallines est leur structure dynamique. Des études précédentes avaient établi que la mutation R120G de l'αB conduisait à une augmentation de la taille moyenne des structures oligomériques (Bova et al., 1999 ; Kumar et al., 1999 ; Cobb et Petrash, 2000 ; Treweek et al., 2005), alors que la structure secondaire reste inchangée (Bova et al., 1999). Des résultats similaires ont été obtenus pour la mutation R116C de l'αA (Shroff et al., 2000 ; Bera et al., 2002 et Bera et Abraham, 2002). Les données de filtration sur gel, de DLS et de ME présentées ici indiquent que, quel que soit l'acide aminé utilisé pour la mutation du résidu R120, la mutation induit une augmentation de la masse molaire moyenne et de la polydispersité des structures oligomèriques, suivant cet ordre : αB < R120K < R120D < R120G.

Le comportement en solution de l'αB, et des mutants R120X après leur purification, peut probablement être considéré comme le reflet du comportement dans une cellule de particules fraîchement synthétisées. Il est intéressant de noter que les moins solubles des mutants en solution sont les plus enclins à former de larges oligomères qui forment des agrégats dans les cellules transfectées. Dans les deux cas, R120K est assez similaire à la protéine sauvage, R120G et R120C sont les moins solubles et R120D est entre l'αB et les autres mutants. La mutation déstabilise la structure native et probablement expose un nombre plus important de sites d'association avec, comme conséquence, une augmentation des tailles d'oligomérisation et finalement conduit à l'agrégation et à la précipitation. Conserver la même charge, en remplaçant l'arginine par une lysine, semble être le moins traumatisant, mais pas sans effet, alors qu'un changement de charge en remplaçant l'arginine par une asparagine a de sévères conséquences en terme d'agrégation. La situation semble beaucoup plus complexe qu'un simple effet électrostatique, car la stabilité apparaît modifiée aussi, le moins stable des mutants étant R120G. Finalement, la mutation R120C qui semble être associée avec des particules de basse solubilité, pourrait bien correspondre à l'exposition de sites particulièrement sensibles à l'oxydation, conduisant à la formation d'agrégats à travers des ponts disulfures additionnels. Tous ces résultats suggèrent que la présence d'une arginine à la position 120 de l'αB est essentielle pour conserver ses propriétés d'oligomérisation. Ces résultats sont en désaccord avec ceux obtenus pour l'αA dans lesquels le remplacement du R en position 116 par un résidu de même charge, tel que K, est suffisant pour préserver la taille des oligomères *in vitro* (Bera et al., 2002).

Une attention spéciale a été portée dans cette étude à l'optimisation les outils disponibles. La DLS et le SAXS sont combinés pour obtenir différentes images des changements induits par la température. La DLS est particulièrement adaptée pour mesurer des R_h et des % Pd dans différentes conditions, donc pour analyser rapidement les modifications induites par la température. De plus, c'est une technique très sensible pour détecter le début, avec l'augmentation de température, de la formation d'agrégats solubles. D'un autre côté, le SAXS est particulièrement utile pour obtenir des informations détaillées sur la structure quaternaire moyenne. Plus important, le SAXS nous permet d'étudier aussi les transitions induites par la pression (Skouri-Panet et al., 2006). Nous avons observé que les assemblages formés à haute pression étaient similaires à ceux observés à haute température. Mais les transitions induites par la pression sont réversibles, au contraire de celles induites par la température.

Toutes les données démontrent que tous les mutants R120X qui forment des agrégats plus larges et des assemblages plus polydisperses, présentent une plus faible stabilité que l'αB. Les mutants R120X présentent aussi des transitions structurales à la suite d'un stress, une augmentation de taille en fonction d'une élévation de la température ou de la pression, indicatif d'une désorganisation structurale. Les transitions sont cependant de plus faible amplitude pour les mutants que pour l'αB. Le résultat expérimental majeur obtenu à ce niveau est que chaque mutant a son propre comportement.

De manière à comprendre l'origine structurale des modifications observées, des méthodes *in silico* ont été utilisées. Les mutagenèses dirigées *in silico* sont réalisées dans les trois structures 3D déjà connues à la position équivalente du R120 ; en R107 pour Hsp16.5, en R108 pour Hsp16.9 et en R158 pour Tsp36. Dans ces trois cas, quatre mutants ont été générés : K, D, G et C. Puis, des simulations par dynamique moléculaire ont été réalisées sur des dimères isolés de manière à déterminer les conséquences de ces mutations dans chaque sous-structure. Un résultat non ambigu de cette approche *in silico* montre qu'une mutation en position équivalente au R120 modifie les interactions entre le résidu muté et son environnement local (la boucle L57 du monomère adjacent dans le cas de Hsp16.5 et Hsp16.9). Seulement quelques-unes des interactions intra-monomériques dans le brin β B5 sont préservées dans tous les cas. En conséquence, la boucle L57 (très variable d'une espèce à l'autre) devient moins contrainte et libre d'adopter une variété de conformations. Une structure localement plus flexible (ou moins contrainte) peut être compatible avec une augmentation de taille et de polydispersité. Un tel résultat suggère aussi que l'échange de sous-unités peut être facilité.

Bien sûr, il faut garder à l'esprit que les processus de recuits simulés sont faits à l'échelle du dimère et que la perte de contact dans le dimère peut être compensée dans un assemblage natif ou bien par des contacts N-terminaux, ou bien par d'autres contacts entre sous-unités. Aussi, la boucle L57 est hautement variable d'une espèce à l'autre. Quelles que soient les limitations, le calcul suggère qu'une mutation à la position équivalente au R120 est capable d'induire une réduction des contacts inter- ou intra-sous-unités, non compensée par la formation d'autres contacts, et donc une déstabilisation de la structure entière. Le calcul est aussi cohérent avec les observations expérimentales qui sont que les conséquences les moins sévères sont vues pour la mutation K, les plus sévères étant observées pour la mutation G.

Pris ensemble, tous les résultats semblent indiquer une variabilité significative de l'environnement du résidu en position 120 de la protéine sauvage aux différents mutants, ou d'une cristalline à une autre.

Un fait remarquable est que les observations faites sur tous les mutants testés (R120K, R120C, R120D et R120G) montrent qu'ils ont tous des comportements différents aussi bien *in cellulo* qu'*in vitro* ou qu'*in silico*. Ces caractéristiques atypiques précisent l'importance spécifique du résidu R120 qui, localisé au cœur d'une région charnière, apparaît donc comme un résidu essentiel pour un repliement tridimensionnel correct et un comportement dynamique adapté à une activité anti-stress fonctionnelle.

COMPLÉMENT AUX ÉTUDES STRUCTURALES, SEC-MALS

Le tamis moléculaire (SEC) couplé à la diffusion de lumière (MALS) permet le calcul de masse molaire absolue de particules en solution, indépendamment de leur forme ou de leur taille, contrairement à la filtration sur gel seule, et sans les détériorer. Les αN, l'αA bovines, l'αB humaine ainsi que les mutants R120K, R120G et R120D de l'αB ont été analysés par cette méthode. La colonne utilisée pour la partie « SEC » est la plus résolutive pour des molécules de hautes masses moléculaires comme les α-cristallines. En gel de silice, elle est inerte vis-à-vis des α-cristallines. Malheureusement, elle n'a pu être utilisée pour les tests chaperon (mélanges d'α- et β- ou γ-cristallines) car nous avons observé qu'elle interagissait avec les β- et γ-cristallines. Une colonne de type Superose 6 en gel d'agarose serait plus adaptée pour faire ces analyses. L'intérêt de cette technique est qu'on va pouvoir suivre avec précision les transitions des α-cristallines dues à la température *via* les variations de la masse molaire, puisque ces transitions sont irréversibles, et faire la différence entre transitions et agrégations (précipitations). Les échantillons sont pré-incubés à différentes températures pour différents temps (principalement une heure) juste avant d'être injecter sur la colonne de chromatographie. L'analyse des β- et γ-cristallines seules est inutile, puisqu'elles forment des assemblages de masses molaires bien définies et sont très stables jusqu'à 60 et 66°C, températures aux dessus desquelles elles précipitent.

Pendant l'expérience, on suit les profils d'élution (des intensités diffusées et de l'indice de réfraction) des différentes sHsps étudiées. On considère : le volume d'élution, la forme (symétrique ou non) et l'étalement (~ polydispersité) du pic principal, la présence d'agrégats solubles dans le volume mort (autour de 6 mL) et de populations éluées plus tardivement comme des produits de protéolyse. Un pic symétrique est le signe d'une population très homogène ; c'est rarement le cas avec les α-cristallines. On calcule ensuite la masse molaire (en g.mol^{-1}) moyenne et maximale (au plus haut point du pic) correspondant au pic et le nombre de sous-unités correspondant à partir des masses molaires obtenues. Quand il y a agrégation les mesures de masses molaires varient très rapidement sur une zone donnée pour atteindre des valeurs supérieures ou égales à 3.10^{6}

g.mol^{-1}. En général, les agrégats solubles se retrouvent dans le volume mort, mais il arrive que certains soient élués plus tôt comme c'est le cas pour le mutant R120K (figure 65 A, cf. page 180).

I. Analyse des α-cristallines sauvages bovines et humaines.

À 4°C (température de conservation) comme à température ambiante, les αN, αB, αA ont des masses moléculaires moyennes respectives de 840, 650 et 630 kDa environ (tableau 12, cf. page 183, et figure 62 A, B et C).

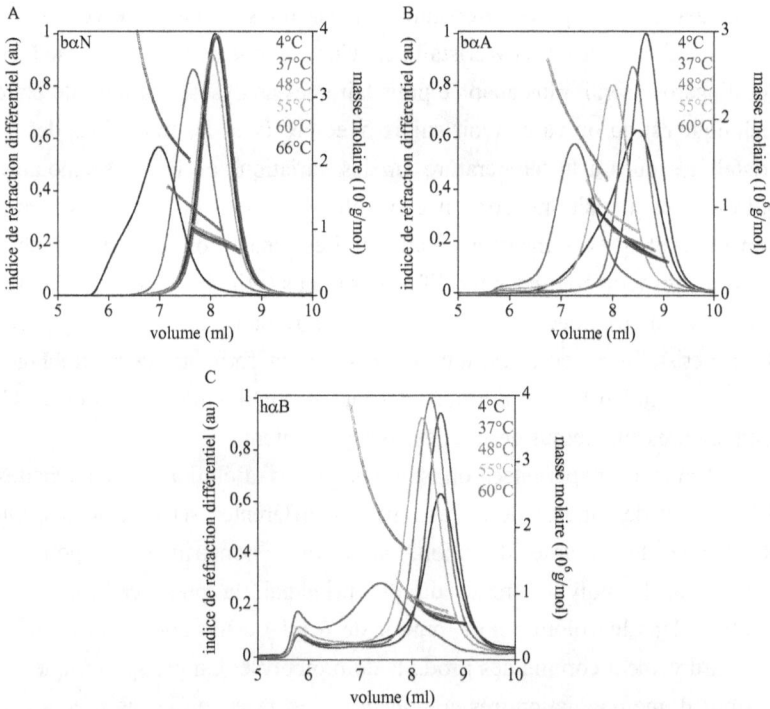

Figure 62. *Évolution des masses molaires des α-cristallines en fonction de la température. Dans ces expériences de SEC-MALS, on suit les profils d'élution des indices de réfraction différentiel de **A**, les αN bovines ; **B**, l'αA bovine et **C**, l'αB humaine, ainsi que les masses molaires correspondantes. Chaque échantillon est incubé une heure à une*

176

température choisie (bleu : 4°C, violet : 37°C, vert : 48°C, orange : 55°C, rouge : 60°C et marron : 66°C) avant injection sur chromatographie (filtration sur gel).

De 4 à 48°C inclus, les αN changent peu de masse moléculaire moyenne (de 838 à 791 kDa ; figure 62 A). Celle-ci augmente légèrement à 55°C (908 kDa), puis franchement à 60°C (1309 kDa). Enfin à 66°C, en plus d'une masse moléculaire moyenne plus grande, un épaulement apparaît à gauche du pic principal, ce qui indique la présence d'au moins deux populations oligimériques différentes préférentielles. L'αA à 4°C (figure 62 B), présente un pic très étalé qui se resserre vers les petites masses moléculaires à 37°C. Elle passe de trente-deux à vingt-quatre sous-unités. Puis la masse molaire moyenne ainsi que la polydispersité augmentent avec la température d'incubation, jusqu'à quarante-sept sous-unités à 55°C. L'αB demeure quasiment identique entre 4 et 37°C (646 et 623 kDa, figure 62 C), puis sa masse moléculaire moyenne augmente progressivement jusqu'à 55°C (886 kDa). À 60°C, le pic est moins élevé, on a perdu du matériel précipité et (ou) resté sur le filtre et la masse moléculaire du matériel restant a fortement augmenté (2379 kDa).

De 4 à 48°C inclus, les masses molaires moyennes des α-cristallines suivent cet ordre : αN > αB > αA avec pour lαA un une diminution prononcée de la polydispersité à 37°C. Après une heure à 55°C, les masses molaires des α-cristallines sont équivalentes pour les αN, l'αA et l'αB et les pics s'élargissent. Après une heure à 60°C, les masses molaires des α-cristallines suivent cet ordre : αB > αA > αN et les agrégats dans le volume mort ne cessent d'augmenter pour l'αB. Après une heure à 66°C, seules les αN sont analysées, les αB et αA sont précipitées (perdu à l'étape de filtration). On passe de quarante-deux sous-unités à 37°C, à 66 à 60°C pour les αN, de vingt-quatre à quatre-vingt-seize pour l'αA et de trente à cent-dix-huit pour l'αB, indiquant la présence d'agrégats solubles.

Il faut d'abord noter que toutes ces transitions sont irréversibles. Les αN demeurent l'assemblage le plus stable et le plus résistant vis-à-vis de la température. L'αB est moins stable que l'αA et les αN et elle grossit plus rapidement avec la température d'incubation (48°C). Les pics sont asymétriques, étirés vers les hautes masses molaires, à 55 et 60°C et les

177

masses molaires moyennes sont différentes des masses molaires maximales, ce qui indique une augmentation de la polydispersité vers les hautes masses molaires, quand la température d'incubation augmente.

Pour savoir en combien de temps les αN atteignent un état oligomérique stable à 60°C, elles sont pré-incubées à différents temps (0, 15, 30, 45 et 60 minutes, figure 63) à cette température. Les résultats sont les suivants : ~ 840 kDa sans incubation, ~ 1170 kDa après quinze minutes, ~ 1230 kDa après trente minutes, ~ 1280 kDa après quarante-cinq minutes et ~ 1300 kDa après une heure. En quinze minutes, les αN ont déjà bien évolué. Toutefois au-delà de trente minutes d'incubation les valeurs de masse moléculaire moyenne restent très proches tout en augmentant très légèrement. C'est visiblement pendant le premier quart d'heure qu'il se passe l'essentiel de la transition. Cette simple expérience complète les données obtenues par DLS et nous donne en plus l'évolution de la masse moléculaire.

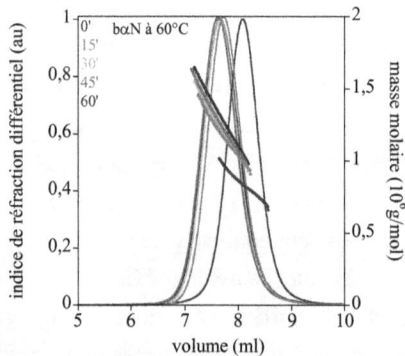

Figure 63. *Évolution des masses molaires des αN bovines en fonction de la température. Dans ces expériences de SEC-MALS, on suit les profils d'élution des indices de réfraction différentiel des αN, ainsi que les masses molaires correspondantes. Chaque échantillon est incubé à 60°C pendant un temps choisi (bleu : 0 minute, rose : 15 minutes, orange : 30 minutes, rouge : 45 minutes, marron : une heure), avant injection sur chromatographie (filtration sur gel).*

On a fait aussi la comparaison de deux préparations d'αA (figure 64) : une humaine et l'autre bovine à température ambiante. Les résultats montrent que l'αA humaine est plus petite (~ 460 kDa) que la protéine bovine (~ 630 kDa) et moins polydisperse (étalement du pic moins important). Par contre elle a la même masse que l'αA bovine à 37°C (~480 kDa).

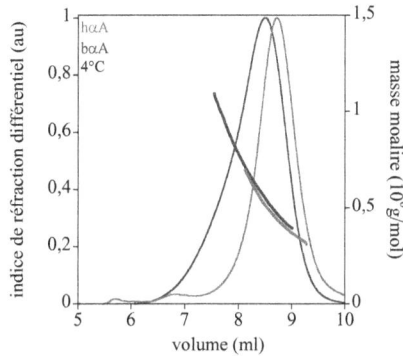

Figure 64. *Superposition des profils d'élution de l'αA humaine (en rouge) et bovine (en bleu) à 4°C. L'αA humaine est éluée plus tardivement que la protéine bovine, leurs masses molaires moyennes respectives sont 460 et 630.10³ g.mol⁻¹.*

II. Analyse des mutants de l'αB-cristalline humaine.

De la même façon, une analyse des mutants R120X (X = G, K, D) de l'αB a été faite, (figure 65 A, B et C). L'étude de ces mutants par SEC-MALS est plus compliquée du fait de la moindre quantité de matériel obtenu, de la moindre stabilité des mutants dans le temps et de la plus grande variation des masses molaires d'une préparation à l'autre (figure 56, cf. page 151). Le mutant R120K est incubé à toutes les températures comme l'αB (figure 65 A). Il est deux fois plus gros que la protéine sauvage à 4°C. Après une diminution légère à 37°C (qui reflète vraisemblablement une diminution de la polydispersité), sa masse molaire moyenne ré-augmente à 48°C et le pic s'élargit surtout à 55°C. Après l'incubation à 60°C, on voit un grand décalage vers les hautes masses molaires et l'apparition d'agrégats dans le volume mort. Là encore, les transitions sont irréversibles.

Le mutant R120K est aussi plus hétérogène que la protéine sauvage, mais présente toutefois toujours un pic majoritaire.

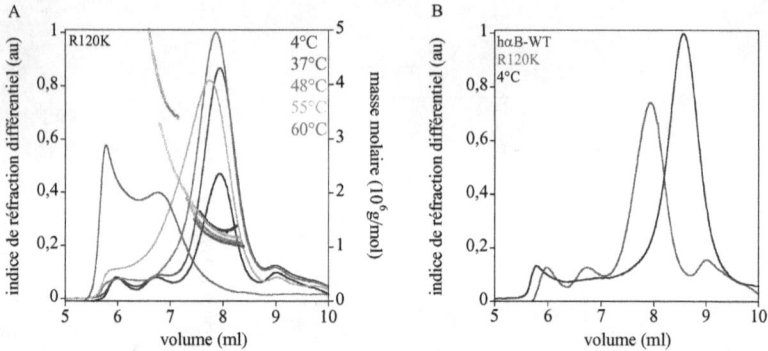

Figure 65. A, *Évolution des masses molaires du mutant R120K de l'αB humaine en fonction de la température. Dans ces expériences de SEC-MALS, on suit les profils d'élution des indices de réfraction différentiel, ainsi que les masses molaires correspondantes. Chaque échantillon est incubé une heure à une température choisie (bleu : 4°C, violet : 37°C, vert : 48°C, jaune : 55°C et rouge : 60°C) avant injection sur chromatographie (filtration sur gel).* ***B,*** *Superposition des profils d'élution de l'αB (en bleu) et du mutant R120K (en rouge) à 4°C.*

Les mutants R120G et R120D n'ont pas pu être étudiés convenablement par manque de matériel soluble. Les profils d'élution qui ont été obtenus montrent toutefois que ces deux mutants forment des populations très hétérogènes (données non montrées).

III. SEC-MALS : conclusion.

Cette technique, arrivée au laboratoire tardivement, nous a fourni un complément utile aux données de DLS et de SAXS, en particulier pour l'étude des transitions en température des différentes sHsps testées.

Les α-cristallines présentent des transitions irréversibles en température et ceci quelle que soit la température. Il n'y a pas de température critique au-dessous de laquelle les transitions soient réversibles. Nous avons montré que, de 4 à 37°C, il y a une diminution de la polydispersité, voire de la masse molaire. Ceci s'explique sans doute par l'augmentation des échanges de sous-unités qui sont quasi nuls de 4 à 25°C environ. De 37 à 55°C, plus la température de pré-incubation est élevée plus le nombre de sous-unités moyen et la polydispersité/dispersion des sHsps testées augmentent (figure 66 et tableau 12, cf. page 183). Après une heure à 55°C ou 60°C, on commence à perdre du matériel biologique (aire sous la courbe plus faible). La reproductibilité a été vérifiée pour l'αA, l'αB et les αN.

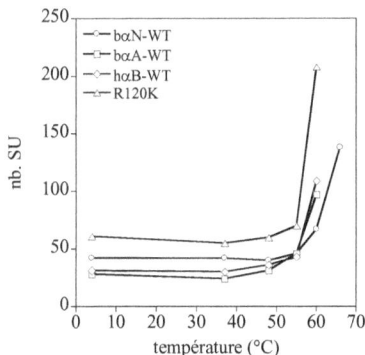

Figure 66. *Nombre de sous-unités calculé en fonction de la température pour chaque type de sHsp. Le nombre de sous-unité, nb. SU, est calculé pour les αN avec 19,8518 kDa par sous-unité en considérant le ratio (αA:αB) égal à (3:1) ; pour l'αA avec 19,7901 kDa ; pour l'αB avec 20,1589 kDa et pour le mutant R120K avec 20,1309 kDa.*

Nous avons essayé d'utiliser le MALS pour mettre en évidence l'échange de sous-unités entre l'αA et l'αB ou entre les αN et l'αB. Mais les différences de volume d'élution et de masses molaires des particules de départ ne sont pas suffisantes pour détecter des particules néoformées.

Il faut noter que les valeurs de masses molaires que nous obtenons sont 5 à 10 % supérieures aux valeurs trouvées par d'autres équipes travaillant sur le sujet. Cette différence vient sans doute des différents modes d'obtention des sHsps (pH et force ionique du tampon), des conditions de conservation (congélation ou non) et du nombre d'étapes utilisées dans la purification.

Tableau 12. Résumé des expériences de SEC-MALS.

Température		4°C	Ve	37°C	Ve	48°C	Ve	55°C	Ve	60°C	Ve	66°C	Ve
bαN	M[a]	838 [659-1008]		828 [676-980]		791 [639-942]		908 [741-1079]		1309 [977-1640]		2781/5143 [2022-3994]	
	nb. SU[c]	42 [33-51]		42 [34-49]		40 [32-47]		46 [37-54]		66 [49-83]		140/259 [102-201]	
	Mp[b]	838	8,10	830	8,08	795	8,06	912	8,00	1323	7,61	2739/4067	6,89
	nb. SU	42		42		40		46		67		138/205	
bαA	M	628 [383-1078]		475 [372-608]		617 [507-737]		934 [709-1298]		1908 [1304-2670]			
	nb. SU	32 [19-54]		24 [19-31]		31 [26-37]		47 [36-66]		96 [66-135]			
	Mp	553	8,39	470	8,61	619	8,38	915	7,96	1917	7,20		
	nb. SU	28		24		31		46		97			
hαB	M	646 [528-935]		623 [554-822]		734 [620-943]		886 [713-1217]		2379 [1672-3827]			
	nb. SU	32 [26-46]		31 [27-41]		36 [31-47]		44 [35-60]		118 [83-190]			
	Mp	617	8,57	606	8,57	725	8,57	864	8,37	2195	8,21		7,40
	nb. SU	31		30		36		43		109			
R120K	M	1307 [1268-1648]		1151 [1003-1504]		1275 [1044-1872]		1694 [1162-3248]		4257 [3365-5368]			
	nb. SU	65 [63-82]		57 [50-75]		63 [52-93]		84 [58-161]		211 [167-267]			
	Mp	1235	7,94	1115	7,94	1205	7,87	1414	7,75	4182	6,77		
	nb. SU	61		55		60		70		208			

[a]M : masse molaire ou masse moléculaire moyenne (10^3 g.mol^{-1} ou kDa) ; [b]Mp : masse molaire correspondant au point le plus haut du pic d'élution, les deux valeurs de masse molaire ne coïncident pas toujours.
[c]nb. SU : nombre de sous-unités calculé avec 19,8518 kDa par sous-unité pour les bαN dans un ratio (αA:αB) égal à (3:1) ; 19,7901 kDa pour bαA ; 20,1589 kDa pour hαB et 20,1309 kDa pour R120K et [d]Ve : le volume d'élution en mL.
Chaque échantillon est incubé une heure à une température choisie, puis filtré sur 0,2 µm et centrifugé dix minutes à 13000 rpm à 4°C avant d'être injecté sur une colonne de filtration sur gel, Shodex KW804. La concentration en protéine avant injection est de 1 mg.mL^{-1} environ. Entre crochets sont indiquées les bornes en masse molaire et en nombre de sous-unités qui délimitent chaque pic d'élution.

ASPECT DYNAMIQUE DES SHSPS, L'ÉCHANGES DE SOUS-UNITÉS

La propriété dynamique des sHsps est connue depuis longtemps. On entend par dynamique l'échange de sous-unités. Cet échange est incessant, c'est-à-dire qu'il se produit aussi bien en conditions physiologiques normales qu'en conditions pathologiques ou stressantes. Plusieurs modèles ou hypothèses ont été proposés : ou bien l'échange se fait par le contact direct entre deux assemblages de sHsps, ou bien des entités de base - dont on ne connaît pas le nombre de sous-unités les composant - passent de l'un à l'autre très rapidement, car aucune de ces entités de base n'a été identifiée libre en solution (figure 67). À l'heure actuelle, aucun de ces mécanismes n'a été confirmé par l'expérimentation. Cette propriété dynamique est d'autant plus intéressante qu'elle est très rarement rencontrée dans le monde des protéines globulaires et qu'elle semble fortement liée à la fonction des sHsps.

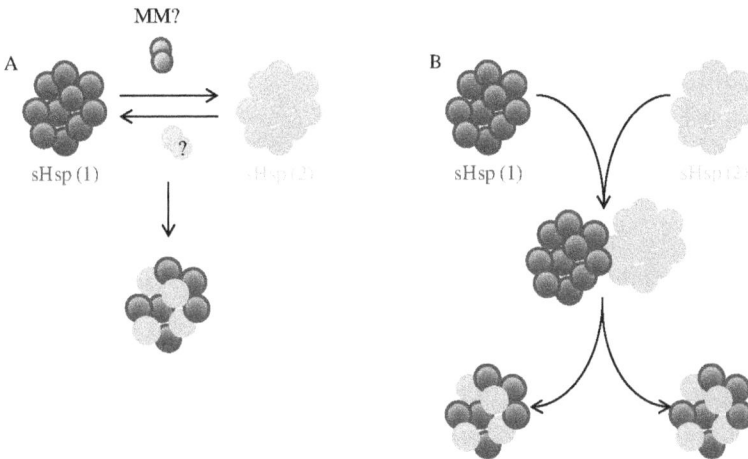

Figure 67. Quel pourrait-être le mécanisme d'échanges de sous-unités entre sHsps ? À ce jour aucune sous-unité libre en solution n'a été mise en évidence. Modèle A, les sHsps échangent des sous-unités par l'intermédiaire d'entités de base de masse moléculaire (MM) inconnue (monomère, dimère, tétramère ?), qui vont de l'une à l'autre des particules.

*Modèle **B**, deux assemblages de sHsps entrent en contact direct et par ce biais échangent des sous-unités.*

I. Comment mettre en évidence ces échanges ?

Beaucoup d'expériences ont été menées par différentes méthodes pour étudier les échanges de sous-unités protéiques en solution, leur but étant de mettre en évidence l'apparition d'une nouvelle entité à partir de deux populations différentes.

Par exemple, le FRET (fluorescence resonance energy transfer), montre le rapprochement, la proximité, de sous-unités issues de deux populations protéiques marquées différemment (Bova et al., 1997, 2000 et 2002 ; Putilina et al., 2003 ; Pasta et al., 2004 ; Liang et Liu, 2006 ; Sreelaskshmi et Sharma, 2006). C'est la technique la plus utilisée pour ce type d'analyse. Elle a l'avantage de ne consommer que très peu de matériel biologique, mais sa mise en œuvre nécessite de marquer les protéines, donc d'ajouter une manipulation supplémentaire et l'addition d'un marqueur peut ne pas être anodin pour l'intégrité de la protéine. Avec le FRET, on peut analyser n'importe quel couple de molécules pourvu qu'elles soient marquées différemment. Ce sont généralement les résidus cystéines qui portent le fluorochrome. Le marquage de l'αA est facile, car elle possède une cystéine, mais pour l'αB qui n'en n'a pas, la mise en œuvre du marquage est plus compliquée.

Pour une analyse des échanges sans ajout de marqueurs, l'électrofocalisation en gel d'agarose (ou gel IEF pour isoelectric focusing) est pratique (Van den Oetelaar et al., 1990 ; Sun et al., 1997 ; Burgio et al., 2000 et 2001). Cela permet une séparation des protéines selon leurs charges (pI) et met bien en évidence l'apparition d'une population de pI intermédiaire. Mais cette technique a des limites : i) l'échange n'est visualisable que pour des couples de protéines dont les pI sont suffisamment différents (αA et αB, mais pas αB et R120X) ; ii) il y a un manque de reproductibilité du fait de mailles de gel inadaptées à la taille de particules de haut poids moléculaires comme les α-cristallines mutantes ; iii) c'est une technique coûteuse.

La spectrométrie de masse a parfois été utilisée (Sobott et al., 2002 ; Aquilina et al., 2005). Mais cet outil nécessite un savoir-faire et des équipements particuliers, puisqu'il faut travailler en condition native.

Enfin, la filtration sur gel peut également être utilisée pour suivre l'apparition d'une population avec un volume d'élution, Ve, différent. Ceci est vrai à condition que les assemblages initiaux et néoformés aient des volumes d'élution suffisamment distincts. Ce n'est pas du tout envisageable dans le cas des α-cristallines qui sont toutes éluées dans un volume restreint à proximité du volume mort. De plus, il n'existe pas à ce jour de colonne suffisamment résolutive pour de tels oligomères.

Par ces approches différentes, il a été très clairement mis en évidence que la vitesse des échanges pouvait être contrôlée par la température. Les échanges de sous-unités augmentent avec la température (Putilina et al., 2003 ; Fu et Chang, 2004) et au-dessous de 30°C, ils restent marginaux.

Pour mettre en évidence les échanges de sous-unités au sein et entre différentes sHsps, j'ai développé un test fondé uniquement sur la différence de charge (pI) entre deux entités maintenues dans des conditions identiques (chapitre : Matériels et Méthodes, cf. page 108). Cette distinction se fait indépendamment de la masse ou de la taille des protéines, cela ne nécessite pas l'ajout d'additifs et peut-être réalisé rapidement après la purification des protéines. Il s'agit d'une chromatographie échangeuse d'anions par un gradient de sel (NaCl) dans un tampon d'élution (20 mM Tris à pH 6,8) où l'une des protéines est chargée négativement et l'autre est neutre. Les sHsps étudiées ayant des pI inférieurs à 6, excepté l'αB, le tampon d'élution choisi a un pH supérieur à 6, de façon à pouvoir tester les capacités d'échanges des αN ou de l'αA vis-à-vis de l'αB. Après injection, on suit les profils d'élution en fonction du gradient de sel. Ce qui est élué après un volume de colonne correspond aux protéines non retenues par la colonne, donc de charge nulle, comme l'αB, ou positive. Ce qui est élué après que le gradient de sel ait débuté, ce sont les protéines retenues, donc chargées négativement (l'αA, les αN et les entités néoformées : αA/αB, αN/αB). Avec ce test, on va suivre en fonction du temps de pré-incubation, à 37°C principalement, les nouvelles populations formées. Mais cette technique ne permet que l'analyse de couples de protéines dont les pI sont suffisamment différents comme en gel IEF (ΔpI $\geq$ 1). On va donc pouvoir comparer directement les échanges entre αA et αB et la capacité d'échange de l'αB et de ses mutants R120X vis-à vis de l'αN et non l'échange direct entre l'αB et ses mutants.

II. Les échanges de sous-unités entre les αA- et αB-cristallines humaines.

Nous faisons varier les quantités relatives en αA et αB dans différents mélanges (αA:αB ; 0:1 ; 1:0 ; 1:2 ; 1:1 ; 2:1 ; 3:1). Pour les premiers tests, le temps de pré-incubation à 37°C n'était que d'une heure. Dans ces conditions, aucune population intermédiaire n'est mise en évidence ; l'αB n'est pas retenue et l'αA est éluée vers 28,8 mL (soit 59,5 % NaCl). Une heure est une durée visiblement trop courte pour que des échanges de sous-unités entre αA et αB aient lieu à 37°C.

Chaque type de mélange a été alors pré-incubé une nuit à 37°C ou à 4°C ou à température ambiante (figure 68 A). Quelle que soit la température de pré-incubation, l'αA seule est éluée autour de 28,8 mL (soit 59,5 % NaCl) et l'αB seule n'est pas retenue (Ve ~ 1ml, soit 0 % NaCl). Tous les mélanges constitués d'αA et d'αB incubés à 37°C sont élués entre 1 et 28,8 mL (0-59,5 % NaCl). Ces mêmes mélanges, incubés à 4°C ou à température ambiante, ont des profils d'élution identiques à ceux superposés des protéines seules (deux pics : 1 et 28,8 mL).

Plus la proportion d'αA est importante plus le mélange, après une nuit à 37°C, est élué tardivement. Son volume d'élution tend vers 28,8 mL. Le rapport trois αA pour une αB se rapproche le plus du volume d'élution de l'αN bovine qui est de 26 mL environ (soit ~ 29 % NaCl).

La présence de l'une ou l'autre ou des deux protéines dans les différentes fractions récoltées est vérifiée par gel dénaturant (SDS-PAGE), (figure 68 B). L'intensité des bandes d'αA augmente avec la quantité d'αA dans le mélange.

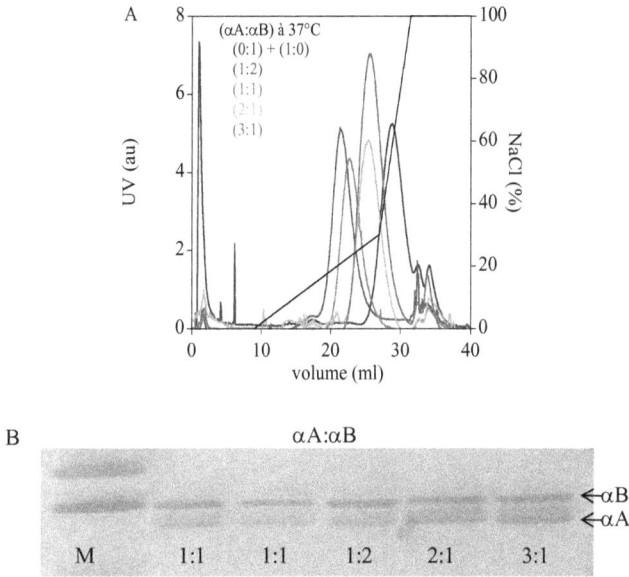

Figure 68. *Échanges de sous-unités entre l'αA et l'αB humaine. A, Chromatographie échangeuse d'anions réalisée pour différents ratios (αA:αB) : bleu (0:1) + (1:0), violet (1:2), rose (1:1), orange (2:1) et rouge (3:1). La concentration initiale des mélanges de cristallines est comprise entre 1 et 2 mg.mL^{-1}. Plus la proportion en αA est importante, plus le nouvel assemblage formé tend à être élué comme l'αA seule. B, Gel SDS-PAGE correspondant aux nouveaux assemblages formés avec les différents rapports (αA:αB). M pour marqueurs. On distingue sur le gel deux bandes correspondant à l'αA et à l'αB. Plus la proportion d'αA est importante, plus la bande correspondante est intense.*

III. Les échanges de sous-unités entre les αN-cristallines bovines et l'αB-cristalline humaine, sauvage et mutante.

Sur le même principe que précédemment et avec les mêmes vérifications, des mélanges constitués d'αN et d'αB sont étudiés. Ils sont incubés à différents temps - typiquement 1, 2, 3, 4, 5, 16 et 24 heures à 37°C, mais toujours dans un rapport (αN:αB) : (1:1), (figure 69 A). L'αB seule est toujours éluée en premier, après un volume de colonne, et c'est l'αN seule qui est retenue (dans cette série d'expériences, Ve ~ 29 mL ou

189

29,2 % NaCl) quel que soit la température d'incubation (4, 20 ou 37°C). La quantité d'αB non retenue et celle d'αN retenue diminuent quand le temps de pré-incubation augmente, au profit d'une nouvelle espèce dont le volume d'élution est d'environ 25 mL (soit 20 % NaCl) à l'état final. On obtient une « cinétique » qui montre qu'un équilibre est atteint après cinq heures à 37°C, quand les profils d'élution n'évoluent plus avec le temps de pré-incubation. Quand la même expérience est réalisée en pré-incubant les mélanges à 40°C, l'équilibre est atteint en une heure, (figure 70 A et B).

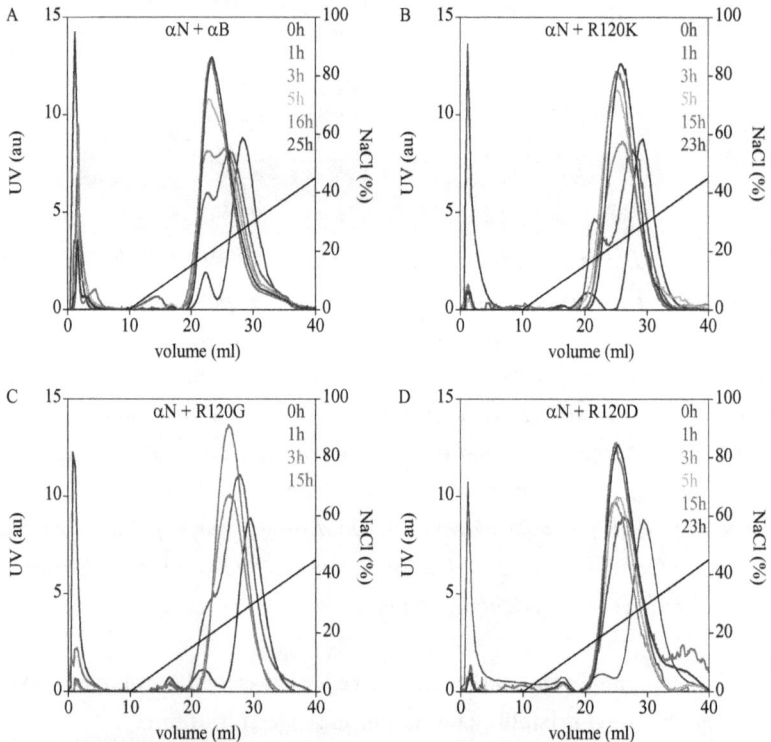

Figure 69. *Échanges de sous-unités entre les αN bovines et l'αB humaine et ses mutants R120X (X = K, G, D). La concentration initiale des mélanges de cristallines est de 2 mg.mL⁻¹ environ. Chromatographie échangeuse d'anions réalisée pour un ratio (1:1) : A, (αN:αB) ; B, (αN:R120K) ; C, (αN:R120G) et D, (αN:R120D), à différents temps de pré-*

incubation à 37°C. En bleu 0 h (pas d'incubation à 37°C), violet 1 h, rose 3 h, orange 5 h, rouge 15-16 h et marron 23-25 h.

De la même façon, les mutants R120K, R120G et R120D de l'αB sont mélangés à des αN et incubés pour différents temps à 37°C, (figure 69 B à D). Les mutants seuls ayant le même pI que la protéine sauvage, sont élués après un volume de colonne, quels que soient le temps et la température de pré-incubation. Les échanges sont plus rapides pour les mutants que pour l'αB, puisqu'après une heure de pré-incubation à 37°C, les profils d'élution des mélanges d'αN avec R120G et R120D n'évoluent plus. Pour les mélanges avec le mutant R120K, l'équilibre est atteint après trois heures de pré-incubation. Une expérience d'échange supplémentaire a été réalisée avec rapport (αN:R120D) égal à (1:2) (données non montrées). La population néo-formée est éluée plus tôt que le mélange (1:1), puisqu'il y a plus de R120D, mais l'équilibre est atteint aussi rapidement, après une heure à 37°C.

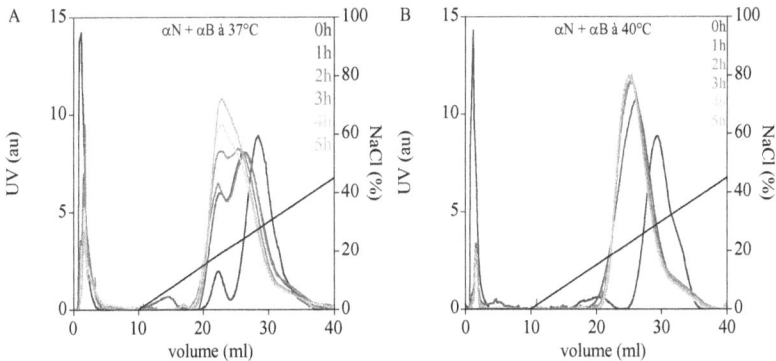

Figure 70. *Échanges de sous-unités entre les αN bovines et l'αB humaine. La concentration initiale des mélanges de cristallines est de 2 mg.mL⁻¹ environ. Chromatographie échangeuse d'anions réalisée pour un ratio (αN:αB) égal à (1:1), à différents température de pré-incubation : **A**, 37°C et **B**, 40°C. En bleu 0 h (pas d'incubation à 37°C), violet 1 h, mauve 2 h, rose 3 h, jaune 4 h et orange 5 h.*

IV. Aspect dynamique : conclusion.

Nous avons réussi à mettre en évidence les échanges de sous-unités entre deux sHsps (αA + αB, αN + αB et αN + R120X) en utilisant une nouvelle méthode. Nous avons pu ainsi détecter de nouvelles populations, dont l'état de charge est intermédiaire à celui des deux protéines les constituant (αB ou R120X + αA ou αN). Nous avons également pu observer et différencier des états « intermédiaires » et des états « d'équilibre » finaux, car la chromatographie est faite à une température où les échanges sont marginaux - à température ambiante les sous-unités ne s'échangent pas. Nous pouvons donc évaluer de manière indirecte les vitesses d'échanges entre les deux partenaires. Grâce à cela, nous pouvons comparer directement les capacités d'échanges de l'αA et des αN pour une même sHsp (l'αB), mais aussi les capacités d'échanges des αN vis-à-vis d'une sHsp normale (l'αB) et d'une mutée (R120X).

Les mélanges d'αA et d'αB humaines dans un ratio (3:1) montrent que la charge de la population néoformée après une nuit à 37°C, est proche de celle formée par les αN bovines. Il est alors logique de penser que les αN bovines sont bien constituées d'un mélange d'au moins trois αA pour une αB. Or ce rapport est de plus en plus discuté dans les publications, il serait dépendant de l'âge, de l'espèce, etc. de l'organisme dont les protéines sont issues. Pour nos expériences, nous utilisons des protéines provenant de veaux âgés de quatre mois.

Il apparaît que les αN et l'αA ne sont pas équivalentes vis-à-vis de l'αB. En effet, les états d'équilibre sont atteints plus rapidement avec les αN qu'avec l'αA. Deux hypothèses peuvent expliquer cela : soit l'αA est moins « dynamique » que les αN, soit c'est la différence de spéciation entre l'αA et les αN qui entre en jeu. Dans le premier cas les αN échangent des sous-unités avec l'αB plus rapidement que l'αA, parce que ce sont des protéines « physiologiques », donc optimisées, au contraire de l'αA que l'on ne retrouve jamais seule *in vivo*. Ceci peut s'expliquer si l'on prend en compte que les αN, mélanges d'αA et d'αB, qui correspondent à la forme naturellement retrouvée dans les yeux, ont une structure plus labile et des facultés d'association plus variées qu'un assemblage formé d'αA seule. De plus, nous savons que les αN ont un comportement autre que ceux de l'αA ou de l'αB seules. Dans le second cas, les αN bovines ne reconnaissent pas l'αB humaine de la même façon que l'αA. L'αB apparaît alors non pas comme un partenaire normal, mais comme une protéine « à chaperonner » et l'échange de sous-unité en serait accéléré. Cette seconde hypothèse semble peu probable étant donné que les αB humaine et bovine partagent 97,7 % d'identité.

Les résultats concernant les mutants sont surprenants. Nous pensions que les mutants, qui forment des complexes plus gros que l'αB, échangeaient des sous-unités beaucoup moins vite que la protéine sauvage, or lors des mélanges avec les αN, nous avons vu que les états d'équilibre sont atteints plus tôt. De plus, ils ne donnent pas des résultats identiques entre eux. Les vitesses d'échanges suivent cet ordre : αB < R120K < R120G = R120D. Ce n'est donc pas un défaut d'échange de sous-unités qui est à l'origine du comportement agrégatif des mutants R120X, mais plutôt une accélération de celui-ci. Là encore nous avons testé la capacité d'échange des mutants R120X humains, vis-à-vis d'une protéine provenant d'une autre espèce (les αN bovines). La question qui se pose est de savoir comment sont perçus les mutants par les αN et pourquoi elles s'associent aux R120X ? Par simple échange ou par effet chaperon ?

La mutation en position 120 de l'αB conduit à des changements d'organisation structurale résultant d'une plus grande flexibilité (tout du moins au niveau de la sous-structure dimérique ; figure 61 B, cf. page 165) et donc de perturbations des surfaces d'interaction. Ces résultats *in silico* suggèrent que l'échange de monomères peut être facilité comparer à l'échange de dimères augmentant ainsi l'ensemble de capacité d'échange de sous-unités comme observé dans nos expériences. Ces résultats rappellent l'échange croissant de sous-unité observé pour les mutants mimant la phosphorylation de l'αB (Ahmad et al., 2008). Nos expériences tendent à montrer que plus l'un des deux partenaires est labile (ou peut adopter de multiples conformations d'assemblages), plus l'échange de sous-unités sera rapide. En effet, les assemblages formés par les αN permettent trois types de jeux de contacts ou d'interfaces, entre les sous-unités (αA/αA, αB/αB et αA/αB), au contraire de l'αA et de l'αB seules qui forment des assemblages avec un seul type d'interface entre sous-unités (αA/αA et αB/αB). Les αN ont donc plus de degrés de liberté dans l'élaboration de complexes protéiques que l'αA et l'αB qui sont plus contraintes. Il en va de même pour les mutants R120X qui ont plus de jeux de contacts possibles entre sous-unités que l'αB, du fait de leur structure désorganisée par la mutation, notamment par la flexibilité plus importante de la boucle L5-7 (entre les brins β5 et β7 ; cf. les alignements multiples de séquences des sHsps ; figures 7 et 61 A, cf. pages 22 et 164). Ce gain de jeux de contacts peut donc être associé à une capacité d'échange plus importante.

Pour mieux comprendre les mécanismes intervenant et contrôlant les échanges de sous-unités, il serait intéressant d'analyser les propriétés physicochimiques des assemblages néoformés. Par exemple, en suivant l'évolution de la masse molaire ou de la taille de ces assemblages néoformés en fonction de la température. Ceci sera certainement possible par des expériences de MALS ou de DLS, à condition de disposer de suffisamment de matériel biologique. Alors, peut-être pourrons nous répondre à ces questions : est-ce que l'αA et l'αB peuvent former des assemblages de même « nature » (masse moléculaire, taille) que les αN natives ? Les caractéristiques des nouvelles entités formées sont-elles comparables aux complexes natifs ? Est-ce que les couples αN/R120X peuvent former des complexes plus petits que ceux formés par les mutants seuls ? Peut-on influencer le comportement d'une sHsp mutée en lui ajoutant une sHsp saine ? Au vu de nos résultats, les échanges apparaissent comme extrêmement sensibles à leur environnement ; s'ils ne sont pas contrôlables, ils sont du moins orientables par la durée et la température d'incubation auxquelles sont faits les mélanges. Les accélérations de la capacité d'échange des mutants R120X sont en accord avec les observations, qui dans des conditions environnementales proches de celles prévalant *in vivo*, montrent que les particules mutées peuvent être au moins partiellement sauvées par les sHsps voisines, soit constitutivement ou inductiblement exprimées (Ito et al., 2003). Ces propriétés exceptionnelles précisent une fois de plus l'importance spécifique du résidu R120 qui, localisé au cœur de la région de liaison au cibles, apparaît de plus comme un point essentiel pour un repliement tridimensionnel correct, un comportement dynamique adapté et donc à une activité anti-stress fonctionnelle.

Un dernier aspect reste sans réponse : comment se font les échanges ? Par contact direct ou par échange de sous-unités (ou entité de base) libres en solution, (figure 67) ? À l'heure actuelle, la mise en œuvre d'expériences pour déterminer cela n'est pas évidente ; comment faire pour piéger ces sous-unités en solution, que l'on ne parvient même pas à mettre en évidence ? Les interactions répulsives, qui existent entre les α-cristallines à pH physiologique, peuvent laisser penser que les échanges se font plutôt *via* ces entités libres en solution. Mais il s'agit d'interactions globales, donc rien n'empêche que certaines zones s'attirent pour permettre les contacts entre deux complexes d'α-cristallines.

UNE FONCTION ANTI-STRESS.

I. Présentation.

1. L'activité de type chaperon.

La famille des sHsps est un groupe de protéines ubiquitaires dont on retrouve au moins un membre dans tous les tissus, toutes les cellules d'un organisme. La fonction commune aux sHsps est l'activité dite « de type chaperon » (Horwitz, 1992 et 1998 ; Basha et al., 2004 ; Shashidharamurthy et al., 2005).

Un test rapide d'activité consiste à dénaturer une solution de protéines cibles. La solution se trouble, puis très vite un précipité apparait. En revanche si, dans les mêmes conditions, les protéines cibles sont dénaturées en présence de sHsp, la solution protéique peut s'opacifier, mais aucun précipité ne se forme. Ceci met en évidence, à l'échelle macroscopique, l'activité de type chaperon qui caractérise les sHsps. Au niveau moléculaire, l'aptitude à empêcher la formation d'agrégats insolubles nuisibles aux cellules provient de leur grande solubilité et de leur capacité à interagir avec leur cible en cours de dénaturation pour former des complexes solubles réutilisables par la machinerie cellulaire. Pour mener à bien cela, leur capacité à échanger des sous-unités semble essentielle (figure 71).

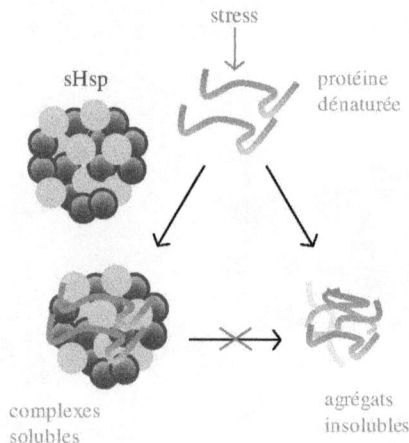

Figure 71. La fonction anti-stress des sHsps protège les cellules contre toutes sortes d'agressions. Elle se manifeste à travers l'activité de type chaperon, qui permet aux sHsps d'interagir avec des protéines cibles au cours de leur dénaturation, pour empêcher la formation d'agrégats insolubles nuisibles aux cellules et former des complexes solubles réutilisable par la machinerie cellulaire. Les échanges de sous-unités et les transitions conformationnelles participent au bon fonctionnement de cette activité.

2. Quel type de protéines cibles ?

Chaque sHsp possède son propre pool de protéines cibles, du reste peu spécifique et le pool de l'une peut recouvrir le pool de l'autre. Nous nous sommes intéressés à deux types de cibles : les cibles « modèles » d'une part, souvent employées pour leur facilité d'obtention et (ou) de dénaturation, et, d'autre part, les cibles physiologiques connues telles que les β- et γ-cristallines pour les α-cristallines (Wang et Spector, 1994 ; Boyle et Takemoto, 1994 ; Putilina et al., 2003). Parmi les cibles « modèles », on retrouve très souvent l'insuline (Van de Klundert et al., 1998 ; Haslbeck et al., 1999 ; Datta et Rao, 1999 ; Reddy et al., 2002 ; Pasta et al., 2004 ; Bhattacharyya et al., 2006 ; Li et al., 2007 ; Qiu et Macrae, 2008) et l'α-lactalbumine (Rajarman et al., 1998 ; Lindner et al., 1997 et 2001 ; Carver et al., 2002 ; Treweek et al., 2005 ; Ecroyd et al., 2007 ; Benesch et al., 2008), qui sont dénaturées par ajout d'un agent réducteur comme le DTT, la citrate synthase (Basha et al., 2006 ; Sugino et al., 2008) et l'alcool déshydrogénase dont la dénaturation est induite par la température (Panasenko et al., 2002). Ces deux types de cibles ont été employés dans deux contextes différents. Les cibles « modèles » sont utilisées pour la comparaison des activités d'une sHsp et de ses mutants, alors que dans le cas des cibles physiologiques, on compare la prise en charge de différentes cibles par une même sHsp.

3. Comment étudier cette fonction ?

La technique couramment utilisée pour mettre en évidence cette prise en charge des cibles par les sHsps est la spectrophotométrie UV-visible. Cette dernière suit les variations de la densité optique (ou DO équivalente à

197

l'absorbance), ce qui rend compte indirectement des évènements subis par les molécules analysées. Lors d'une expérience de dénaturation la DO augmente quand les protéines étudiées s'agrègent. Si la DO diminue par la suite, cela indique une perte de matériel, donc une précipitation des agrégats formés.

Nous avons développé un test d'activité qui indique les modifications de structure quaternaires subies par des protéines cibles en présence ou en absence de sHsp et qui utilise la DLS. On s'intéresse à l'évolution des intensités diffusées qui reflète les variations de masse molaire des molécules analysées. L'intensité diffusée reste stable tant que les protéines cibles sont stables. Comme elle est proportionnelle à la masse molaire des particules diffusantes, elle augmente lorsque l'état d'oligomérisation des protéines présentes (cible +/− sHsp) augmente et lors de l'apparition d'agrégats en suspension de grande taille ($R_h \gg 100$ nm), et elle diminue lorsque que l'état d'oligomérisation des protéines devient plus petit ou quand il y a perte de matière, donc précipitation. Le suivi des R_h permet d'observer la taille des complexes formés (assemblages de protéines cibles ou complexes avec sHsp) et l'apparition d'agrégats de grande taille. Il est particulièrement intéressant dans le cas des γ-cristallines. En effet, les γ-cristallines sont suffisamment différentes en taille des αN pour que les R_h de chaque espèce présente soient résolus par DLS. Pour la CS et les β-cristallines, les R_h suivis correspondent à des R_h moyens entre cible et sHsp avec une polydispersité étendue.

Il existe plusieurs différences entre la spectrophotométrie UV-visible et la DLS. Premièrement, la DLS mesure directement l'intensité diffusée par des molécules en solution, alors que la spectrophotométrie mesure l'absorbance (par l'intermédiaire de l'intensité transmise). Une deuxième différence repose sur la grande sensibilité de la DLS pour les objets de grande taille, comme les agrégats en suspension qui sont détectables bien plus tôt qu'en spectrophotométrie. Par contre, cette sensibilité de la DLS est limitée par la capacité plus faible du détecteur à recevoir un nombre important de photons. Enfin, la DLS informe sur la présence de plusieurs espèces dans une même solution et sur leur rapport relatif les unes aux autres.

II. La protection de cibles modèles.

Nous avons évalué l'activité de type chaperon de l'αB et de ses mutants R120X *in vitro* vis-à-vis de deux protéines cibles : la citrate synthase, CS, et l'alcool déshydrogénase, ADH. Cette étude de la protection de cibles modèles par des sHsps a fait l'objet d'un des thèmes de la publication intitulée : « Residue R120 is essential for the quaternary structure and functional integrity of human alphaB-crystallin », par Simon S., Michiel M., Skouri-Panet F., Lechaire J.P., Vicart P. et Tardieu A., (Biochemistry, 2007, 46(33):9605-14). Les expériences menées avec l'ADH ont été réalisées par S. Simon.

1. La CS vis-à-vis de l'αB-cristalline humaine et de ses mutants en position 120.

a. Qu'est-ce que la CS ?

La CS de cœur de porc (Sigma) est la protéine choisie pour cette étude de l'activité chaperon, car sa dénaturation est simple à mettre en place. Elle ne nécessite qu'une élévation de la température (à partir de 43°C) et aucun ajout d'additif, contrairement à d'autres cibles couramment employées. À l'état natif, elle forme un homodimère de 100 kDa environ (figure 72 ; codes PDB : 1cts, 2cts, 4cts ; Remington et al., 1982 ; Wiegand et al., 1984 ; numéro d'accès Swiss Prot : P00889). La CS est la première des huit enzymes du cycle de Krebs (glycolyse). Elle est localisée dans la matrice mitochondriale et elle utilise deux substrats. L'un de ces substrats est l'acétyl-coenzyme A, acétyl-Co-A, l'autre est l'oxaloacétate, OXA. Le produit final est le citrate. La réaction catalysée par la CS est la suivante :

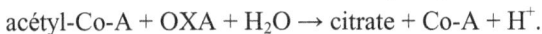

acétyl-Co-A + OXA + $H_2O \rightarrow$ citrate + Co-A + H^+.

Cette réaction est très exergonique, spontanée, ce qui lui permet de se produire facilement même lorsque la concentration d'oxaloacétate est basse dans la mitochondrie. Mais en conséquence, la réaction est irréversible.

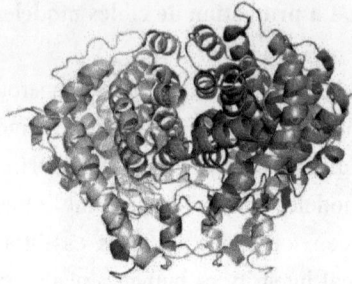

Figure 72. *Dimère de CS de cœur de porc. Structure 3D résolue par diffraction des rayons X, code PDB : 4cts, numéro d'accès Swiss Prot : P00889. Chaque sous-unité est définie par une couleur, bleu clair et bleu foncé.*

b. La dénaturation de la CS : le choix de la température.

Le modèle de dénaturation admis pour la CS s'opère en deux étapes par passage du dimère au monomère avant la formation d'agrégats (Grallert et al., 1998 ; Rajaraman et al., 2001). De plus, elle n'est plus stable à partir de 43°C. En DLS, la CS a un R_h autour de 4,0 nm et une polydispersité inférieure à 20 %. Lorsqu'on la chauffe à 43°C, l'intensité diffusée n'augmente que lentement et l'analyse des R_h montre la présence d'une petite proportion (< 1 %) d'agrégats en suspension (figure 73 A et B). Nous avons donc cherché qu'elle est la température, sur une durée adaptée, qui dénature suffisamment la CS et qui n'influence pas de manière décisive la taille de l'αB et de ses mutants R120X.

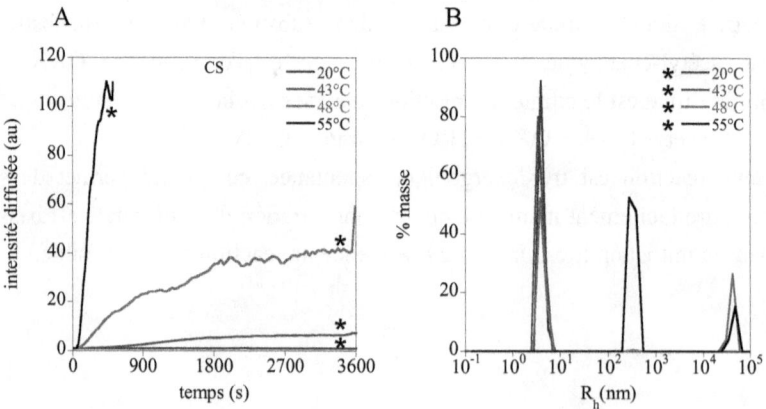

Figure 73. *Dénaturation de la CS. Le modèle admis pour la dénaturation de la CS est le passage de l'état dimérique à l'état monomérique avant l'agrégation. Le choix de la température de dénaturation est fait en fonction de l'apparition d'agrégats. La CS débute sa dénaturation à 43°C.* **A**, *Expériences de dénaturation de la CS, à 2,2 mg.mL⁻¹, par DLS. Les intensités diffusées sont enregistrées pendant une heure à 20°C (en bleu), 43°C (en violet), 48°C (en rouge) et 55°C (en noir).* **B**, *Les proportions relatives de chaque espèce détectée par DLS en fonction du R_h. L'étoile indique à quel moment se rapporte la distribution des R_h. À 20°c, l'intensité diffusée par la CS est stable, elle a un R_h autour de 4,0 nm et un % Pd inférieur à 20 %. À 43°C, l'intensité diffusée n'augmente que lentement et la proportion d'agrégats en suspension est inférieure à 1 %. À 48°C, l'intensité diffusée augmente plus vite qu'à 43°C et il y a environ 30 % d'agrégats. Enfin à 55°C, l'intensité diffusée évolue trop rapidement et il n'y a plus de CS (R_h = 4,0 nm) détectée, seuls sont visibles des agrégats en suspension.*

La CS est dénaturée à 48°C sur une période d'une heure. Cette température de dénaturation a été choisie après une série de tests, de manière à optimiser les conditions des expériences. De plus un précipité est visible au fond de la cuve de quartz, lors de la dénaturation de la CS à 48°C. À une température inférieure à 48°C, l'intensité diffusée par la CS seule n'augmente pas suffisamment vite et il faut parfois attendre plusieurs heures avant que les agrégats en suspension de CS représentent une part conséquente des protéines en solution (figure 73 A). À l'inverse, à une température supérieure à 48°C, l'intensité diffusée par la CS seule évolue trop rapidement (figure 73 A et B). De plus à 48°C, l'αB et ses mutants R120X sont stables (R_h de : 8,3 nm pour l'αB ; 8,2 nm pour R120K ; 20,9 nm pour R120G et 22,1 nm pour R120D). La durée d'une heure semble suffisamment longue pour considérer que les transitions liées à la température, comme la formation des complexes sHsp/cible, aient lieu.

c. Les tests d'activité *in vitro*.

Le test consiste à comparer les intensités diffusées par la CS seule et par la CS mélangée à l'αB humaine sauvage ou à ses mutants R120X, dans un ratio (CS:αB) de (4,5:1), pendant une heure à 48°C (figure 74 A). Tous les tests d'activité sont faits le même jour que la purification de la sHsp recombinante dont ils dépendent. Des contrôles sont réalisés avec l'αB et ses mutants seuls dans les mêmes conditions : les intensités diffusées par les sHsps incubées seules à 48°C ont une évolution limitée sur une période d'une heure (figure 74 B). Elles augmentent respectivement de 1,1 ; 1,3 et 1,7 fois pour R120K, R120D et R120G, quant à l'αB elle diffuse de manière quasiment constante. Quand la CS est seule, l'intensité diffusée augmente plus rapidement jusqu'à saturation du détecteur (8000 kphotons/s atteint en 2500 s environ). Quand l'αB ou un de ses mutants est présent, l'intensité diffusée augmente moins rapidement (après une heure, l'intensité est 18 ; 4 ; 3 et 1,3 fois moins élevée en présence, respectivement de l'αB, R120K, R120D ou R120G que celle de la CS après 2500 s).

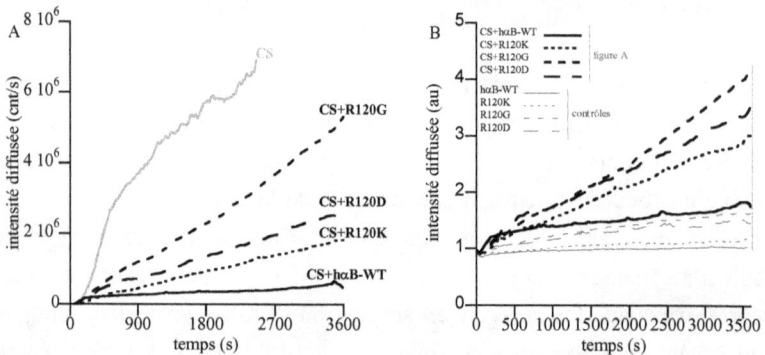

Figure 74. Test in vitro d'activité de type chaperon de l'αB et des mutants R120X vis-à-vis de la CS. L'intensité diffusée est mesurée par DLS. **A,** La CS est incubée une heure à 48°C en présence ou en absence d'αB ou des mutants R120X dans un rapport (CS:αB) = (4,5:1). La concentration en CS est de 2,2 mg.mL^{-1} et celle des αB est de 0,5 mg.mL^{-1}. **B,** Comparaison des intensités diffusées une heure à 48°C par les sHsps seules et les mélanges sHsp-CS. La normalisation des courbes est la suivante : $(I_d^{48°C} - <I_d^{23°C}>)/<I_d^{23°C}>$.

Lorsque la CS est incubée seule, un précipité est visible à l'œil après une heure à 48°C, ce qui n'est pas le cas lorsque l'on rajoute de l'αB. Quand la CS est mélangée à l'αB, ces deux protéines ne sont pas détectées comme distinctes par la DLS qui calcule en fait un R_h moyen (de 4,5 nm). Au cours de l'incubation, cette valeur moyenne passe de 4,5 à 5,5 nm, et de plus la polydispersité augmente progressivement (de ~ 30 à plus de 50 % en une heure). Ceci indique la formation de complexes CS/αB de plus en plus hétérogènes en taille. De plus, la proportion d'agrégats en suspension, et donc l'intensité diffusée, est moindre au bout d'une heure (< 5 %) avec le mélange qu'avec la CS incubée seule. Tous ces résultats montrent que l'αB sauvage est capable de prévenir l'agrégation de la CS *in vitro* en formant des complexes solubles avec elle.

L'activité protectrice des mutants n'est pas nulle *in vitro*. Elle est trouvée diminuée, malgré tout, mais les mutants ont une activité de type chaperon significative vis-à-vis de la CS. Une analyse des tailles est plus difficile, ici, car les mutants entraînent toujours avec eux une proportion variable d'agrégats solubles de différentes tailles. Les pourcentages de protection de la CS par les différentes αB sont calculés pour trente minutes à 48°C (table x1). Ils suivent cet ordre : αB > R120K > R120D > R120G. Les résultats sont reproductibles d'une préparation à l'autre et sont répétés dans chaque cas au moins trois fois. À J+1 - c'est-à-dire un jour après de la purification de la protéine - l'effet chaperon des mutants, et plus spécialement du R120G, est réduit, alors que celui de la protéine sauvage reste inchangé (données non montrées).

2. L'ADH vis-à-vis de l'αB-cristalline humaine et de ses mutants en position 120.

a. Qu'est-ce que l'ADH ?

Des tests ont été réalisés avec l'alcool déshydrogénase (Sigma ; Simon et al., 2007b) comme cible, en utilisant un spectrophotomètre à 360 nm. La dénaturation de la cible est plus complexe (température, plus additif). L'ADH est une enzyme du cytoplasme des hépatocytes, métalloprotéine à Zinc, constituée de deux sous-unités (~ 80 kDa). L'enzyme est aussi présente dans le rein et le tube digestif. L'ADH catalyse l'oxydation d'un alcool en aldéhyde en transportant les hydrogènes sur le coenzyme NAD$^+$.

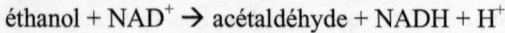

éthanol + NAD$^+$ → acétaldéhyde + NADH + H$^+$

L'enzyme est spécifique des alcools primaires et, parmi eux, montre une spécificité particulière pour l'alcool éthylique.

b. Les tests d'activité *in vitro*.

La capacité de l'αB et de ses mutants à prévenir la dénaturation et l'agrégation de l'ADH induite par l'ajout de 1,10-phénanthroline a été analysée (figure 75). L'ADH est incubée à 42°C en présence ou en absence de sHsp, soit un ratio (ADH:αB) de (5:1), pendant quarante minutes. Les expériences sont faites avec au moins deux préparations de sHsp différentes et sont répétées dans chaque cas au moins trois fois. Des expériences témoins sont réalisées avec l'αB et ses mutants seuls dans les mêmes conditions.

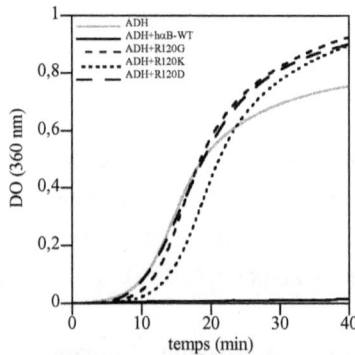

Figure 75. *Test* in vitro *d'activité de type chaperon de l'αB et des mutants R120X vis-à-vis de l'ADH. La DO correspondant à la dénaturation de l'ADH, est mesurée par spectrophotométrie à 360 nm. L'ADH est incubée quarante minutes à 42°C en présence ou en absence d'αB ou des mutants R120X dans un rapport (ADH:αB) = (5:1). Un agent dénaturant est ajouté au début de l'expérience (t = 0 min). La concentration en ADH est de 0,4 mg.mL^{-1} et celle des αB est de 0,08 mg.mL^{-1}.*

L'αB est capable de prévenir 90 à 100 % de l'agrégation de l'ADH par la 1,10-phenanthroline à 42°C. Au contraire, les mutants R120K, R120G et R120D n'ont peu ou pas d'effet sur l'agrégation de l'ADH, indiquant que tous les mutants ont perdu *in vitro* leur activité de type chaperon vis-à-vis de cette protéine (tableau 13).

3. Conclusion.

Alors que l'αB sauvage protège efficacement les deux cibles modèles choisies, l'ensemble des résultats obtenus avec la CS et l'ADH démontrent une spécificité des mutants pour les protéines cibles et une connexion directe entre l'activité de type chaperon, la structure quaternaire et la stabilité (tableau 13). Des études antérieures sur le mutant R120G ont montré une diminution de l'activité chaperon associée à une augmentation de taille des oligomères formés et à une diminution de la stabilité (Bova et al 1999 ; Kumar et al., 1999 ; Perng et al., 1999 ; Treweek et al., 2005). Nos études ont montré que tous les mutants présentent des modifications de structure quaternaire et sont fonctionnellement altérés. De plus, les résultats obtenus avec le mutant R120K démontrent qu'une structure quaternaire modifiée peut conduire à une altération fonctionnelle, même si une solubilité suffisante est maintenue pour assurer une localisation cytoplasmique normale (Simon et al., 2007b).

Tableau 13.

protéine	charge	stabilité *in vitro*	protection, (%) de :	
			CS	ADH
αB	+1	++	97	99
R120K	+1	+	84	21
R120G	0	--	61	0
R120D	-1	-	77	0

Pourcentages de protection vis-à-vis de la CS et de l'ADH calculés pour les figures 74 A et 75 à t = ½. La stabilité *in vitro* se réfère à la capacité des protéines à rester en solution en fonction du temps.

L'altération fonctionnelle est substrat-dépendante. En accord avec des études précédentes, l'activité de type chaperon du mutant R120G vis-à-vis de l'ADH est complètement perdue, au contraire, nous montrons que l'activité de type chaperon vis-à-vis de la CS est modérément réduite. Nous montrons également que tous les mutants se comportent de façon similaire : aucun d'eux n'est capable de prévenir l'agrégation de l'ADH, alors que tous fournissent une protection vis-à-vis de la CS. Dans ce contexte, il est intéressant de noter que le résidu R120 est localisé dans une région identifiée comme étant une séquence interagissant avec l'ADH, mais pas avec la CS (Ghosh et al., 2005). Cela peut être la raison pour laquelle des mutations dans la région R120 influent différemment sur l'activité de type chaperon vis-à-vis des deux protéines cibles (tableau 13).

Les similarités entre les conséquences pathologiques de la mutation R120G dans l'αB et de la mutation R116C dans l'αA sont bien connues. Elles conduisent toutes les deux au développement de cataractes. Des études précédentes sur l'αA ont démontré que la conservation de la charge positive à cette position était suffisante pour préserver les propriétés fonctionnelles de l'αA (Bera et al., 2002). En effet, le remplacement du résidu arginine par une lysine maintient la fonction chaperon évaluée comme la capacité à supprimer l'agrégation de l'ADH. Nous démontrons ici que la préservation de la charge à la position 120 de l'αB n'est pas suffisante pour préserver sa fonction chaperon vis-à-vis de l'ADH et que malgré le haut degré d'homologie entre αA et αB, ces deux protéines possèdent leurs caractéristiques propres.

Nous avons travaillé avec un ratio (cible:sHsp) autour de (5:1), où le taux de sHsp est minimal ; le but était de pouvoir observer la diffusion provenant de la CS qui est beaucoup plus petite que les assemblages formés par les sHsps. Il serait intéressant de suivre l'effet des mutants en fonction de leur proportion relative vis-à-vis des cibles. De cette façon, on pourrait déterminer si les mutants sont exempts d'activité pour l'ADH ou bien s'il faut dépasser un certain seuil pour aboutir à un effet protecteur.

En conclusion, la comparaison de l'activité de type chaperon de l'αB et de ses mutants R120X suit cet ordre : αB > R120K > R120D ≥ R120G. Il apparaît également que les modifications d'assemblages, d'échanges de sous-unité et de stabilité (solubilité) dues à la mutation sont liées à une activité modifiée et à la présence de pathologie chez l'homme.

III. La protection de cibles physiologiques : le cas des β- et des γ-cristallines.

De la même façon que pour la CS, nous avons mesuré l'agrégation des β- et γ-cristallines avec et sans sHsp. Des tests ont été faits avec les αN bovines comme chaperon pour la βB2 humaine et trois de ses mutants de désamidation, les βLb et les γT bovines extraites de la fraction corticale (Cx ; chapitre : Matériels et Méthodes, cf. page 72) et la γS humaine. Pour ces cibles, une « activation » des αN est nécessaire (Putilina et al., 2003). Par activation, on entend transition ; il faut que les αN aient effectué leur transition structurale, qui a lieu à 60°C et qui correspond à un doublement de masse molaire, pour pouvoir chaperonner efficacement leurs cibles physiologiques.

Il a d'abord fallu caractériser les cibles seules vis-à-vis de la température par DLS, SAXS et DSC. Les β- et les γ-cristallines, bien qu'étant issues de la même famille multigénique et ayant la même structure de base - le motif en clef grecque - ont des comportements différents vis-à-vis d'un même stress. Elles ont des spécificités intrinsèques à chaque sous-famille et au sein de ces groupes, chaque protéine a des propriétés qui lui sont propres.

Les expériences portant sur l'étude des β-cristallines et l'activité de type chaperon d'une sHsp vis-à-vis de ses cibles physiologiques, ont donné lieu à une publication soumise à l'éditeur et signée par Michiel M., Duprat É., Skouri-Panet F., Finet S., Tardieu A. et Lampi K. : « Aggregation of deamidated βB2-crystallin and incomplete rescue by α-chaperone. ». Les analyses *in silico* ont été réalisées sous la responsabilité d'É. Duprat.

1. Les β-cristallines vis-à-vis des α-cristallines.

a. Caractérisation des β-cristallines : stabilité, transition, dénaturation.

Les βLb bovines sont constituées majoritairement de βB2 et adoptent préférentiellement une conformation dimérique. De plus, la βB2 est la seule β-cristalline à s'associer en homo-dimères. Plusieurs études par gels d'électrophorèse bidimensionnels et spectrométrie de masse, essentiellement, ont révélé la présence d'espèces modifiées au sein des protéines du cristallin et ces modifications seraient liées au vieillissement

(Krichevskaia et al., 1984 ; Siebinga et al., 1992 ; Miesbauer et al., 1994 ; Ma et al., 1998 ; Lampi et al., 1998). La désamidation est la modification post-traductionnelle la plus répandue parmi les β-cristallines humaines (figure 76 ; Lampi et al., 1998) et elle est associée aux phénomènes qui surgissent au cours du vieillissement. Une telle modification peut perturber l'organisation protéique du cristallin et altérer sa transparence.

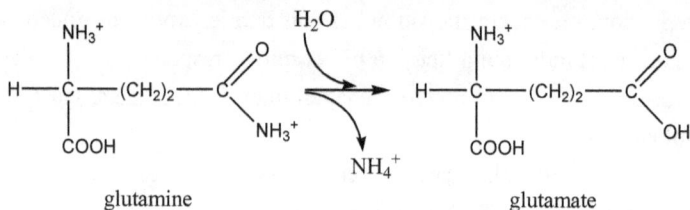

glutamine   glutamate

Figure 76. *Réaction de désamidation de la glutamine en aspartate. La désamidation introduit une charge négative en remplaçant un groupe amide par un groupe carboxyle et donc en permettant des isomérisations. Les asparagines se désamident plus facilement que les glutamines. De tels changements peuvent perturber les structures normales des cristallines et les arrangements entre protéines qui assurent la transparence du cristallin. On perd un atome d'hydrogène qui peut être impliqué dans stabilisation de la structure. Elle facilite l'isomérisation des acides aminés modifiés en remplaçant les groupes amides par des groupes carboxyles.*

a1. L'alignement multiple de séquences et les structures 3D.

Un alignement multiple de séquences a été construit à partir d'un maximum de séquences annotées de β- et γ-cristallines, parmi vingt-cinq espèces différentes de vertébrés (figure 77). Le résultat ne montre que les séquences des β- et γ-cristallines bovines ainsi que la βB2 et la γS humaines (ce qui correspond uniquement aux protéines que nous avons étudiées). Les domaines D1 et D2 des β- et γ-cristallines sont homologues et ont été alignés ensemble (il y a 29 % d'identité entre les séquences des domaines D1 et D2 de la βB2 humaine). Les motifs en clef grecque M1, M2 et M3, M4 ont une divergence plus ancienne et donc un pourcentage d'identité de séquence plus faible, qui rend plus complexe l'élaboration de leur alignement.

208

```
bA1-Nt_BOV   1  ------------------------------MAQTNPMPGSV--------GPW  13
bA2-Nt_BOV   1  ----------MSS---------------APAQGPAPA------------     11
bA3-Nt_BOV   1  ----------MET--------QTVQQEIESLPTTKMAQTNPMPGSV----GPW  30
bA4-Nt_BOV   1  MSGMFSGSISETSGMS---------------LQCTKSA-----------GHW  25
bB1-Nt_BOV   1  ------MSQPAAKASATAAVNPGPDGKGKAGPPGPAPGSGPAPAPAPAPAQPAPAPAAKAELPPGSY  59
bB2-Nt_HUM   1  ----------MAS---------DHQTQAGKPQPLNP-------------     16
bB2-Nt_BOV   1  ----------MAS---------DHQTQAGKPQSLNP-------------     16
bB3-Nt_BOV   1  ----------MAE-----QHSTPEQ---AAAGKSHGGLG----------GSY  23
gA-Nt_BOV    1  ---------MG----------      1
gB-Nt_BOV    1  ---------MG----------      1
gC-Nt_BOV    1  ---------MG----------      1
gD-Nt_BOV    1  ---------MG----------      1
gE-Nt_BOV    1  ---------MG----------      1
gF-Nt_BOV    1  ---------MG----------      1
gS-Nt_BOV    1  ---------MSKTGT------      5
gS-Nt_HUM    1  ---------MSKAGT------      5
```

```
               motif 1
               B1        B2       H1         B3
Str-bB2-D1_HUM 14 KITIYDQENFQGKRMEF-TSSCPNVSERN--FDNVRSLKVECG
bA1-D1_BOV     12 SLTLWDEEDFQGRRCRL-LSDCANIGERGG-LRRVRSVKVENG
bA2-D1_BOV     31 KITIYDQENFQGKRMEF-TSSCPNVSERN--FDNVRSLKVECG
bA3-D1_BOV     26 KIVVWDEEGFQGRRHEF-TAECPSVLELG--FETVRSLKVLSG
bA4-D1_BOV     60 KIIIFEQENFQGRRVDF-SGECLNLGDRG--FERVRSIIVTSG
bB1-D1_BOV     17 KIIIFEQENFQGHSHEI-NGPCPNLKETG--VEKAGSVLVQAG
bB2-D1_BOV     17 KIIIFEQENFQGHSHEI-NGPCPNLKETG--VEKAGSVLVQAG
bB2-D1_HUM     24 KVIVVEMENFQGKRCEL-TAECPNLTESL--LEKVGSIVRDVH
bB3-D1_BOV      2 KITFYEDRGFQGHCYQC-SSNNCLQQPY--SWFYQRPDYRG
gA-D1_BOV       2 KITFYEDRGFQGHCYEC-SSDCPNLQPY--FSRCNSIRVDSG
gB-D1_BOV       2 KITFYEDRGFQGRCYQC-SSDCPNLQPY--FSRCNSIRVDSG
gC-D1_BOV       2 KITFYEDRGFQGRHYEC-SSDHSNLQPY--LGRCNSVRVDSG
gD-D1_BOV       2 KITFYEDRGFQGRHYEC-SSDHSNLQPY--FSRCNSIRVDSG
gE-D1_BOV       2 KITFYEDRGFQGRHYEC-SSDHSNLQPY--FSRCNSIRVDSG
gF-D1_BOV       2 KITFYEDRGFQGRHYEC-SSDHSNLQPY--FSRCNSIRVDSG
gS-D1_BOV       6 KITFFEDKNFQGRHYDS-DCDCADFHMY--LSRCNSIRVEGG
gS-D1_HUM       6 KITFYEDKNFQGRRYDC-DCDCADFHTY--LSRCNSIRVEGG
Str-gD-D1_BOV
               B1         H1       B2         B3

               motif 2
               B4          B5          B6       H2                B7
Str-bB2-D1_HUM AWVAYEHTSFCG QVLER--- GEYPRWDA SGSNAYHIERLMSFRP   97
bA1-D1_BOV     AWVFEYPDFQG  QYLEK--- GDYPRWSA SGSAGHHSDQLLSFRP   96
bA2-D1_BOV     AWVAYEHTSFCG QVLER--- GEYPRWDA SGSNAYHIERLMSFRP  114
bA3-D1_BOV     AWVFEHAGFQG  QVLER--- GEYPSWDA SGNTSYPAERLTSFRP  109
bA4-D1_BOV     PWVFFEQSNFRGE MVLEK-- GEYPRWDT S--SSYRSDRIMSFRP  141
bB1-D1_BOV     PWVYYEQANCKGQ VFEK--- GEYPRWDSH T-SSRRTDSLSSLRP   98
bB2-D1_BOV     PWVYYEQANCKGQ VFEK--- GEYPRWDSH T-SSRRTDSLSSLRP   98
bB2-D1_HUM     PWIFERRAFRGEQ VLEK--- GDYPRWDA S-NSHHSDSLLSLRP  105
bB3-D1_BOV     GNYPQYGQM- --GFD-DSIRSCRL   80
gA-D1_BOV      GDYPDYQQRM- --GFN-DSIRSCRL  80
gB-D1_BOV      GDYPDYQQRM- --GFN-DSIRSCCL  80
gC-D1_BOV      GDYPDYQQRM- --GLN-DSVRSCRL  80
gD-D1_BOV      GDYPDYQQRM- --GLN-DSIRSCRL  80
gE-D1_BOV      GDYPDYQQRM- --GLN-DSIRSCRL  80
gF-D1_BOV      GDYPDYQQRM- --GLN-DSIRSCRL  80
gS-D1_BOV      GEYPEYQHRM- --GLN-DRLSSCRA  84
gS-D1_HUM      GEYPEYQRM- --GLN-DRLSSCRA   84
Str-gD-D1_BOV  B4         B5         B6   H2              B7
```

Protein sequence alignment (rotated text).

Column markers (top block): motif 3 | B8 | B9 | H3 | B10 | motif 4 | B11 | B12 | B13 | H4 | B14

```
                           motif 3                                                     motif 4
                    B8       B9          H3               B10            B11            B12            B13  H4                    B14
Str-bB2-D2_HUM
bA1-D2_BOV    107  KITTFEKENFIGRQWEI-CDDYPSLQAMGWPNNEVGSMKIQCG  AWVCYQYPGYRGYQYI LECDIHGGDYKHWREG-SHAQT-SQIQSIRR  194
bA2-D2_BOV    106  RVTLFEGEMFQGCKFEL-NDDYPSLPSMGWASKDVGSLKVSSG  AWVAYQYPGYRGYQYI LERDIHSGEFRNYSEG-TQAHT-GQLQSIRR  193
bA3-D2_BOV    124  KITTFEKENFIGRQWEI-CDDYPSLQAMGWPNNEVGSMKIQCG  AWVSQFPGYRGET    VLECDIHSGDYKHFREG-SHAQT-FQVQSIRR 211
bA4-D2_BOV    119  RLTIFEQENFLGRKGEL-SDDYPSLQAMGWDGNEVGSFHVHSG  TWVGYQYPGYRGYQYI LEP---GDFRHWNEG--AFQ-PQMQAVER    206
bB1-D2_BOV    149  KLCLLEGANFKGNTMEIQEDDVPSLWVYGF-CDRVGSVRVSSG  TWVGYQYPGYRGIQYI LEK---GDYKDSGDG--APQ-PQVQSVRR    231
bB2-D2_BOV    107  KITLYENPNFTGKKMEVIDDDVPSFHAHGY-QEKVSSVRVQSG  TWVSYQYPGYRGIQYI LEK---GDYKDSGDG--APH-PQVQSVRR    188
bB2-D2_HUM    107  KIILYENPNFTGKKMEIIDDDVPSFHAHGY-QEKVSSVRVQSG  TWVSYQYPGYRGIQYI LEK---GDYKDSSDG--APH-PQVQSVRR    188
bB3-D2_BOV    114  KLHLFENPAFGGRKMEIVDDDVPSLWAHGF-QDRVASVRAING  TWVYEFPGYRGRQVFER---GEYRHWNED--ANQ-PQIQSVRR       195
gA-D2_BOV      89  RMRIYERDDFRGQMSEI-TDDCPSLQDRFH-LTEVNSVRVLEG  SWVIYEMPSYRGRQYILRP---GEYRYLDG--AMN-AKVGSLRR      168
gB-D2_BOV      89  RMRIYERDDFRGQMSEI-TDDCPSLQDRFH-LTEVHSLNVLEG  SWVIYEMPSYRGRQYILRP---GEYRYLDG--AMN-AKVGSLRR      169
gC-D2_BOV      88  RIRLYEREDQKGLIAEL-SEDCPCIQDRFR-LSEVRSLHVLEG  CWVIYEMPNYRGRQYILRP---QEYRRYQDG--AVD-AKAGSLRR     168
gD-D2_BOV      88  RLRLYEREDYRGQMIRI-TEDCSSLQDRFH-FNEIHSLNVLEG  SWVIYELPNYRGRQYILRP---GEYRRYHDG--AVN-AKVGSLRR     168
gE-D2_BOV      88  RLRIYEREDYRGQMVEI-TEDCSSLHERFH-FSEIHSFNVLEG  WWVIYEMPNYRGRQYILRP---GDYRRYHEG--AVD-ARVGSLRR     168
gF-D2_BOV      88  RLRIYERDYRGQMVEI-TEDCSSLHDRFH-FSEIHSNVLEG    AWVIYEMTNYRGRQYILRP---GDYRRYHDG--ATN-ARVGSLRR     168
gS-D2_BOV      94  KLQIFEKGDFNGQMHET-TEDCPSIMEQFH-MREVHSCKVLEG  AWIYELPNYRGRQYILDK---KEYRKPVDG--AAS-PAVQSFRR      174
gS-D2_HUM      94  KIQIFEKGDFSGQMYET-TEDCPSIMEQFH-MREIHSCKVLEG  VWIYELPNYRGRQYILDK---KEYRKPIDG--AAS-PAVQSFRR      174
Str-gD-D2_BOV       B8       B9          H3               B10            B11            B12            B13  H4                    B14
```

```
                          B13  H4                  B14
bA1-Ct_BOV  195  LQQ---------------197
bA2-Ct_BOV  194  VQH---------------196
bA3-Ct_BOV  212  IQQ---------------214
bA4-Ct_BOV  207  IQQ---------------209
bB1-Ct_BOV  232  LRDRQWHREGCFPVLAAEPPK 252
bB2-Ct_BOV  189  IRDMQWHQRGAFHPSS----204
bB2-Ct_HUM  189  IRDMQWHQRGAFHPSN----204
bB3-Ct_BOV  196  IRDQKWHKRGVFLSS-----210
gA-Ct_BOV   169  VMDFY--------------173
gB-Ct_BOV   170  VMDFY--------------174
gC-Ct_BOV   169  VVDLY--------------173
gD-Ct_BOV   169  VIDIY--------------173
gE-Ct_BOV   169  AVDFY--------------173
gF-Ct_BOV   169  AVDFY--------------173
gS-Ct_BOV   175  IVE----------------177
gS-Ct_HUM   175  IVE----------------177
                  B13  H4                  B14
```

```
bA1-P1_BOV  98  I-CSANHKES 106
bA2-P1_BOV  97  V-LCANHSDS 105
bA3-P1_BOV  115 I-CSANHKES 123
bA4-P1_BOV  110 V-ACANHRDS 118
bB1-P1_BOV  142 IKMDAQ--EH 149
bB2-P1_BOV  99  IKVDSQ--EH 106
bB2-P1_HUM  99  IKVDSQ--EH 106
bB3-P1_BOV  106 LHIDGP--DH 113
gA-P1_BOV   81  IPQHTG--TF 88
gB-P1_BOV   81  IPQHTG--TF 88
gC-P1_BOV   81  IS-DTS--SH 87
gD-P1_BOV   81  IP-HAG--SH 87
gE-P1_BOV   81  IP-HTS--SH 87
gF-P1_BOV   81  IP-HTG--SH 87
gS-P1_BOV   85  VHLSSGG-QY 93
gS-P1_HUM   85  VHLPSGG-QY 93
```

Figure 77. Alignement multiple de séquences des extensions N- (Nt) et C-terminales (Ct), du domaine N-ter (D1), du domaine C-ter (D2), du peptide de liaison (Pl) des β-et γ-cristallines bovines, de la βB2 et de la γS humaines. Les méthionines ne sont pas prises en compte pour la numérotation des séquences. Les motifs en clef grecque 1 à 4 sont indiqués. Les structures secondaires, délimitées en accord avec les structures 3D de la βB2 humaine (code PDB : 1ytq) et de la γD (code PDB : 1elp) bovine, sont indiquées par B (pour les brins β) et H (pour les hélices). Les sites homologues où le résidu est strictement conservé au sein d'un même domaine sont surlignés en gris. Les glutamines et les asparagines sont représentées en gras. Les acides aminés aux positions 70 et 162 (la numération se rapporte à la séquence de la βB2 humaine) sont représentés par des lettres blanches. Les positions des acides aminés correspondant à leurs sites de contact intra- et intermoléculaires dans la structure 3D de la βB2 humaine sont surlignées en magenta et vert, respectivement. La composition en acides aminés à ces sites particuliers, calculée parmi quatre-vingt-seize séquences de β-cristallines de vingt-cinq espèces de vertébrés (des oiseaux aux mammifères en passant par les amphibiens ; ces séquences ne sont pas montrées) est la suivante : D1 60 (63,5 % G ; 35,5 % A ; 1 % S), 69 (52,1 % E ; 46,9 % Q ; 1 % H), 70 (81,2 % Q ; 17,8 % M ; 1 % R), 71 (86,5 % F ; 13,5 % Y), 72 (56,3 % V ; 43,7 % I), 84 (96,9 % W ; 2,1 % F ; 1 % Y), et D2 152 (54,2 % G ; 33,3 % C ; 12,5 % A), 161 (55,2 % Y ; 17,7 % R ; 13,5 % F ; 12,6 % L ; 1 % N), 162 (99 % Q ; 1 % L), 163 (92,8 % Y ; 5,2 % F ; 1 % L ; 1 % H), 164 (37,5 % V ; 35,5 % L ; 25 % I ; 1 % A ; 1 % K), 176 (61,5 % W ; 32,3 % F ; 4,2 % Y ; 1 % L ; 1 % V). Le même calcul a été réalisé parmi cent huit séquences de γ-cristallines de trente espèces de vertébrés. Pour ces sites de contacte, la composition en acides aminés est similaire à celle des β-cristallines, excepté pour le site D1 69 qui a une composition identique au site D2 161 pour les γ-cristallines.

Trois mutants mimant des désamidations : Q70E, Q162E et Q70E/Q162E (par la suite nommé DM pour double mutant), ont été testés expérimentalement. Les deux sites de mutations impliqués sont respectivement situés dans les motifs M2 et M4 des domaines D1 et D2 de la βB2 humaine (figure 77). L'alignement des domaines D1 et D2 met en évidence que ces deux glutamines - qui ne sont pas les seuls sites possibles de désamidation - sont sur des sites homologues l'un à l'autre et sont très conservées entre les deux domaines. Les autres sites potentiels de désamidation sont nombreux (résidus Q et N en gras dans l'alignement), mais il s'avère que ce sont les sites homologues à Q70 et Q162 qui sont les mieux conservés au sein de la super famille des β- et γ-cristallines.

Une analyse des contacts menée au sein de la super famille des β/γ-cristallines a été menée, à partir des vingt-sept structures 3D connues, pour déterminer les acides aminés en interactions intra- ou intermoléculaires avec les deux glutamines d'intérêt (ou les acides aminés aux positions homologues), les types de liaison qui entrent en jeu et la présence de faits discriminants entre les deux sites (figure 77 et 78). La structure 3D de la βB2 (Bax et al., 1990, Lapatto et al., 1991 ; figure 78) montre que les deux glutamines sont en contact intermoléculaire entre les deux domaines, elles sont reliées par un axe 2 de symétrie et semblent très similaires. D'une manière générale, ces deux résidus (ou les acides aminés aux positions homologues) sont en contact l'un avec l'autre, par une interaction de type van der Waals et moins souvent par une liaison hydrogène. Ils sont en contact intermoléculaire entre les deux monomères de β-cristallines (Q70 d'un monomère avec Q162 de l'autre ; figure 78) et en contact intramoléculaire au sein des monomères de γ-cristallines. La βB1 humaine a un repliement plutôt comparable à celui des γ-cristallines (figure 16 F, cf. page 52).

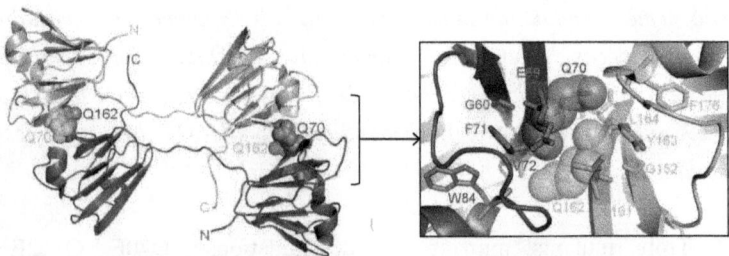

Figure 78. *Représentation de la structure 3D de la βB2 humaine (1ytq) montrant les acides aminés Q70 et Q162 (leurs atomes étant représentés par des sphères) impliqués dans les deux interfaces équivalentes entre les*

212

dimères, et leurs contacts intra- et intermoléculaires (en magenta et vert, respectivement). Les chaînes A et B sont colorées en bleu clair et bleu foncé, respectivement. Le côté droit de la figure montre une interface entre dimères (entre D1 de la chaîne B et D2 de la chaîne A), avec une représentation en bâton des atomes des sites de contact. En magenta (clair et foncé pour les chaînes A et B, respectivement) sont indiqués les sites de contact intramoléculaires de Q70 (D1) et Q162 (D2): G60, E69, F71 (dans D1), et G152, L161, Y163 (dans D2). En vert (clair et foncé pour les chaînes A et B, respectivement) sont indiqués les sites de contact intermoléculaires de Q70 (D1) et Q162 (D2): Q162, L164, F176 (dans D2), et Q70, V72, W84 (dans D1).

Dans ces vingt-sept structures 3D, la glutamine 70, respectivement (162), est également en contact intermoléculaire (et intramoléculaire pour les γ-cristallines) avec des résidus situés dans les brins β B4(B11), B5(B12) et en contact intramoléculaire avec des résidus situés dans l'hélice H4(H2), *via* des interactions de type van der Waals majoritairement. Dans la βB2, Q70, respectivement (Q162) est liée aux résidus G60(G152), E69(L161), F71(Y163), L164(V72) et F176(W84). Des contacts homologues sont conservés parmi les β- et γ-cristallines (figure 77). Aucune différence n'est rapportée entre les schémas atomiques de liaisons hydrogène impliquant les résidus Q70 et Q162. Cependant un contact intermoléculaire additionnel peut être observé entre les résidus Q162 et 86 (D1) dans les β-cristallines et entre les Q162 et 85 (D1) dans les γ-cristallines. De plus, nous rapportons quelques différences entre les contacts de β- et γ- impliquant Q70 et Q162 : les interactions avec les résidus homologues 84 (D1) et 176 (D2) sont principalement observés dans les β-cristallines, alors qu'un contact intramoléculaire additionnel peut être observé dans les γ-cristallines (avec les résidus homologues 59 pour Q70 et 151 pour Q162).

a2. L'expérimentation et les effets des désamidations.
La βB2 a déjà été étudiée par dichroïsme circulaire, fluorescence ou dénaturation à l'urée (Maiti et al., 1988 ; Trinkl et al., 1994 ; Wieligmann et al., 1998 et 1999 ; Lampi et al., 2006), sur la βB2 sauvage. Les effets de la désamidation ont déjà été étudiés pour les βB1, βB2 et βA3 (Lampi et

al., 2001 et 2002 ; Harms et al., 2004 ; Robinson et Lampi, 2005 ; Lampi et al., 2006 ; Takata et al., 2007 et 2008) et pour la γD (Flaugh et al., 2006). Il apparaît que ces mutations laissent intacte la structure dimérique de la βB2.

Par DLS, nous avons testé la stabilité de ces β-cristallines en fonction de la température en suivant l'évolution de l'intensité diffusée (figure 79). Toutes les 200 s, la température est élevée de 2°C. L'expérience débute à 37°C, après au moins un quart d'heure d'équilibration. Aucune différence notable n'a été détectée entre 23°C et 37°C. Les βLb ont un R_h de 2,9 nm et un % Pd de 19,3 % (tableau 14, cf. page 219). Elles restent stables jusqu'à 51°C. Au-delà de cette température, des particules de grandes tailles apparaissent en DLS. La βB2 humaine et ses trois mutants ont un R_h autour de 3,0 nm et une polydispersité comprise entre 15,0 et 20 % environ (tableau 14, cf. page 219). La βB2 est stable jusqu' à 60°C, au-delà, elle précipite. Les mutants de désamidation sont quant à eux moins stables, l'apparition d'agrégats débute à 51°C pour Q70E, 55°C pour Q162E et 41°C pour DM.

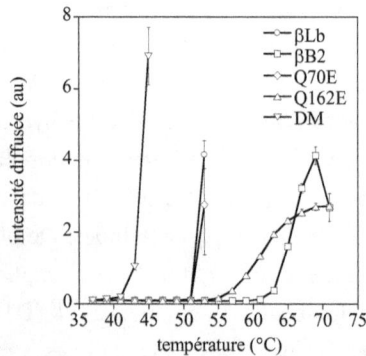

Figure 79. *Série d'expériences de DLS, en température, de différents échantillons de β-cristallines (les βLb, la βB2 et les mutants de désamidation). Après une équilibration de quinze minutes environ (1000 s) à 37°C, les intensités diffusées sont enregistrées pendant 200 s tous les 2°C. La concentration en β-cristallines est de 0,5 mg.mL⁻¹.*

L'analyse de la stabilité des β-cristallines sur des temps plus longs est faite pour plusieurs températures (jusqu'à une heure à la même température, quand c'est possible ; données non montrées). Pour les βLb, on voit apparaître les premiers agrégats de R_h élevés à partir de 48°C (moins de 2 %). L'intensité diffusée par la βB2 reste stable jusqu'à 55°C. Après 800 s environ à cette température, des agrégats de R_h élevé apparaissent qui représentent moins de 1 % des particules diffusantes. Il suffit alors de filtrer les échantillons chauffés pour ne plus voir apparaître les agrégats à ces mêmes températures et les βLb et βB2 s'agrègent respectivement vers 55 et 60°C. Le mutant Q70E diffuse de manière constante jusqu'à 900 s à 45°C et des agrégats se forment ensuite. Le mutant Q162E reste stable jusqu'à 50°C et l'intensité diffusée par le mutant DM augmente après 1000 s à 37°C. Dans le cas du mutant DM, la présence d'agrégats est toujours détectable quelle que soit la température, mais ils ne contribuent à la diffusion qu'à hauteur de 5 % maximum à 23°C.

La figure 80 montre l'évolution des intensités diffusées par les différentes β-cristallines, lorsqu'elles sont incubées à 60°C. D'un côté, les βLb, Q70E et DM diffusent très fortement à 60°C, le détecteur est saturé en moins de 250 s. D'un autre côté, l'intensité diffusée par la βB2 et Q162E peut être suivie à l'échelle de l'heure. Les intensités diffusées augmentent fortement après respectivement 600 et 250 s environ et après 2400 s à 60°C la βB2 précipite. Les mutations Q70E et Q162E bien qu'elles soient homologues, ne semblent pas équivalentes.

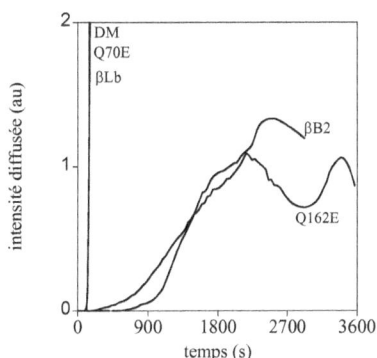

Figure 80. *Série d'expériences de DLS, en température, de différents échantillons de β-cristallines (les βLb, la βB2 et les mutants de désamidation). La concentration en β-cristallines est de 0,5 mg.mL⁻¹. Une*

fois l'appareil de DLS équilibré à 60°C, les intensités diffusées correspondant aux différentes β-cristallines sont rapportées en fonction du temps. Si la formation d'agrégats en suspension de grande taille est trop rapide, l'intensité diffusée arrivant au détecteur est trop importante et l'expérience est stoppée (cf. βLb, Q70E et DM).

Ces mêmes protéines sont analysées en SAXS. Les facteurs de forme à 37°C, indiquent que, dans tous les cas, la structure dimérique est conservée (figure 81 A). Des petites différences sont visibles aux grands angles ($q > 1,7$ nm^{-1}) qui peuvent correspondre à un rapport signal/bruit insuffisant ou bien à des différences de flexibilité des dimères en solution. Les R_g sont de 2,8 nm pour les βLb et la βB2, de 3,1 nm pour les mutants Q70E et Q162E et de 3,0 nm pour le DM (figure 81 B). Des balayages en température ont été faits ; il en résulte que les valeurs des R_g restent inchangées entre 20 et 60°C, excepté peut-être pour Q70E qui passe à 3,3 nm à 55°C (figure 81 B). Des changements accompagnent l'augmentation de température : l'intensité diffusée aux petits angles augmente - ceci indique que la proportion d'agrégats de grande taille devient plus importante - et le niveau des courbes baisse - ce qui est significatif de la précipitation des protéines en solution. Après une demi-heure à 60°C, on estime à 50 % la proportion de βB2 précipitée et à 70 % environ celle des mutants précipités (données non montrées). Les évolutions en température sont en accord avec les données de DLS.

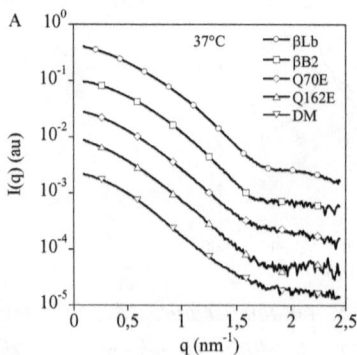

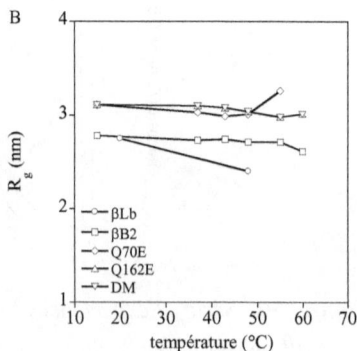

216

Un balayage en pression jusqu'à 300 MPa des βLb a été fait à température ambiante et à 48°C (données non montrées). Contrairement à ce qui avait été montré avec les sHsps, aucun effet n'est observé dans ces gammes de pression et de température.

Enfin quelques analyses ont été faites par DSC, sur les βLb, la βB2 et les trois mutants de désamidation, à 1°C.min⁻¹. Les profils de ΔCp révèlent des températures de demi-transition, T_t. Dans tous les cas, un pic principal est observé, accompagné de deux épaulements plus ou moins prononcés, de part et d'autre de ce pic principal et l'ensemble du pic s'étend sur 10°C. La présence des deux épaulements indique qu'au moins deux états intermédiaires sont impliqués dans le processus de dénaturation. L'analyse est donc faite en considérant ces deux épaulements comme des pics à part entière. Les T_t et les fractions correspondant à chaque pic sont données dans le tableau 14. Les valeurs correspondant au pic principal sont respectivement 64,4 (± 0,1)°C, 56,7°C, 66,1°C, 53,0°C pour βB2, Q70E, Q162E et DM ; 3 à 10°C de plus que les valeurs déterminées par les expériences de DLS. Étant donné que les vitesses d'élévation de la température en DLS et en DSC sont comparables, 2°C par 200 s et 1°C par 60 s et que la DLS permet l'observation des agrégats et la DSC mesure la dénaturation, les résultats confirment que l'agrégation suit la dénaturation. Comme les βLb contiennent un pourcentage élevé de βB2 (65 %), les profils de ΔCp permettent aussi de comparer la stabilité des βLb à celle de la βB2 humaine. Les expériences de DSC donnent deux pics avec un principal à 62,4°C en accord avec des analyses précédentes (Khanova et al.,

2005). La plus grande stabilité de la βB2 humaine par rapport aux βLb est en accord avec la plus grande stabilité de la βB2 humaine comparé à la βB2 bovine (Evans et al., 2008).

Tableau 14. Résumé des données de DLS et de DCS.[a]

protéine	température (°C)	R_h (nm)	% Pd	T_t1 (°C)	T_t2 (°C)	T_t3 (°C)
βLb	23	2,9 (0,1)	19,3 (1,0)	57,0 °C (29%)	62,4 °C (71%)	XXX
	37	2,9 (0,1)	19,2 (1,1)			
βB2	23	3,1 (0,1)	16,2 (1,3)	58,9 °C (33%)	64,4°C (59%)	68,0 °C (9%)
	37	3,1 (0,1)	14,7 (2,0)			
Q70E	23	3,1 (0,2)	16,5 (1,7)	52,7 °C (60%)	56,7 °C (35%)	58,6 °C (5%)
	37	3,0 (0,2)	21,0 (1,2)			
Q162E	23	3,1 (0,1)	20,2 (1,4)	61,7 °C (57%)	66,1 °C (27%)	68,5 °C (16%)
	37	3,1 (0,1)	19,0 (2,1)			
DM	23	3,2 (0,1)	20,9 (2,7)	47,8 °C (54%)	53,0 °C (31%)	68,2 °C (3,2%)
	37	3,1 (0,1)	25,3 (1,8)			

[a]Résumé des données de DLS et de DSC pour l'analyse des βLb et des βB2 sauvage et mutantes. T_t1, T_t2 et T_t3 désignent les valeurs de T_t correspondant aux trois transitions détectées à partir des profils d'absorption de chaleur obtenus par DSC. Entre parenthèse, sont indiquées les déviations standard pour les données de DLS et les pourcentages de matériel correspondant à chaque transition pour les données de DSC.

b. Les tests d'activité *in vitro*.

On a comparé l'activité de type chaperon des αN vis-à-vis de différentes β-cristallines (les βLb, la βB2 sauvage et ses mutants Q71E, Q162E et DM) à 60°C pour différents rapports (αN:β) : (2:1), (1:1), (1:2), (1:4) et (1:8) ; (figure 82 A à D).

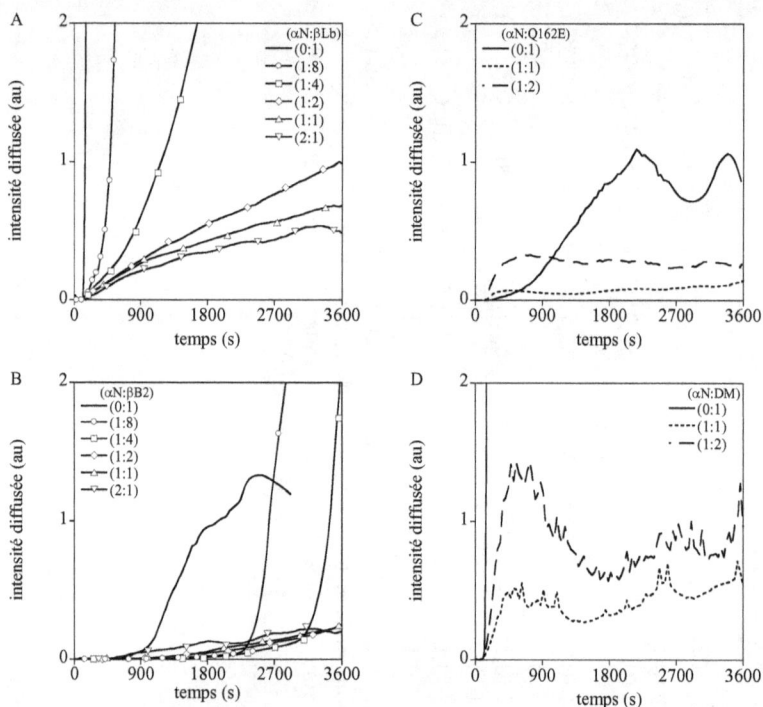

Figure 82. *Tests d'activité chaperon des αN vis-à-vis de différents échantillons de β-cristallines, par DLS. Les intensités diffusées sont enregistrées en fonction du temps pour différents ratios : A; (αN:βLb), B, (αN:βB2), C, (αN:Q162E) et D, (αN:DM). Les différents ratios sont reportés sur chaque graphique. L'intensité diffusée est suivie pendant une heure, à 60°C. La concentration en β-cristallines est toujours de 0,5 mg.mL⁻¹.*

b1. La remarquable stabilité des β-cristallines.

Les αN protègent les βLb à 60°C d'une manière dépendante du rapport (sHsp:cible) ; (figure 82 A). Il en va de même pour les βB2 sauvages (figure 82 B). Plus la proportion en αN est importante par rapport aux β-cristallines, moins les intensités diffusées s'accroissent et meilleure est la protection. Toutefois les αN ne protègent pas avec la même efficacité la βB2 et les βLb (figure 82 A et B). Pour un même ratio (αN:β), la βB2 est mieux chaperonnée. Par exemple, pour le ratio (1:1) l'intensité diffusée par le mélange avec la βB2 a augmenté de 30 % environ après une heure à 60°C, alors qu'elle s'est accrue de près de 70 % pour le mélange comportant les βLb. De plus, on voit moins d'écarts entre les intensités diffusées après une heure pour les rapports (1:2) et (2:1) comportant la βB2 (10 %), que pour celles incluant les βLb (50 %). Pour les ratios (1:4) et (1:8) comportant la βB2 ou les βLb, les intensités diffusées évoluent trop rapidement pour être mesurées sur une période d'une heure. Les courbes d'intensité avec βB2 montrent une cassure à respectivement 3000 et 2300 s, indiquant un changement dans les associations entre les αN et la βB2. La cassure est beaucoup moins nette et très proche de t = 0 s, pour les courbes avec βLb.

Une expérience identique (même température, mêmes ratios) a été faite avec les αN issues d'une préparation antérieure de six mois environ et les mêmes βLb que ci-dessus. Il apparaît que pour un même ratio, les αN les plus âgées associent une quantité moindre de βLb (données non montrées).

b2. Les effets de la désamidation.

Les αN ne protègent pas les mutants de désamidation de βB2 avec la même efficacité que la βB2 sauvage (figure 87 B et D). En effet, les αN ont une activité chaperon nulle vis-à-vis du mutant Q70E aussi bien à 60 qu'à 55 ou 52°C, quel que soit le rapport (sHsp:cible) et même lorsque les αN ont été « activées » ; c'est-à-dire pré-incubées seules à 60°C avant le test chaperon (données non montrées). Au contraire, les mutants Q162E et DM semblent pris en charge par les αN de manière ratio-dépendante, puisque les intensités diffusées correspondantes évoluent différemment de celles correspondant aux mutants seuls (figure 82 C et D). En fait, elles évoluent entre 0 et 500 s, puis stagnent par la suite. Elles sont toutefois beaucoup plus oscillantes que pour les tests effectués avec la βB2 ou les βLb, ce qui peut indiquer la présence, dans la solution, de particules moins homogènes, moins stables et sans doute même de matériel précipité. Là encore des différences entre mutants Q70E et Q162E apparaissent, alors qu'il s'agit de sites de mutations homologues.

b3. Analyse des assemblages formés par les α- et les β-cristallines.

Nous avons comparé les R_h des mélanges (αN:β) pour les βLb et la βB2 aux R_h des αN seules dans les mêmes conditions ; c'est-à-dire pendant une heure à 60°C (figure 83 A et B). En une heure, les αN passent d'un R_h de 8,6 à un R_h de 10,5 nm, ce qui correspond à la transition observée (« l'activation ») avec les αN à cette température (et ces valeurs de R_h restent identiques quelle que soit la concentration en αN). À température ambiante, les α- et β-cristallines ne sont pas suffisamment distinctes en taille pour que la DLS résolve les deux R_h correspondants ; on a donc accès à une valeur moyenne de R_h intermédiaire entre les 3,0 nm des β-cristallines et les 8,6 nm des αN et plus la proportion de β-cristallines est importante plus le R_h du mélange (sHsp:cible) tend vers 3,0 nm.

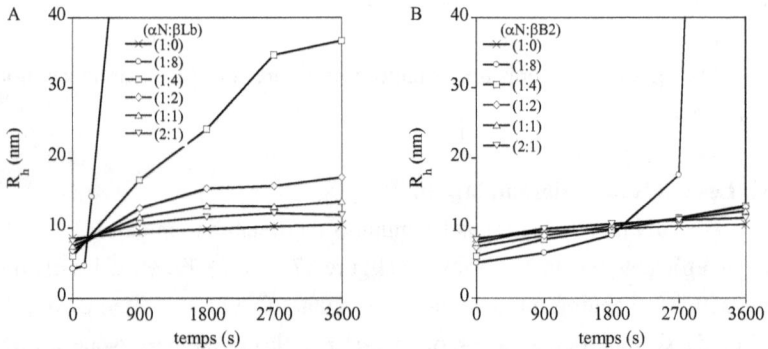

Figure 83. *Variations des valeurs de R_h déterminés pour différents mélanges : **A**, d'αN et de βLb **B**, d'αN et de βB2 à 60°C, en fonction du temps. Les différents ratios de protéines sont indiqués sur les graphiques. Les concentrations en βB2 et βLb sont toujours égales à 0,5 mg.mL^{-1}.*

222

Par la suite, quand la température passe à 60°C, les R_h des complexes (αN:β) croient différemment des R_h des αN seules. Les R_h des complexes (αN:βLb) sont toujours supérieurs aux R_h de la sHsp seule, pour un même temps d'incubation (à partir de 310 s ; figure 83 A). Par exemple, après 1800 s à 60°C, le R_h des αN est de 9,8 nm, alors que celui du mélange au ratio (1:1) est de 13,1 nm. Des résultats similaires sont obtenus pour les couples (αA:βLb) (données non montrées). Dans le cas de la βB2 (figure 83 B), les R_h des mélanges ne dépassent les R_h des αN seules qu'après 1800 s (entre 1900 et 2500 s) à 60°C ; pour le ratio (1:1) ils sont respectivement de 10,4 et 9,8 nm. Le décalage peut sans doute s'expliquer par le comportement de la βB2. Seule, elle n'évolue qu'après 600 s environ à 60°C, alors que les βLb évoluent plus vite, après environ 250 s. De plus, il faut noter que plus la proportion de β-cristallines est importante, plus le R_h du mélange (sHsp:cible) augmente rapidement au cours du temps et ceci est vrai aussi bien avec les βLb qu'avec les βB2. Ces variations de taille confirment que les complexes formés, lors des tests, contiennent des αN et des β-cristallines qui s'assemblent en entités solubles. Il est généralement admis (Evans et al., 2008) que la prise en charge des cibles par les αN empêche ou minimise leur dénaturation et leur passage par des formes complètement dépliées. Nos résultats indiquent que les β-cristallines ne s'insèrent pas uniquement dans les espaces libres dus à la conformation non compacte des αN, mais conduisent à des complexes de taille plus importante que les assemblages initiaux, et aussi plus compacte car l'échange est fortement réduit voir absent (Putilina et al., 2003). Les différences de taille visibles entre les complexes formés avec les βLb et de la βB2 peuvent s'expliquer par une plus grande flexibilité des dimères de βLb pendant leur dénaturation thermique.

b4. La protection variable des différentes α-cristallines.

Nous avons également comparé l'efficacité des trois α-cristallines (αN bovines, αA et αB humaines) vis-à-vis des βLb à 60°C, dans un rapport (α:βLb) : (1:1) ; (figure 84 A). Il apparaît que les αN protègent mieux que l'αA, qui protège mieux que l'αB qui ne protège pas les βLb à 60°C. À 60°C l'αB s'agrège, alors que l'αA est plus résistante. Après 1200 s à 60°C, l'intensité diffusée par le mélange (αN:βLb) est quatre fois plus faible que celle du mélange (αA:βLb). La figure 84 B montre que les αA bovines et humaines semblent procurer une protection identique aux βLb.

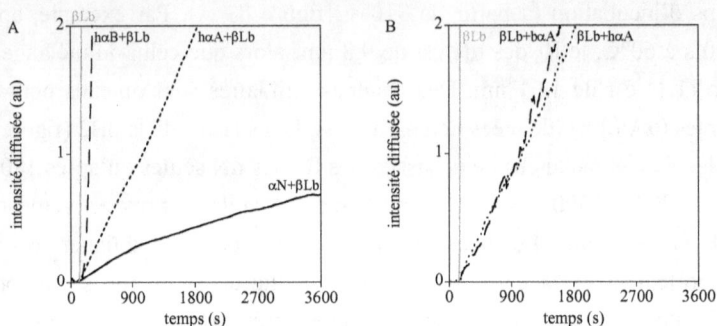

Figure 84. *Analyse par DLS de l'activité de type chaperon des α-cristallines vis-à-vis des βLb. Les intensités diffusées sont enregistrées en fonction du temps à 60°C. La concentration de chaque protéine est de 0,5 mg.mL^{-1} et le ratio (α:βLb) utilisé est de (1:1). A, Comparaison de la fonction anti-stress des αN bovines, αA humaine et αB humaine, vis-à-vis des βLb bovines. B, Comparaison de la fonction anti-stress des αA humaine et bovine vis-à-vis des βLb bovines.*

b5. Les tests d'activité par SAXS.

Nous avons tenté des tests d'activité de type chaperon en SAXS pour le couple (αN:βB2) dans un ratio (1:1). Les mesures d'intensités diffusées sont faites à température ambiante. Les courbes d'intensité montrées correspondent au mélange (αN:βB2) et aux αN seules dans un ratio (1:0), préalablement incubés trente minutes à 60°C, soit (αN-βB2-60°C) et (αN-60°C), (figure 85). La troisième courbe (αN-60°C+βB2-15°C) est la somme des courbes (αN-60°C) et βB2 seule non chauffée dans un ratio (0:1), soit (βB2-15°C). Aux grands angles, les courbes (αN-βB2-60°C) et (αN-60°C+βB2-15°C) se superposent bien, ce qui indique que la même quantité de matière est présente ; la courbe (αN-60°C) est deux fois plus basse, ce qui indique qu'il y a deux fois moins de matériel, en accord avec la composition du mélange (1:1). Aux petits angles, les courbes (αN-60°C) et (αN-60°C+βB2-15°C) se superposent bien car la diffusion de la βB2 est négligeable vis-à-vis de la diffusion des αN. En revanche, l'intensité à l'origine de la courbe (αN-βB2-60°C) est deux fois plus élevée, indiquant la formation des complexes αN-βB2. Ces expériences confirment bien la formation des complexes et que toutes les protéines βB2 sont associées dans des complexes avec les αN.

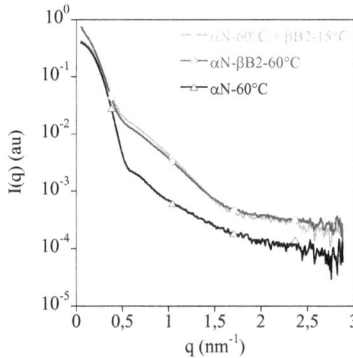

Figure 85. *Test d'activité de type chaperon en SAXS pour le couple (αN:βB2) dans un ratio (1:1). Les mesures des intensités diffusées sont faites à température ambiante. Les courbes d'intensité montrées correspondent au mélange (αN:βB2) et aux αN seules dans un ratio (1:0), préalablement incubés trente minutes à 60°C, soit (αN-βB2-60°C) et (αN-60°C). La troisième courbe (αN-60°C+βB2-15°C) est la somme des courbes (αN-60°C) et βB2 seule non chauffée dans un ratio (0:1), soit (βB2-15°C).*

2. Les γ-cristallines vis-à-vis des α-cristallines.

a. Caractérisation des γ-cristallines : stabilité, transition, dénaturation.

Les γ-cristallines ont été des monomères monodisperses de 21 kDa environ, dont de nombreuses structures 3D sont déterminées. La γS est la plus atypique en terme de séquence et de comportement parmi toutes les γ-cristallines et est la seule avec la γA à ne pas avoir été cristallisée (une structure 3D obtenue par RMN de γS de rat est toutefois disponible ; Grishaev et al., 2005 ; Wu et al., 2005 ; une autre de γS humaine est en cours : Baraguey et al., 2004).

Après purification à partir d'yeux de veaux, il apparait clairement en regardant les profils d'élution (figure 24 B, cf. page 76) que les γT n'ont pas la même composition quand elles sont issues de la fraction nucléaire (Nx) ou de la fraction corticale (Cx) du cristallin. Elles sont plus abondantes dans le noyau où le pic élué qui leur correspond est plus fin et symétrique (signe d'une population plus homogène). Par colonne échangeuse d'ion, on peut séparer les différentes γ-cristallines constituant les γT. La fraction corticale est enrichie en γS, alors que la fraction nucléaire est plus riche en γD, γE et γF (figure 24 C, cf. page 76).

Les γT sont très stables dans le temps, puisqu'on peut les conserver à 4°C, sur une période d'un an sans voir de différences lors des expérimentations.

Les γT apparaissent en DLS comme une population homogène de R_h moyen égal à 2,1 nm à 20°C avec une polydispersité de 15 %. Dans ce cas, le pourcentage de polydispersité rend compte de leur non-sphéricité. De même, la γS a un R_h moyen de 2,0 nm et un pourcentage de polydispersité égal à 15 % à 20°C. À 66°C, les γT et γS s'agrègent, d'où l'opacification de la solution *in vitro*. La γS est moins stable que les γT car son intensité diffusée augmente à partir de 50°C, ce qui est en accord avec des expériences antérieures (Finet, 1998 ; Putilina et al., 2003).

En SAXS, les γT ont un R_g de 2,1 nm, elles ne sont stables sous faisceau que si on ajoute un agent réducteur comme le DTT pour éviter les réactions d'oxydation (pont disulfure) et les réactions radicalaires causées par les rayons X (Finet, 1998). Leur R_g reste stable jusqu'à 66°C. Les γT sont également stables sous pression (jusqu'à 300 MPa) à température ambiante, à 37°C aussi bien qu'à 48°C (données non montrées).

Les γT-Cx, γT-Nx et les γS bovines et humaines ont été étudiées en DSC. Les profils de ΔCp (mesurés à 0,5°C.min^{-1}), montrent que les γ-cristallines ont des pics de transition assez symétriques : un pic pour les γT-Nx et deux pics pour les γT-Cx. Cette différence est due à la présence plus conséquente de γS, dans les γT-Cx, qui correspondent en fait au premier pic. Les γT-Cx ont donc deux T_t de 71,9°C et 79,3°C, alors que pour les γT-Nx, T_t est de 78,9°C. Les γS bovines et humaines ont une T_t de 72,0°C. Ceci indique que les γS sont moins stables que les autres γ-cristallines.

b. Les tests d'activité *in vitro*.

Différents mélanges d'αN et de γT-Cx ont été réalisés à divers ratios (αN:γT) : (1:2), (1:4) et (1:6) ; (figure 86). La concentration en αN est toujours la même, de 0,5 mg.mL^{-1}, et celle des γT varie de 1 à 6 mg.mL^{-1}. Du fait de la différence de taille suffisante entre les αN et les γT on peut suivre l'évolution à la fois des R$_h$ et de l'intensité diffusée des mélanges d'αN et de γT à 20 et 66°C au cours du temps à ces différents ratios. À 20°C, deux R$_h$ sont résolus par DLS, l'un de 8,6 nm correspondant aux αN, l'autre de 2,1 nm correspondant aux γT. Quand la température est élevée à 66°C, les deux R$_h$ initialement présents se rejoignent en un seul de 12,0 nm environ - cette valeur n'est pas stable indéfiniment et finit par augmenter rapidement, mais aucun précipité n'est détecté. L'apparition de ce R$_h$ unique est dépendante du rapport des concentrations des αN et γT. Les αN s'associent aux γT jusqu'à un rapport (1:6), au delà des agrégats en suspension apparaissent à 66°C. On obtient les mêmes résultats avec la γS (données non montrées). On met donc en évidence l'activité de type chaperon *in vitro* des αN.

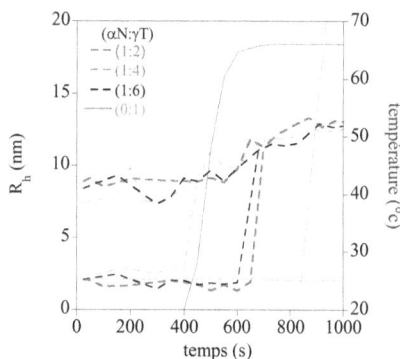

Figure 86. *Effet chaperon des αN vis-à-vis des γT. Evolution des R$_h$ moyens de différents mélanges (αN:γT) en fonction du temps et de la température. Ratios (αN:γT) : (1:2) en rouge, (1:4) en noir, (1:6) en vert ; γT seule en orange et en bleu la température de 20 à 66°C. La concentration en αN est toujours de 0,5 mg.mL^{-1}.*

Le mélange (1:6) à 20°C et après quinze minutes d'incubation à 66°C (figure 87) a été observé par microscopie électronique (ME) en coloration négative. Dans ces conditions, les γ-cristallines sont trop petites pour être visibles.

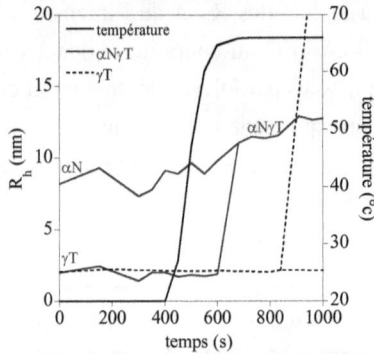

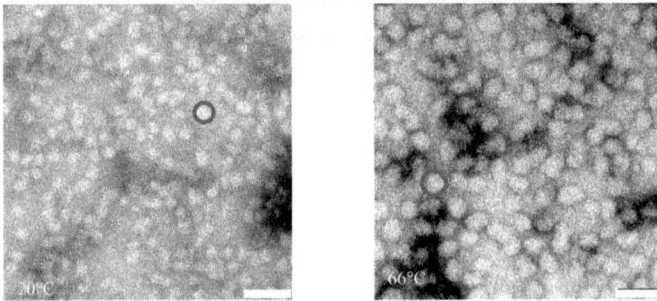

Figure 87. *Évolution des R_h des mélanges (αN:γT) : (1:6) en bleu et (0:1) en pointillés noirs de 20 à 66°C. Clichés de ME du mélange (αN:γT) (1:6) en coloration négative, grossissement : 50000 ; à 20°C et après 15 minutes à 66°C. La barre blanche indique 50 nm.*

On s'intéresse donc aux variations de taille des αN en présence ou en absence des γT. À 20°C on ne voit que les αN, alors qu'à 66°C on voit les complexes formés par les γT associées aux αN. Dans les deux cas, les αN apparaissent comme des particules globulaires, polydisperses et sans symétrie apparente (pas de cavité centrale visible, contrairement à d'autres sHsps comme Hsp26, Hsp16.5 ou Hsp16.9). À 20°C les αN ont le même diamètre, qu'elles soient seules ou mélangées à des γT, soit 14,0 nm environ. On ne met donc pas en évidence d'association *in vitro* entre αN et γT à 20°C. À 66°C, les αN seules ont un diamètre de ~ 18,0 nm et en présence des γT des diamètres ~ 20,0 nm. Nous montrons ainsi que l'association des γT avec les αN conduit à la formation de complexes globulaires. En revanche, on ignore où et comment les γT s'associent aux αN : à la périphérie des αN « activées » ou de manière homogène dans le nouveau complexe formé (figure 88) ?

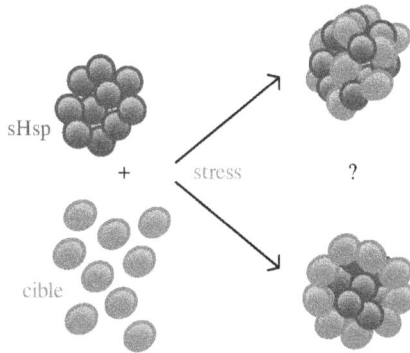

Figure 88. *Représentation schématique de la formation des complexes : sHsp-protéine cible. Comment les cibles s'associent-elles aux sHsps : à la périphérie des sHsps ou de manière homogène dans le nouveau complexe formé.*

3. Conclusion.

Les αN ont une activité de type chaperon *in vitro* vis-à-vis de leurs cibles physiologiques. Elles protègent les βLb, βB2 et les γT vis-à-vis d'un même type de stress : la température. Mais nous avons montré qu'au sein d'une même famille de protéines les αN ont des actions variables, en effet elles protègent mieux les βB2 que les βLb (figure 82 A et B). Or, les βLb incluent environ 70 % de βB2 et 30 % d'autres β-cristallines. Deux explications semblent possibles pour illustrer ces différences de comportement des αN : ou bien elles ont des efficacités vraiment différentes vis-à-vis des autres β-cristallines qui constituent les βLb et nous obtiendrions des résultats identiques quel que soit le type de stress appliqué, ou bien le stress appliqué est trop important pour ces autres β-cristallines et pour un autre type de stress nous aurions des résultats différents.

Nous avons montré que, pour un même stress, les αN ont des efficacités variables pour des protéines cibles sauvages et mutées. Alors qu'elles protègent la βB2 sauvage, elles sont totalement inefficaces vis-à-vis du mutant Q70E et plus ou moins actives vis-à-vis des mutants Q162E et DM. Bien que les sites de mutation Q70 et Q162 soient homologues entre les domaines D1 et D2 et que le type de résidu (glutamine) soit conservé dans la super famille des β- et γ-cristallines, il apparaît que ces deux sites ne sont pas équivalents. Les mutants ont des stabilités réduites en température par rapport à la protéine sauvage (tableau 14, cf. page 219). De plus, quand ils sont chauffés à 60°C les mutants ont deux comportements distincts ; d'un côté le mutant Q162E précipite en partie (70 %), mais la fraction soluble restante est de petite masse moléculaire et diffuse peu et de l'autre les mutants Q70E et DM forment à la fois des précipités et des agrégats solubles de grande taille qui empêchent les mesures par DLS après 200 s.

L'activité chaperon des αN a également été testée vis-à-vis des γT. L'expérience en DLS est intéressante puisque les αN et les γT sont suffisamment différentes en taille pour que nous puissions suivre non pas uniquement l'intensité diffusée, mais aussi l'évolution de ces protéines par les R_h. Il serait intéressant de tester l'activité des αN vis-à-vis des différentes γ-cristallines afin de voir si l'on observe des variations d'efficacité comme pour les β-cristallines. En effet, des expériences de FRET ont montré que suivant le type de γ-cristalline fixée, l'échange de sous-unités entre αN était modifié de façon différente. Ces expériences de FRET également ont montré que les γ-cristallines se fixaient sur des αN « activées », c'est-à-dire sur des αN qui avaient déjà doublé de taille, mais il s'agissait d'une démonstration indirecte (Putilina T. et al., 2003). En DLS, nous suivons directement l'association αN-γT et nous montrons que les augmentations de taille des αN, dues à leur « activation » et dues à la fixation des γT, sont simultanées. Il serait intéressant aussi de tester les mutants de désamidation de γ-cristallines équivalents aux mutants β B2 déjà testés, pour voir si l'activité chaperon est la même ou pas vis-à-vis de ces trois mutants dont la stabilité en température n'est pas équivalente (Flaugh et al., 2006).

Enfin nous montrons que les complexes αN-cible physiologique (αN-βLb, αN-βB2 et αN-γT) ont des tailles supérieures aux assemblages d'αN seule « activées » et donc que les cibles physiologiques (β- et γ-cristallines) ne font pas que combler les espaces laissés vides dans les assemblages d'αN, mais qu'elles induisent aussi des réarrangements structuraux ou spatiaux des différentes sous-unités d'αN.

IV. La fonction anti-stress : conclusion.

L'activité de type chaperon des α-cristallines est connue pour protéger contre différents stress, en liant une variété de cibles partiellement dénaturées (Horwitz, 1992 ; Santhoshkumar et Sharma, 2001 ; Horwitz, 2003 ; Putilina et al., 2003 ; Ghosh et al., 2005 ; Bhattacharyya et al., 2006 ; Ecroyd et al., 2007) et nos études illustrent bien la variété de cibles pouvant faire l'objet d'une protection par les α-cristallines : la CS, l'ADH, les β-et γ-cristallines. Dans le cas de cibles physiologiques, une « activation » est requise ; par exemple, la forme active des αN bovines vis-à-vis des γ-cristallines est un oligomère de 80 sous-unités alors que la structure native comporte 40 sous-unités formant (Putilina T. et al., 2003). Il en va de même pour les β-cristallines.

De plus, au travers des différentes expériences que nous avons menées, il apparaît que l'efficacité des α-cristallines est variable vis-à-vis du type de cible utilisé : « modèle » ou physiologique ; sauvage ou mutée et que l'activité chaperon des α-cristallines est ratio dépendante, puisque l'efficacité de la protection augmente avec la quantité de sHsp.

Alors on peut se demander, pourquoi une même sHsp ne protège pas de la même façon ses différentes cibles, alors qu'elles sont confrontées à un même stress (ici, une élévation de la température) ? Une réponse possible est que chaque cible ne fait pas intervenir les mêmes mécanismes de protection ; c'est-à-dire que les zones d'interactions entre une cible et une sHsp peuvent être différentes. Des études réalisées avec différentes cibles et sHsps ont montré que ces zones d'interactions pouvaient varier (Ghosh et al., 2005 et 2006 ; Sharma et al., 1997, 1998 et 2000 ; Bhattacharyya et al., 2006 ; Santhoshkumar et al., 2001).

La désamidation est choisie comme étant représentative des modifications post-traductionnelles, car dans l'oeil c'est la plus rencontrée au cours du vieillissement. Nos expériences montrent cependant qu'une même modification post-traductionnelle n'est pas gérée de la même façon par les α-cristallines selon l'endroit où elle est localisée sur la cible et de plus, certaines modifications semblent ne pas pouvoir être gérer.

Enfin, il serait intéressant de déterminer comment s'assemblage la sHsp et la cible entre elles : s'agit-il d'un mélange homogène des deux ou bien la cible se place-t-elle en périphérie de la sHsp.

CONCLUSION ET PERSPECTIVES

Les différents termes de la relation structure-dynamique-fonction qui régit la famille des sHsps sont présentés ici séparément. Chaque chapitre aborde un caractère ou une propriété intrinsèque aux sHsps et y apporte des éléments nouveaux par l'expérimentation. Ce choix de présentation est fait pour montrer comment une expérience est appréhendée et conçue pour répondre à une question posée : La Hsp26 a-t-elle des points communs avec les sHsps de mammifères ? Le mutant R120G est-il capable d'échanger des sous-unités ? Les αN protègent-elles les β-cristallines désamidées ? Etc. Mais il apparaît très vite, au regard des multiples résultats obtenus, que les conclusions pouvant être déduites se rejoignent et que les différentes propriétés définissant les sHsps sont étroitement liées les unes aux autres, ainsi qu'aux conditions environnementales. Les articles en fin de manuscrit donnent une vision plus thématique de ce travail. Dans ce travail d'analyse *in vitro*, nous avons constamment essayé de rester dans des conditions semblables à celles existant *in vivo*. L'ensemble de propriétés structurales, dynamiques et fonctionnelles des sHsps mis en évidence peut être considéré comme pertinent pour la cellule. Il existe, bien sûr, d'autres paramètres dans la cellule dont nous n'avons pas pu tenir compte (pH local, présence et concentrations d'autres composants cytoplasmiques, etc.).

Du point de vue structural, il n'y a que trois structures 3D disponibles pour les sHsps. Ce manque de structures 3D est indéniablement un facteur limitant l'étude des sHsps. Pour ce travail, il nous a fallu trouver d'autres alternatives pour obtenir des informations structurales, qui ont nécessité l'utilisation non pas d'un, mais de plusieurs outils (biochimiques, biophysiques et bioinformatiques). Pour l'avenir, l'obtention de nouvelles structures 3D serait hautement souhaitable. Puisque les sHsps de mammifères, polydisperses, ne se prêtent pas à la cristallisation, les recherches pourraient s'orienter vers de nouvelles sHsps, monodisperses, issues d'autres organismes comme les bactéries, les extrémophiles ou les plantes.

Nous avons analysé plusieurs assemblages de sHsps en solution et montré ainsi la diversité de comportements existant au sein de cette famille protéique. Les transitions conformationnelles apparaissent fortement liées aux stress et aux conditions environnementales. En effet, nous avons montré qu'elles sont dépendantes de la température, de la pression et du type de sHsp employée (humaine, bovine, sauvage, mutante). Pour mieux connaître leurs propriétés intrinsèques, il serait profitable à long terme de caractériser de la même façon d'autres sHsps telle que Hsp27 humaine, mais aussi des oligomères issus de différentes combinaisons de sHsps (puisqu'*in vivo*, les sHsps peuvent exister sous la forme d'hétéro-oligomères). L'utilisation combinée de la température et de la pression permet l'application de stress variés et modulables, ce qui pourrait être particulièrement utile pour la comparaison de nouvelles sHsps. L'étude des mutants R120X de l'αB humaine s'est avérée très informative et nous amène à penser que l'étude d'autres mutants pathologiques présenterait aussi un grand intérêt, notamment de mutants mimant la phosphorylation (modification post-traductionnelle des sHsps, très courante, dans les cellules en réponse au stress).

En utilisant une nouvelle approche, nous avons montré que le caractère dynamique des sHsps était aussi sensible aux conditions environnementales (température) et aux types de sHsps employées. Ce caractère dynamique est essentiel pour la stabilité des assemblages et pour permettre aux transitions conformationnelles d'avoir lieu. Il intervient également dans le fonctionnement normal des sHsps. Dans cette optique, le contrôle des échanges de sous-unités semble une piste intéressante à suivre. Il permettrait de savoir dans quelle mesure il est possible, par exemple, de corriger les propriétés d'une sHsp mutée en lui ajoutant une sHsp sauvage pour récupérer un fonctionnement normal et ceci au travers des échanges de sous-unités.

L'étude de la fonction anti-stress des sHsps a montré la sensibilité de l'activité de type chaperon aux divers paramètres (type de substrat, température, type de sHsp). De plus, il est maintenant très clair que cette fonction anti-stress se fait au travers de l'échange de sous-unités, mais nécessite aussi parfois des transitions conformationnelles. Ce point mériterait en outre d'être poursuivi avec d'autres sHsps humaines comme Hsp27 et d'autres mutants. Ces protéines formant des hétéro-oligomères et pouvant être accompagnées de différents co-facteurs *in vivo*, il serait intéressant de tester l'activité de type chaperon pour ces divers mélanges de sHsps, comme par exemple le couple : αB/Hsp27.

Enfin, les sHsps ont souvent été trouvées associées à des maladies impliquant une agrégation protéique. Le rôle des sHsps dans ces pathologies humaines, notamment les maladies neurodégénératives impliquant la formation de plaques séniles, reste à comprendre. Ces dix dernières années, beaucoup de travaux ont été effectués dans ce domaine mais au sujet des amyloïdes, et beaucoup d'interrogations demeurent sur la participation des sHsps. Les sHsps participent-elles à la toxicité pour la cellule ? Les sHsps trouvées associées aux peptides amyloïdes constituant ces plaques sont-elles, elles même, capables de former des fibres de type amyloïde ?

Parmi les stratégies à visée thérapeutique, on peut aussi penser à la recherche de modulateurs d'assemblages (des peptides interagissant à l'interface des sous-unités) bloquant les échanges de sous-unités ou permettant d'empêcher la formation d'oligomères fonctionnels. Le même type de raisonnement peut être appliqué pour la recherche d'inhibiteurs des effets des sHsps dans divers contextes comme les traitements anti-cancéreux.

RÉFÉRENCES BIBLIOGRAPHIQUES

-A-

Ahmad M.F., Raman B., Ramakrishna T. et Rao Ch M. (2008). "Effect of phosphorylation on alpha B-crystallin: differences in stability, subunit exchange and chaperone activity of homo and mixed oligomers of alpha B-crystallin and its phosphorylation-mimicking mutant." *J Mol Biol*, **375**(4): 1040-51.

Alix, J.H. (2004). "The work of chaperone." *Ribosome Structure*, vol. **1**: 529–553. Edited by Nierhaus K.H. & Wilson D.N. Weinheim : Wiley-VCH.

Andley U.P. (2007). "Crystallins in the eye: Function and pathology." *Prog Retin Eye Res*, **26**(1): 78-98.

Aquilina J.A., Benesch J.L., Bateman O.A., Slingsby C. et Robinson C.V. (2003). "Polydispersity of a mammalian chaperone: mass spectrometry reveals the population of oligomers in alphaB-crystallin." *Proc Natl Acad Sci U S A*, **100**(19): 10611-6.

Aquilina J.A., Benesch J.L., Ding L.L., Yaron O., Horwitz J. et Robinson C.V. (2005). "Subunit exchange of polydisperse proteins: mass spectrometry reveals consequences of alphaA-crystallin truncation." *J Biol Chem*, **280**(15): 14485-91.

Arrigo A.P., Suhan J.P. et Welch W.J. (1988). "Dynamic changes in the structure and intracellular locale of the mammalian low-molecular-weight heat shock protein." *Mol Cell Biol*, **8**(12): 5059-71.

Arrigo A.P. et Landry. J. (1994). "Expression and function of low molecular weight Heat Shock Proteins. The Biology of heat shock proteins and chaperones." 335-373.

Arrigo A.P., Simon S., Gibert B., Kretz-Remy C., Nivon M., Czekalla A., Guillet D., Moulin M., Diaz-Latoud C. et Vicart P. (2007). "Hsp27 (HspB1) and alphaB-crystallin (HspB5) as therapeutic targets." *FEBS Lett*, **581**(19): 3665-74.

Augusteyn R.C. (2004). "alpha-crystallin: a review of its structure and function." *Clin Exp Optom*, **87**(6): 356-66.

-B-

Baraguey C., Skouri-Panet F., Bontems F., Tardieu A., Chassaing G. et Lequin O. (2004). "(1)H, (15)N and (13)C resonance assignment of human gammaS-crystallin, a 21 kDa eye-lens protein." *J Biomol NMR*, **30**(3): 385-6.

Basha E., Lee G.J., Demeler B. et Vierling E. (2004). "Chaperone activity of cytosolic small heat shock proteins from wheat." *Eur J Biochem*, **271**(8): 1426-36.

Basha E., Friedrich K.L. et Vierling E. (2006). "The N-terminal arm of small heat shock proteins is important for both chaperone activity and substrate specificity." *J Biol Chem*, **281**(52): 39943-52.

Bax B., Lapatto R., Nalini V., Driessen H., Lindley P.F., Mahadevan D., Blundell T.L. et Slingsby C. (1990). "X-ray analysis of beta B2-crystallin and evolution of oligomeric lens proteins." *Nature*, **347**(6295): 776-80.

Beall A.C., Kato K., Goldenring J.R., Rasmussen H. et Brophy C.M. (1997). "Cyclic nucleotide-dependent vasorelaxation is associated with the phosphorylation of a small heat shock-related protein." *J Biol Chem*, **272**(17): 11283-7.

Beissinger M. et Buchner J. (1998). "How chaperones fold proteins." *Biol Chem*, **379**(3): 245-59.

Bellyei S., Szigeti A., Pozsgai E., Boronkai A., Gomori E., Hocsak E., Farkas R., Sumegi B. et Gallyas F., Jr. (2007). "Preventing apoptotic cell death by a novel small heat shock protein." *Eur J Cell Biol*, **86**(3): 161-71.

Belloni L. (1987). "Interactions électrostatiques en solutions colloïdales." Thèse d'état. UPMC. Paris.

Benesch J.L., Ayoub M., Robinson C.V. et Aquilina J.A. (2008). "Small heat shock protein activity is regulated by variable oligomeric substructure." *J Biol Chem*, **283**(42): 28513-7.

Bera S. et Abraham E.C. (2002). "The alphaA-crystallin R116C mutant has a higher affinity for forming heteroaggregates with alphaB-crystallin." *Biochemistry*, **41**(1): 297-305.

Bera S., Thampi P., Cho W.J. et Abraham E.C. (2002). "A positive charge preservation at position 116 of alpha A-crystallin is critical for its structural and functional integrity." *Biochemistry*, **41**(41): 12421-6.

Berengian A.R., Parfenova M. et McHaourab H.S. (1999). "Site-directed spin labeling study of subunit interactions in the alpha-crystallin domain of small heat-shock proteins. Comparison of the oligomer symmetry in alphaA-crystallin, HSP 27, and HSP 16.3." *J Biol Chem*, **274**(10): 6305-14.

Bhattacharyya J., Srinivas V. et Sharma K.K. (2002). "Evaluation of hydrophobicity versus chaperonelike activity of bovine alphaA- and alphaB-crystallin." *J Protein Chem*, **21**(1): 65-71.

Bhattacharyya J., Padmanabha Udupa E.G., Wang J. et Sharma K.K. (2006). "Mini-alphaB-crystallin: a functional element of alphaB-crystallin with chaperone-like activity." *Biochemistry*, **45**(9): 3069-76.

Biswas A. et Das K.P. (2004). "Role of ATP on the interaction of alpha-crystallin with its substrates and its implications for the molecular chaperone function." *J Biol Chem*, **279**(41): 42648-57.

Bloemendal H., de Jong W., Jaenicke R., Lubsen N.H., Slingsby C. et Tardieu A. (2004). "Ageing and vision: structure, stability and function of lens crystallins." *Prog Biophys Mol Biol*, **86**(3): 407-85.

Bode C., Tolgyesi F.G., Smeller L., Heremans K., Avilov S.V. et Fidy J. (2003). "Chaperone-like activity of alpha-crystallin is enhanced by high-pressure treatment." *Biochem J*, **370**(Pt 3): 859-66.

Boelens W.C., Croes Y., de Ruwe M., de Reu L. et de Jong W.W. (1998). "Negative charges in the C-terminal domain stabilize the alphaB-crystallin complex." *J Biol Chem*, **273**(43): 28085-90.

Bonneté F., Malfois M., Finet S., Tardieu A., Lafont S. et Veesler S. (1997). "Different tools to study interaction potentials in gamma-crystallin solutions: relevance to crystal growth." *Acta Crystallogr D Biol Crystallogr*, **53**(Pt 4): 438-47.

Bova M.P., Ding L.L., Horwitz J. et Fung B.K. (1997). "Subunit exchange of alphaA-crystallin." *J Biol Chem*, **272**(47): 29511-7.

Bova M.P., Yaron O., Huang Q., Ding L., Haley D.A., Stewart P.L. et Horwitz J. (1999). "Mutation R120G in alphaB-crystallin, which is linked to a desmin-related myopathy, results in an irregular structure and defective chaperone-like function." *Proc Natl Acad Sci U S A*, **96**(11): 6137-42.

Bova M.P., McHaourab H.S., Han Y. et Fung B.K. (2000). "Subunit exchange of small heat shock proteins. Analysis of oligomer formation of alphaA-crystallin and Hsp27 by fluorescence resonance energy transfer and site-directed truncations." *J Biol Chem*, **275**(2): 1035-42.

Bova M.P., Huang Q., Ding L. et Horwitz J. (2002). "Subunit exchange, conformational stability, and chaperone-like function of the small heat shock protein 16.5 from Methanococcus jannaschii." *J Biol Chem*, **277**(41): 38468-75.

Boyle D. et Takemoto L. (1994). "Characterization of the alpha-gamma and alpha-beta complex: evidence for an in vivo functional role of alpha-crystallin as a molecular chaperone." *Exp Eye Res*, **58**(1): 9-15.

Broide M.L., Berland C.R., Pande J., Ogun O.O. et Benedek G.B. (1991). "Binary-liquid phase separation of lens protein solutions." *Proc Natl Acad Sci U S A*, **88**(13): 5660-4.

Buchner J. (1999). "Hsp90 & Co. - a holding for folding." *Trends Biochem Sci*, **24**(4): 136-41.

Bukach O.V., Seit-Nebi A.S., Marston S.B. et Gusev N.B. (2004). "Some properties of human small heat shock protein Hsp20 (HspB6)." *Eur J Biochem*, **271**(2): 291-302.

Burgio M.R., Kim C.J., Dow C.C. et Koretz J.F. (2000). "Correlation between the chaperone-like activity and aggregate size of alpha-crystallin with increasing temperature." *Biochem Biophys Res Commun*, **268**(2): 426-32.

Burgio M.R., Bennett P.M. et Koretz J.F. (2001). "Heat-induced quaternary transitions in hetero- and homo-polymers of alpha-crystallin." *Mol Vis*, **7**: 228-33.

-C-

Carver J.A., Nicholls K.I., Aquilina J.A. et Truscott R.J. (1996). "Age related changes in bovine alpha-crystallin and high-molecular-weight protein." *Exp Eye Res*, **63**: 639-47.

Carver J.A., Lindner R.A., Lyon C., Canet D., Hernandez H., Dobson C.M. et Redfield C. (2002). "The interaction of the molecular chaperone alpha-crystallin with unfolding alpha-lactalbumin: a structural and kinetic spectroscopic study." *J Mol Biol*, **318**(3): 815-27.

Chaudhry C., Horwich A.L., Brunger A.T. et Adams P.D. (2004). "Exploring the structural dynamics of the E.coli chaperonin GroEL using translation-libration-screw crystallographic refinement of intermediate states." *J Mol Biol*, **342**(1): 229-45.

Chaufour S., Mehlen P. et Arrigo A.P. (1996). "Transient accumulation, phosphorylation and changes in the oligomerization of Hsp27 during retinoic acid-induced differentiation of HL-60 cells: possible role in the control of cellular growth and differentiation." *Cell Stress Chaperones*, **1**(4): 225-35.

Chavez Zobel A.T., Loranger A., Marceau N., Theriault J.R., Lambert H. et Landry J. (2003). "Distinct chaperone mechanisms can delay the formation of aggresomes by the myopathy-causing R120G alphaB-crystallin mutant." *Hum Mol Genet*, **12**(13): 1609-20.

Chirgadze Y.N., Driessen H.P., Wright G., Slingsby C., Hay R.E. et Lindley P.F. (1996). "Structure of bovine eye lens gammaD (gammaIIIb)-crystallin at 1.95 A." *Acta Crystallogr D Biol Crystallogr*, **52**(Pt 4): 712-21.

Chowdary T.K., Raman B., Ramakrishna T. et Rao C.M. (2004). "Mammalian Hsp22 is a heat-inducible small heat-shock protein with chaperone-like activity." *Biochem J*, **381**(Pt 2): 379-87.

Ciocca D.R., Asch R.H., Adams D.J. et McGuire W.L. (1983). "Evidence for modulation of a 24K protein in human endometrium during the menstrual cycle." *J Clin Endocrinol Metab*, **57**(3): 496-9.

Clark J.I., Matsushima H., David L.L. et Clark J.M. (1999). "Lens cytoskeleton and transparency: a model." *Eye*, **13 (Pt 3b)**: 417-24.

Clark J.I. et Muchowski P.J. (2000). "Small heat-shock proteins and their potential role in human disease." *Curr Opin Struct Biol*, **10**(1): 52-9.

Cobb B.A. et Petrash J.M. (2000). "Structural and functional changes in the alpha A-crystallin R116C mutant in hereditary cataracts." *Biochemistry*, **39**(51): 15791-8.

-D-

Datta S.A. et Rao C.M. (1999). "Differential temperature-dependent chaperone-like activity of alphaA- and alphaB-crystallin homoaggregates." *J Biol Chem*, **274**(49): 34773-8.

David J.C., Boelens W.C. et Grongnet J.F. (2006). "Up-regulation of heat shock protein HSP 20 in the hippocampus as an early response to hypoxia of the newborn." *J Neurochem*, **99**(2): 570-81.

Davidson S.M., Loones M.T., Duverger O. et Morange M. (2002). "The developmental expression of small HSP." *Prog Mol Subcell Biol*, **28**: 103-28.

Davies J.M., Brunger A.T. et Weis W.I. (2008). "Improved structures of full-length p97, an AAA ATPase: implications for mechanisms of nucleotide-dependent conformational change." *Structure*, **16**(5): 715-26.

de Jong W.W., Leunissen J.A. et Voorter C.E. (1993). "Evolution of the alpha-crystallin/small heat-shock protein family." *Mol Biol Evol*, **10**(1): 103-26.

de Jong W.W., Caspers G.J. et Leunissen J.A. (1998). "Genealogy of the alpha-crystallin--small heat-shock protein superfamily." *Int J Biol Macromol*, **22**(3-4): 151-62.

de Jong W.W. et Lubsen N.H. (2006). "Crystallins." *Encyclopedia of sciences,* John Wiley & son, Ltd.

Delaye M. et Tardieu A. (1983). "Short-range order of crystallin proteins accounts for eye lens transparency." *Nature*, **302**(5907): 415-7.

De Maio A. (1999). "Heat shock proteins: facts, thoughts, and dreams." *Shock,* **11**(1):1-12.

Dollins D.E., Warren J.J., Immormino R.M. et Gewirth D.T. (2007). "Structures of GRP94-nucleotide complexes reveal mechanistic differences between the hsp90 chaperones." *Mol Cell*, **28**(1): 41-56.

-E-

Ecroyd H., Meehan S., Horwitz J., Aquilina J.A., Benesch J.L., Robinson C.V., Macphee C.E. et Carver J.A. (2007). "Mimicking phosphorylation of alphaB-crystallin affects its chaperone activity." *Biochem J*, **401**(1): 129-41.

Ecroyd H. et Carver J.A. (2008). "Crystallin proteins and amyloid fibrils." *Cell Mol Life Sci.*

Ehrnsperger M., Graber S., Gaestel M. et Buchner J. (1997). "Binding of non-native protein to Hsp25 during heat shock creates a reservoir of folding intermediates for reactivation." *Embo J*, **16**(2): 221-9.

Ehrnsperger M., Lilie H., Gaestel M. et Buchner J. (1999). "The dynamics of Hsp25 quaternary structure. Structure and function of different oligomeric species." *J Biol Chem*, **274**(21): 14867-74.

Evans P.J. (2006). "Circular dichroism spectroscopy studies of the eye lens crystallin proteins." PhD. Birkbeck College. Londres.

Evans P., Slingsby C. et Wallace B.A. (2008). "Association of partially folded lens betaB2-crystallins with the alpha-crystallin molecular chaperone." *Biochem J*, **409**(3): 691-9.

Evgrafov O.V., Mersiyanova I., Irobi J., Van Den Bosch L., Dierick I., Leung C.L., Schagina O., Verpoorten N., Van Impe K., Fedotov V., Dadali E., Auer-Grumbach M., Windpassinger C., Wagner K., Mitrovic Z., Hilton-Jones D., Talbot K., Martin J.J., Vasserman N., Tverskaya S., Polyakov A., Liem R.K., Gettemans J., Robberecht W., De Jonghe P. et Timmerman V. (2004). "Mutant small heat-shock protein 27 causes axonal Charcot-Marie-Tooth disease and distal hereditary motor neuropathy." *Nat Genet*, **36**(6): 602-6.

-F-

Fan G.C., Ren X., Qian J., Yuan Q., Nicolaou P., Wang Y., Jones W.K., Chu G. et Kranias E.G. (2005). "Novel cardioprotective role of a small heat-shock protein, Hsp20, against ischemia/reperfusion injury." *Circulation*, **111**(14): 1792-9.

Fernandes M., O'Bren R. et Lis J. (1994). "Structure and regulation of heat shock gene promoters." Cold spring Harbor laboratory Press.

Finet S. (1998). "Interactions entre protéines en solution : étude par diffusion des rayons X aux petits angles du lysozyme et des protéines du cristallin ; application à la cristallisation." Thèse de doctorat. Discipline : biophysique moléculaire. UPMC. Paris.

Flaugh S.L., Mills I.A. et King J. (2006). "Glutamine deamidation destabilizes human gammaD-crystallin and lowers the kinetic barrier to unfolding." *J Biol Chem*, **281**(41): 30782-93.

Fontaine J.M., Rest J.S., Welsh M.J. et Benndorf R. (2003). "The sperm outer dense fiber protein is the 10th member of the superfamily of mammalian small stress proteins." *Cell Stress Chaperones*, **8**(1): 62-9.

Fontaine J.M., Sun X., Benndorf R. et Welsh M.J. (2005). "Interactions of HSP22 (HSPB8) with HSP20, alphaB-crystallin, and HSPB3." *Biochem Biophys Res Commun*, **337**(3): 1006-11.

Franck E., Madsen O., van Rheede T., Ricard G., Huynen M.A. et de Jong W.W. (2004). "Evolutionary diversity of vertebrate small heat shock proteins." *J Mol Evol*, **59**(6): 792-805.

Franzmann T.M., Menhorn P., Walter S. et Buchner J. (2008). "Activation of the chaperone Hsp26 is controlled by the rearrangement of its thermosensor domain." *Mol Cell*, **29**(2): 207-16.

Fu L. et Liang J.J. (2002). "Detection of protein-protein interactions among lens crystallins in a mammalian two-hybrid system assay." *J Biol Chem*, **277**(6): 4255-60.

Fu L. et Liang J.J. (2003). "Enhanced stability of alpha B-crystallin in the presence of small heat shock protein Hsp27." *Biochem Biophys Res Commun*, **302**(4): 710-4.

Fu X. et Chang Z. (2004). "Temperature-dependent subunit exchange and chaperone-like activities of Hsp16.3, a small heat shock protein from Mycobacterium tuberculosis." *Biochem Biophys Res Commun*, **316**(2): 291-9.

Fu X. et Chang Z. (2006). "Identification of a highly conserved pro-gly doublet in non-animal small heat shock proteins and characterization of its structural and functional roles in Mycobacterium tuberculosis Hsp16.3." *Biochemistry (Mosc)*, **71 Suppl 1**: S83-90.

-G-

Ghahghaei A., Rekas A., Price W.E. et Carver J.A. (2007). "The effect of dextran on subunit exchange of the molecular chaperone alphaA-crystallin." *Biochim Biophys Acta*, **1774**(1): 102-11.

Ghosh J.G. et Clark J.I. (2005). "Insights into the domains required for dimerization and assembly of human alphaB crystallin." *Protein Sci*, **14**(3): 684-95.

Ghosh J.G., Estrada M.R. et Clark J.I. (2005). "Interactive domains for chaperone activity in the small heat shock protein, human alphaB crystallin." *Biochemistry*, **44**(45): 14854-69.

Ghosh J.G., Houck S.A., Doneanu C.E. et Clark J.I. (2006). "The beta4-beta8 groove is an ATP-interactive site in the alpha crystallin core domain of the small heat shock protein, human alphaB crystallin." *J Mol Biol*, **364**(3): 364-75.

Graw J. (1997). "The crystallins: genes, proteins and diseases." *Biol Chem*, **378**(11): 1331-48.

Grishaev A., Wu J., Trewhella J. et Bax A. (2005). "Refinement of multidomain protein structures by combination of solution small-angle X-ray scattering and NMR data." *J Am Chem Soc*, **127**(47): 16621-8.

Groenen P.J., Merck K.B., de Jong W.W. et Bloemendal H. (1994). "Structure and modifications of the junior chaperone alpha-crystallin. From lens transparency to molecular pathology." *Eur J Biochem*, **225**(1): 1-19.

Guinier A. et Fournet G. (1955). "Smal l-angle scattering of X-rays." J. Wiley & sons.

Guruprasad K. et Kumari K. (2003). "Three-dimensional models corresponding to the C-terminal domain of human alphaA- and alphaB-crystallins based on the crystal structure of the small heat-shock protein HSP16.9 from wheat." *Int J Biol Macromol*, **33**(1-3): 107-12.

Gusev N.B., Bogatcheva N.V. et Marston S.B. (2002). "Structure and properties of small heat shock proteins (sHsp) and their interaction with cytoskeleton proteins." *Biochemistry (Mosc)*, **67**(5): 511-9.

-H-

Haley D.A., Bova M.P., Huang Q.L., McHaourab H.S. et Stewart P.L. (2000). "Small heat-shock protein structures reveal a continuum from symmetric to variable assemblies." *J Mol Biol*, **298**(2): 261-72.

Harms M.J., Wilmarth P.A., Kapfer D.M., Steel E.A., David L.L., Bachinger H.P. et Lampi K.J. (2004). "Laser light-scattering evidence for an altered association of beta B1-crystallin deamidated in the connecting peptide." *Protein Sci*, **13**(3): 678-86.

Haslbeck M., Walke S., Stromer T., Ehrnsperger M., White H.E., Chen S.,

Saibil H.R. et Buchner J. (1999). "Hsp26: a temperature-regulated chaperone." *Embo J*, **18**(23): 6744-51.

Haslbeck M., Franzmann T., Weinfurtner D. et Buchner J. (2005). "Some like it hot: the structure and function of small heat-shock proteins." *Nat Struct Mol Biol*, **12**(10): 842-6.

Haslbeck M., Kastenmuller A., Buchner J., Weinkauf S. et Braun N. (2008). "Structural dynamics of archaeal small heat shock proteins." *J Mol Biol*, **378**(2): 362-74.

Haslberger T., Weibezahn J., Zahn R., Lee S., Tsai F.T., Bukau B. et Mogk A. (2007). "M domains couple the ClpB threading motor with the DnaK chaperone activity." *Mol Cell*, **25**(2): 247-60.

Hejtmancik J.F. (2008). "Congenital cataracts and their molecular genetics." *Semin Cell Dev Biol*, **19**(2): 134-49.

Hemmingsen J.M., Gernert K.M., Richardson J.S. et Richardson D.C. (1994). "The tyrosine corner: a feature of most Greek key beta-barrel proteins." *Protein Sci*, **3**(11):1927-37.

Hickey E., Brandon S.E., Potter R., Stein G., Stein J. et Weber L.A. (1986). "Sequence and organization of genes encoding the human 27 kDa heat shock protein." *Nucleic Acids Res*, **14**(10): 4127-45.

Horwich A.L., Fenton W.A., Chapman E. et Farr G.W. (2007). "Two families of chaperonin: physiology and mechanism." *Annu Rev Cell Dev Biol*, **23**: 115-45.

Horwitz J. (1992). "Alpha-crystallin can function as a molecular chaperone." *Proc Natl Acad Sci U S A*, **89**(21): 10449-53.

Horwitz J. (2003). "Alpha-crystallin." *Exp Eye Res*, **76**(2): 145-53.

Houlden H., Laura M., Wavrant-De Vrieze F., Blake J., Wood N. et Reilly M.M. (2008). "Mutations in the HSP27 (HSPB1) gene cause dominant, recessive, and sporadic distal HMN/CMT type 2." *Neurology*.

-I-

Inaguma Y., Ito H., Iwamoto I., Saga S. et Kato K. (2001). "AlphaB-crystallin phosphorylated at Ser-59 is localized in centrosomes and midbodies during mitosis." *Eur J Cell Biol*, **80**(12): 741-8.

Ingolia T.D. et Craig E.A. (1982). "Four small Drosophila heat shock proteins are related to each other and to mammalian alpha-crystallin." *Proc Natl Acad Sci U S A*, **79**(7): 2360-4.

Irobi J., Van Impe K., Seeman P., Jordanova A., Dierick I., Verpoorten N., Michalik A., De Vriendt E., Jacobs A., Van Gerwen V., Vennekens K., Mazanec R., Tournev I., Hilton-Jones D., Talbot K., Kremensky I., Van Den Bosch L., Robberecht W., Van Vandekerckhove J., Van Broeckhoven C., Gettemans J., De Jonghe P. et Timmerman V. (2004). "Hot-spot residue in small heat-shock protein 22 causes distal motor neuropathy." *Nat Genet*, **36**(6): 597-601.

Ito H., Kamei K., Iwamoto I., Inaguma Y., Nohara D. et Kato K. (2001). "Phosphorylation-induced change of the oligomerization state of alpha B-crystallin." *J Biol Chem*, **276**(7): 5346-52.

Ito H., Kamei K., Iwamoto I., Inaguma Y., Tsuzuki M., Kishikawa M., Shimada A., Hosokawa M. et Kato K. (2003). "Hsp27 suppresses the formation of inclusion bodies induced by expression of R120G alpha B-crystallin, a cause of desmin-related myopathy." *Cell Mol Life Sci*, **60**(6): 1217-23.

Iwaki T., Kume-Iwaki A. et Goldman J.E. (1990). "Cellular distribution of alpha B-crystallin in non-lenticular tissues." *J Histochem Cytochem*, **38**(1): 31-9.

-K-

Kappe G., Franck E., Verschuure P., Boelens W.C., Leunissen J.A. et de Jong W.W. (2003). "The human genome encodes 10 alpha-crystallin-related small heat shock proteins: HspB1-10." *Cell Stress Chaperones*, **8**(1): 53-61.

Kato K., Ito H., Inaguma Y., Okamoto K. et Saga S. (1996). "Synthesis and accumulation of alphaB crystallin in C6 glioma cells is induced by agents that promote the disassembly of microtubules." *J Biol Chem*, **271**(43): 26989-94.

Kato K., Inaguma Y., Ito H., Iida K., Iwamoto I., Kamei K., Ochi N., Ohta H. et Kishikawa M. (2001). "Ser-59 is the major phosphorylation site in alphaB-crystallin accumulated in the brains of patients with Alexander's disease." *J Neurochem*, **76**(3): 730-6.

Kato K., Ito H. et Inaguma Y. (2002). "Expression and phosphorylation of mammalian small heat shock proteins." *Prog Mol Subcell Biol*, **28**: 129-50.

Kelley P.M. et Schlesinger M.J. (1982). "Antibodies to two major chicken heat shock proteins cross-react with similar proteins in widely divergent species." *Mol Cell Biol*, **2**(3):267-74.

Kennaway C.K., Benesch J.L., Gohlke U., Wang L., Robinson C.V., Orlova E.V., Saibil H.R. et Keep N.H. (2005). "Dodecameric structure of the small heat shock protein Acr1 from Mycobacterium tuberculosis." *J Biol Chem*, **280**(39): 33419-25.

Kim K.K., Kim R. et Kim S.H. (1998). "Crystal structure of a small heat-shock protein." *Nature*, **394**(6693): 595-9.

Kim Y.J., Shuman J., Sette M. et Przybyla A. (1983). "Phosphorylation pattern of a 25 Kdalton stress protein from rat myoblasts." *Biochem Biophys Res Commun*, **117**(3): 682-7.

Kivela T. et Uusitalo M. (1998). "Structure, development and function of cytoskeletal elements in non-neuronal cells of the human eye." *Prog Retin Eye Res*, **17**(3): 385-428.

Klemenz R., Frohli E., Steiger R.H., Schafer R. et Aoyama A. (1991). "Alpha B-crystallin is a small heat shock protein." *Proc Natl Acad Sci U S A*, **88**(9): 3652-6.

Klemenz R., Andres A.C., Frohli E., Schafer R. et Aoyama A. (1993). "Expression of the murine small heat shock proteins hsp 25 and alpha B crystallin in the absence of stress." *J Cell Biol*, **120**(3): 639-45.

Klemenz R., Scheier B., Muller A., Steiger R. et Aoyama A. (1994). "Alpha B crystallin expression in response to hormone, oncogenes and stress." *Verh Dtsch Ges Pathol*, **78**: 34-5.

Koteiche H.A., Berengian A.R. et McHaourab H.S. (1998). "Identification of protein folding patterns using site-directed spin labeling. Structural characterization of a beta-sheet and putative substrate binding regions in the conserved domain of alpha A-crystallin." *Biochemistry*, **37**(37): 12681-8.

Krichevskaia A.A., Lukash A.I., Pushkina N.V., Shepotinovskaia I.V. et Sherstnev K.B. (1984). "[Posttranslational deamidation of crystalline lens proteins during animal aging]." *Nauchnye Doki Vyss Shkoly Biol*

Nauki, (7): 23-8.

Kumar L.V., Ramakrishna T. et Rao C.M. (1999). "Structural and functional consequences of the mutation of a conserved arginine residue in alphaA and alphaB crystallins." *J Biol Chem*, **274**(34): 24137-41.

-L-

Laemmli U.K. (1970). "Cleavage of structural proteins during the assembly of the head of bacteriophage T4." *Nature*, **227**(5259): 680-5.

Lampi K.J., Ma Z., Hanson S.R., Azuma M., Shih M., Shearer T.R., Smith D.L., Smith J.B. et David L.L. (1998). "Age-related changes in human lens crystallins identified by two-dimensional electrophoresis and mass spectrometry." *Exp Eye Res*, **67**(1): 31-43.

Lampi K.J., Oxford J.T., Bachinger H.P., Shearer T.R., David L.L. et Kapfer D.M. (2001). "Deamidation of human beta B1 alters the elongated structure of the dimer." *Exp Eye Res*, **72**(3): 279-88.

Lampi K.J., Kim Y.H., Bachinger H.P., Boswell B.A., Lindner R.A., Carver J.A., Shearer T.R., David L.L. et Kapfer D.M. (2002). "Decreased heat stability and increased chaperone requirement of modified human betaB1-crystallins." *Mol Vis*, **8**: 359-66.

Lampi K.J., Amyx K.K., Ahmann P. et Steel E.A. (2006). "Deamidation in human lens betaB2-crystallin destabilizes the dimer." *Biochemistry*, **45**(10): 3146-53.

Lapatto R., Nalini V., Bax B., Driessen H., Lindley P.F., Blundell T.L. et Slingsby C. (1991). "High resolution structure of an oligomeric eye lens beta-crystallin. Loops, arches, linkers and interfaces in beta B2 dimer compared to a monomeric gamma-crystallin." *J Mol Biol*, **222**(4): 1067-83.

Lee S., Sowa M.E., Watanabe Y.H., Sigler P.B., Chiu W., Yoshida M. et Tsai F.T. (2003). "The structure of ClpB: a molecular chaperone that rescues proteins from an aggregated state." *Cell*, **115**(2): 229-40.

Lelj-Garolla B. et Mauk A.G. (2006). "Self-association and chaperone activity of Hsp27 are thermally activated." *J Biol Chem*, **281**(12): 8169-74.

Leroux M.R., Melki R., Gordon B., Batelier G. et Candido E.P. (1997a).

"Structure-function studies on small heat shock protein oligomeric assembly and interaction with unfolded polypeptides." *J Biol Chem*, **272**(39): 24646-56.

Leroux M.R., Ma B.J., Batelier G., Melki R. et Candido E.P. (1997b). "Unique structural features of a novel class of small heat shock proteins." *J Biol Chem,* **272**(19):12847-53.

Li Y., Schmitz K.R., Salerno J.C. et Koretz J.F. (2007). "The role of the conserved COOH-terminal triad in alphaA-crystallin aggregation and functionality." *Mol Vis*, **13**: 1758-68.

Liang J.J. et Fu L. (2002). "Decreased subunit exchange of heat-treated lens alpha A-crystallin." *Biochem Biophys Res Commun*, **293**(1): 7-12.

Liang J.J. et Liu B.F. (2006). "Fluorescence resonance energy transfer study of subunit exchange in human lens crystallins and congenital cataract crystallin mutants." *Protein Sci*, **15**(7): 1619-27.

Lin Z. et Rye H.S. (2006). "GroEL-mediated protein folding: making the impossible, possible." *Crit Rev Biochem Mol Biol*, **41**(4): 211-39.

Lindner R.A., Kapur A. et Carver J.A. (1997). "The interaction of the molecular chaperone, alpha-crystallin, with molten globule states of bovine alpha-lactalbumin." *J Biol Chem*, **272**(44): 27722-9.

Lindner R.A., Carver J.A., Ehrnsperger M., Buchner J., Esposito G., Behlke J., Lutsch G., Kotlyarov A. et Gaestel M. (2000). "Mouse Hsp25, a small shock protein. The role of its C-terminal extension in oligomerization and chaperone action." *Eur J Biochem*, **267**(7): 1923-32.

Lindner R.A., Treweek T.M. et Carver J.A. (2001). "The molecular chaperone alpha-crystallin is in kinetic competition with aggregation to stabilize a monomeric molten-globule form of alpha-lactalbumin." *Biochem J*, **354**(Pt 1): 79-87.

Litt M., Kramer P., LaMorticella D.M., Murphey W., Lovrien E.W. et Weleber R.G. (1998). "Autosomal dominant congenital cataract associated with a missense mutation in the human alpha crystallin gene CRYAA." *Hum Mol Genet*, **7**(3): 471-4.

Liu C., Asherie N., Lomakin A., Pande J., Ogun O. et Benedek G.B. (1996). "Phase separation in aqueous solutions of lens gamma-crystallins: special role of gamma s." *Proc Natl Acad Sci U S A*,

93(1): 377-82.

Liu C. et Welsh M.J. (1999). "Identification of a site of Hsp27 binding with Hsp27 and alpha B-crystallin as indicated by the yeast two-hybrid system." *Biochem Biophys Res Commun*, **255**(2): 256-61.

Liu Q. et Hendrickson W.A. (2007). "Insights into Hsp70 chaperone activity from a crystal structure of the yeast Hsp110 Sse1." *Cell*, **131**(1): 106-20.

Lomakin A., Teplow D.B. et Benedek G.B. (2005). "Quasielastic light scattering for protein assembly studies." *Methods Mol Biol*, **299**: 153-74.

-M-

Ma Z., Hanson S.R., Lampi K.J., David L.L., Smith D.L. et Smith J.B. (1998). "Age-related changes in human lens crystallins identified by HPLC and mass spectrometry." *Exp Eye Res*, **67**(1): 21-30.

MacRae T.H. (2000). "Structure and function of small heat shock/alpha-crystallin proteins: established concepts and emerging ideas." *Cell Mol Life Sci*, **57**(6): 899-913.

Maiti M., Kono M. et Chakrabarti B. (1988). "Heat-induced changes in the conformation of alpha- and beta-crystallins: unique thermal stability of alpha-crystallin." *FEBS Lett*, **236**(1): 109-14.

Martin J.L., Bluhm W.F., He H., Mestril R. et Dillmann W.H. (2002). "Mutation of COOH-terminal lysines in overexpressed alpha B-crystallin abrogates ischemic protection in cardiomyocytes." *Am J Physiol Heart Circ Physiol*, **283**(1): H85-91.

Mayr E.M., Jaenicke R. et Glockshuber R. (1994). "Domain interactions and connecting peptides in lens crystallins." *J Mol Biol*, **235**(1): 84-8.

McClellan A.J., Xia Y., Deutschbauer A.M., Davis R.W., Gerstein M. et Frydman J. (2007). "Diverse cellular functions of the Hsp90 molecular chaperone uncovered using systems approaches." *Cell*, **131**(1): 121-35.

Mehlen P., Hickey E., Weber L.A. et Arrigo A.P. (1997). "Large unphosphorylated aggregates as the active form of hsp27 which controls intracellular reactive oxygen species and glutathione levels and generates a protection against TNFalpha in NIH-3T3-ras cells." *Biochem Biophys Res Commun*, **241**(1): 187-92.

Michiel M., Skouri-Panet F., Duprat E., Simon S., Férard C., Tardieu A. et Finet S. (2008). "Abnormal assemblies and subunit exchange of αB-crystallin R120 mutants could be associated with destabilization of the dimeric substructure." *Biochemistry,* sous presse.

Miesbauer L.R., Zhou X., Yang Z., Sun Y., Smith D.L. et Smith J.B. (1994). "Post-translational modifications of water-soluble human lens crystallins from young adults." *J Biol Chem*, **269**(17): 12494-502.

Mornon J.P., Halaby D., Malfois M., Durand P., Callebaut I. et Tardieu A. (1998). "alpha-Crystallin C-terminal domain: on the track of an Ig fold." *Int J Biol Macromol*, **22**(3-4): 219-27.

Muchowski P.J. et Clark J.I. (1998). "ATP-enhanced molecular chaperone functions of the small heat shock protein human alphaB crystallin." *Proc Natl Acad Sci U S A*, **95**(3): 1004-9.

Muchowski P.J., Hays L.G., Yates J.R., 3rd et Clark J.I. (1999). "ATP and the core "alpha-Crystallin" domain of the small heat-shock protein alphaB-crystallin." *J Biol Chem*, **274**(42): 30190-5.

-N-

Najmudin S., Nalini V., Driessen H.P., Slingsby C., Blundell T.L., Moss D.S. et Lindley P.F. (1993). "Structure of the bovine eye lens protein gammaB(gammaII)-crystallin at 1.47 A." *Acta Crystallogr D Biol Crystallogr*, **49**(Pt 2): 223-33.

Nath D., Rawat U., Anish R. et Rao M. (2002). "Alpha-crystallin and ATP facilitate the in vitro renaturation of xylanase: enhancement of refolding by metal ions." *Protein Sci*, **11**(11): 2727-34.

Neufer P.D., Ordway G.A. et Williams R.S. (1998). "Transient regulation of c-fos, alpha B-crystallin, and hsp70 in muscle during recovery from contractile activity." *Am J Physiol*, **274**(2 Pt 1): C341-6.

Norledge B.V., Hay R.E., Bateman O.A., Slingsby C. et, Driessen H.P. (1997). "Towards a molecular understanding of phase separation in the lens: a comparison of the X-ray structures of two high Tc gamma-crystallins, gammaE and gammaF, with two low Tc gamma-crystallins, gammaB and gammaD." *Exp Eye Res*, **65**(5):609-30.

-O-

Oguni M., Setogawa T., Hashimoto R., Tanaka O., Shinohara H. et Kato K. (1994). "Ontogeny of alpha-crystallin subunits in the lens of human and rat embryos." *Cell Tissue Res*, **276**(1): 151-4.

-P-

Panasenko O.O., Seit Nebi A., Bukach O.V., Marston S.B. et Gusev N.B. (2002). "Structure and properties of avian small heat shock protein with molecular weight 25 kDa." *Biochim Biophys Acta*, **1601**(1): 64-74.

Panick G., Malessa R. et Winter R. (1999). "Differences between the pressure- and temperature-induced denaturation and aggregation of beta-lactoglobulin A, B, and AB monitored by FT-IR spectroscopy and small-angle X-ray scattering." *Biochemistry*, **38**(20): 6512-9.

Pasta S.Y., Raman B., Ramakrishna T. et Rao Ch M. (2004). "The IXI/V motif in the C-terminal extension of alpha-crystallins: alternative interactions and oligomeric assemblies." *Mol Vis*, **10**: 655-62.

Pearl L.H. et Prodromou C. (2006). "Structure and mechanism of the Hsp90 molecular chaperone machinery." *Annu Rev Biochem*, **75**: 271-94.

Perng M.D., Muchowski P.J., van Den I.P., Wu G.J., Hutcheson A.M., Clark J.I. et Quinlan R.A. (1999). "The cardiomyopathy and lens cataract mutation in alphaB-crystallin alters its protein structure, chaperone activity, and interaction with intermediate filaments in vitro." *J Biol Chem*, **274**(47): 33235-43.

Pratt W.B. (1992). "Control of steroid receptor function and cytoplasmic-nuclear transport by heat shock proteins." *Bioessays*, **14**(12): 841-8.

Purkiss A.G., Bateman O.A., Goodfellow J.M., Lubsen N.H. et Slingsby C. (2002). "The X-ray crystal structure of human gamma S-crystallin C-terminal domain." *J Biol Chem*, **277**(6): 4199-205.

Purkiss A.G., Bateman O.A., Wyatt K., Wilmarth P.A., David L.L., Wistow G.J. et Slingsby C. (2007). "Biophysical properties of gammaC-crystallin in human and mouse eye lens: the role of molecular dipoles." *J Mol Biol*, **372**(1): 205-22.

Putilina T., Skouri-Panet F., Prat K., Lubsen N.H. et Tardieu A. (2003). "Subunit exchange demonstrates a differential chaperone activity of calf alpha-crystallin toward beta LOW- and individual gamma-crystallins." *J Biol Chem*, **278**(16): 13747-56.

-Q-

Qiu Z. et Macrae T.H. (2008). "ArHsp21, a developmentally regulated small heat-shock protein synthesized in diapausing embryos of Artemia franciscana." *Biochem J*, **411**(3): 605-11.

Quinlan R.A., Sandilands A., Procter J.E., Prescott A.R., Hutcheson A.M., Dahm R., Gribbon C., Wallace P. et Carter J.M. (1999). "The eye lens cytoskeleton." *Eye*, **13 (Pt 3b)**: 409-16.

-R-

Reddy G.B., Narayanan S., Reddy P.Y. et Surolia I. (2002). "Suppression of DTT-induced aggregation of abrin by alphaA- and alphaB-crystallins: a model aggregation assay for alpha-crystallin chaperone activity in vitro." *FEBS Lett*, **522**(1-3): 59-64.

Reddy G.B., Kumar P.A. et Kumar M.S. (2006). "Chaperone-like activity and hydrophobicity of alpha-crystallin." *IUBMB Life*, **58**(11): 632-41.

Regini J.W., Grossmann J.G., Burgio M.R., Malik N.S., Koretz J.F., Hodson S.A. et Elliott G.F. (2004). "Structural changes in alpha-crystallin and whole eye lens during heating, observed by low-angle X-ray diffraction." *J Mol Biol*, **336**(5): 1185-94.

Renatus M., Zhou Q., Stennicke H.R., Snipas S.J., Turk D., Bankston L.A., Liddington R.C. et Salvesen G.S. (2000). "Crystal structure of the apoptotic suppressor CrmA in its cleaved form." *Structure*, **8**(7): 789-97.

Richter K. et Buchner J. (2001). "Hsp90: chaperoning signal transduction." *J Cell Physiol*, **188**(3): 281-90.

Ritossa F. (1996). "Discovery of the heat shock response." *Cell Stress Chaperones*, **1**(2): 97-8.

Robinson M.L. et Overbeek P.A. (1996). "Differential expression of alpha

A- and alpha B-crystallin during murine ocular development." *Invest Ophthalmol Vis Sci*, **37**(11): 2276-84.

Robinson N.E., Lampi K.J., McIver R.T., Williams R.H., Muster W.C., Kruppa G. et Robinson A.B. (2005). "Quantitative measurement of deamidation in lens betaB2-crystallin and peptides by direct electrospray injection and fragmentation in a Fourier transform mass spectrometer." *Mol Vis*, **11**: 1211-9.

Rogalla T., Ehrnsperger M., Preville X., Kotlyarov A., Lutsch G., Ducasse C., Paul C., Wieske M., Arrigo A.P., Buchner J. et Gaestel M. (1999). "Regulation of Hsp27 oligomerization, chaperone function, and protective activity against oxidative stress/tumor necrosis factor alpha by phosphorylation." *J Biol Chem*, **274**(27): 18947-56.

Rosinke B., Renner C., Mayr E.M., Jaenicke R. et Holak T.A. (1997). "Ca2+-loaded spherulin 3a from Physarum polycephalum adopts the prototype gamma-crystallin fold in aqueous solution." *J Mol Biol*, **271**(4): 645-55.

-S-

Saibil H.R. (2008). "Chaperone machines in action." *Curr Opin Struct Biol*, **18**(1): 35-42.

Santhoshkumar P. et Sharma K.K. (2001). "Analysis of alpha-crystallin chaperone function using restriction enzymes and citrate synthase." *Mol Vis*, **7**: 172-7.

Sathish H.A., Stein R.A., Yang G. et McHaourab H.S. (2003). "Mechanism of chaperone function in small heat-shock proteins. Fluorescence studies of the conformations of T4 lysozyme bound to alphaB-crystallin." *J Biol Chem*, **278**(45): 44214-21.

Sax C.M. et Piatigorsky J. (1994). "Expression of the alpha-crystallin/small heat-shock protein/molecular chaperone genes in the lens and other tissues." *Adv Enzymol Relat Areas Mol Biol*, **69**: 155-201.

Scheuring S., Boudier T. et Sturgis J.N. (2007a). "From high-resolution AFM topographs to atomic models of supramolecular assemblies." *J Struct Biol*, **159**(2): 268-76.

Scheuring S., Buzhynskyy N., Jaroslawski S., Goncalves R.P., Hite R.K. et Walz T. (2007b). "Structural models of the supramolecular organization of AQP0 and connexons in junctional microdomains." *J Struct Biol*, **160**(3): 385-94.

Sharma K.K., Kaur H. et Kester K. (1997). "Functional elements in molecular chaperone alpha-crystallin: identification of binding sites in alpha B-crystallin." *Biochem Biophys Res Commun*, **239**(1): 217-22.

Sharma K.K., Kaur H., Kumar G.S. et Kester K. (1998). "Interaction of 1,1'-bi(4-anilino)naphthalene-5,5'-disulfonic acid with alpha-crystallin." *J Biol Chem*, **273**(15): 8965-70.

Sharma K.K., Kumar R.S., Kumar G.S. et Quinn P.T. (2000). "Synthesis and characterization of a peptide identified as a functional element in alphaA-crystallin." *J Biol Chem*, **275**(6): 3767-71.

Shashidharamurthy R., Koteiche H.A., Dong J. et McHaourab H.S. (2005). "Mechanism of chaperone function in small heat shock proteins: dissociation of the HSP27 oligomer is required for recognition and binding of destabilized T4 lysozyme." *J Biol Chem*, **280**(7): 5281-9.

Shemetov A.A., Seit-Nebi A.S. et Gusev N.B. (2008). "Structure, properties, and functions of the human small heat-shock protein HSP22 (HspB8, H11, E2IG1): a critical review." *J Neurosci Res.*

Shroff N.P., Cherian-Shaw M., Bera S. et Abraham E.C. (2000). "Mutation of R116C results in highly oligomerized alpha A-crystallin with modified structure and defective chaperone-like function." *Biochemistry*, **39**(6): 1420-6.

Siebinga I., Vrensen G.F., Otto K., Puppels G.J., De Mul F.F. et Greve J. (1992). "Ageing and changes in protein conformation in the human lens: a Raman microspectroscopic study." *Exp Eye Res*, **54**(5): 759-67.

Siezen R.J., Fisch M.R., Slingsby C. et Benedek G.B. (1985). "Opacification of gamma-crystallin solutions from calf lens in relation to cold cataract formation." *Proc Natl Acad Sci U S A*, **82**(6): 1701-5.

Simon S. (2007). "Implications des petites protéines de stress dans les maladies dégénératives humaines." Thèse de doctorat. Discipline : Génomes et Protéines. Paris 7. Paris.

Simon S., Fontaine J.M., Martin J.L., Sun X., Hoppe A.D., Welsh M.J.,

Benndorf R. et Vicart P. (2007a). "Myopathy-associated alphaB-crystallin mutants: abnormal phosphorylation, intracellular location, and interactions with other small heat shock proteins." *J Biol Chem*, **282**(47): 34276-87.

Simon S., Michiel M., Skouri-Panet F., Lechaire J.P., Vicart P. et Tardieu A. (2007b). "Residue R120 is essential for the quaternary structure and functional integrity of human alphaB-crystallin." *Biochemistry*, **46**(33): 9605-14.

Skouri-Panet F., Quevillon-Cheruel S., Michiel M., Tardieu A. et Finet S. (2006). "sHSPs under temperature and pressure: the opposite behaviour of lens alpha-crystallins and yeast HSP26." *Biochim Biophys Acta*, **1764**(3): 372-83.

Smith M.A., Bateman O.A., Jaenicke R. et Slingsby C. (2007). "Mutation of interfaces in domain-swapped human betaB2-crystallin." *Protein Sci*, **16**(4): 615-25.

Sobott F., Benesch J.L., Vierling E. et Robinson C.V. (2002). "Subunit exchange of multimeric protein complexes. Real-time monitoring of subunit exchange between small heat shock proteins by using electrospray mass spectrometry." *J Biol Chem*, **277**(41): 38921-9.

Spector N.L., Samson W., Ryan C., Gribben J., Urba W., Welch W.J. et Nadler L.M. (1992). "Growth arrest of human B lymphocytes is accompanied by induction of the low molecular weight mammalian heat shock protein (Hsp28)." *J Immunol*, **148**(6): 1668-73.

Sreelakshmi Y. et Sharma K.K. (2006). "The interaction between alphaA- and alphaB-crystallin is sequence-specific." *Mol Vis*, **12**: 581-7.

Srinivas V., Raman B., Rao K.S., Ramakrishna T. et Rao Ch M. (2003). "Structural perturbation and enhancement of the chaperone-like activity of alpha-crystallin by arginine hydrochloride." *Protein Sci*, **12**(6): 1262-70.

Stahl J., Wobus A.M., Ihrig S., Lutsch G. et Bielka H. (1992). "The small heat shock protein hsp25 is accumulated in P19 embryonal carcinoma cells and embryonic stem cells of line BLC6 during differentiation." *Differentiation*, **51**(1): 33-7.

Stamler R., Kappe G., Boelens W. et Slingsby C. (2005). "Wrapping the alpha-crystallin domain fold in a chaperone assembly." *J Mol Biol*,

353(1): 68-79.

Sugino C., Hirose M., Tohda H., Yoshinari Y., Abe T., Giga-Hama Y., Iizuka R., Shimizu M., Kidokoro S.I., Ishii N. et Yohda M. (2008). "Characterization of a sHsp of Schizosaccharomyces pombe, SpHsp15.8, and the implication of its functional mechanism by comparison with another sHsp, SpHsp16.0." *Proteins*.

Sugiyama Y., Suzuki A., Kishikawa M., Akutsu R., Hirose T., Waye M.M., Tsui S.K., Yoshida S. et Ohno S. (2000). "Muscle develops a specific form of small heat shock protein complex composed of MKBP/HSPB2 and HSPB3 during myogenic differentiation." *J Biol Chem*, **275**(2): 1095-104.

Sun T.X., Das B.K. et Liang JJ. (1997). "Conformational and functional differences between recombinant human lens alphaA- and alphaB-crystallin." *J Biol Chem*, **272**(10):6220-5.

Sun T.X. et Liang J.J. (1998a). "Intermolecular exchange and stabilization of recombinant human alphaA- and alphaB-crystallin." *J Biol Chem*, **273**(1): 286-90.

Sun T.X., Akhtar N.J. et Liang J.J. (1998b). "Subunit exchange of lens alpha-crystallin: a fluorescence energy transfer study with the fluorescent labeled alphaA-crystallin mutant W9F as a probe." *FEBS Lett*, **430**(3): 401-4.

Sun X., Fontaine J.M., Rest J.S., Shelden E.A., Welsh M.J. et Benndorf R. (2004). "Interaction of human HSP22 (HSPB8) with other small heat shock proteins." *J Biol Chem*, **279**(4): 2394-402.

Sun X., Welsh M.J. et Benndorf R. (2006). "Conformational changes resulting from pseudophosphorylation of mammalian small heat shock proteins--a two-hybrid study." *Cell Stress Chaperones*, **11**(1): 61-70.

Sun Y. et MacRae T.H. (2005). "Small heat shock proteins: molecular structure and chaperone function." *Cell Mol Life Sci*, **62**(21): 2460-76.

-T-

Takata T., Oxford J.T., Brandon T.R. et Lampi K.J. (2007). "Deamidation alters the structure and decreases the stability of human lens betaA3-

crystallin." *Biochemistry*, **46**(30): 8861-71.

Takata T., Oxford J.T., Demeler B. et Lampi K.J. (2008). "Deamidation destabilizes and triggers aggregation of a lens protein, betaA3-crystallin." *Protein Sci*, **17**(9): 1565-75.

Tanguay R.M., Wu Y. et Khandjian E.W. (1993). "Tissue-specific expression of heat shock proteins of the mouse in the absence of stress." *Dev Genet*, **14**(2): 112-8.

Tardieu A., Laporte D., Licinio P., Krop B. et Delaye M. (1986). "Calf lens alpha-crystallin quaternary structure. A three-layer tetrahedral model." *J Mol Biol*, **192**(4): 711-24.

Taylor R.P. et Benjamin I.J. (2005). "Small heat shock proteins: a new classification scheme in mammals." *J Mol Cell Cardiol*, **38**(3): 433-44.

Thériault J.R., Lambert H., Chávez-Zobel A.T., Charest G., Lavigne P. et Landry J. (2004). Essential role of the NH2-terminal WD/EPF motif in the phosphorylation-activated protective function of mammalian Hsp27. *J Biol Chem*, **279**(22): 23463-71.

Thomson J.A., Schurtenberger P., Thurston G.M. et Benedek G.B. (1987). "Binary liquid phase separation and critical phenomena in a protein/water solution." *Proc Natl Acad Sci U S A*, **84**(20): 7079-83.

Thomson J.A. et Augusteyn R.C. (1989). "On the structure of alpha-crystallin: construction of hybrid molecules and homopolymers." *Biochim Biophys Acta*, **994**(3): 246-52.

Tissieres A., Mitchell H.K. et Tracy U.M. (1974). "Protein synthesis in salivary glands of Drosophila melanogaster: relation to chromosome puffs." *J Mol Biol*, **84**(3): 389-98.

Treweek T.M., Rekas A., Lindner R.A., Walker M.J., Aquilina J.A., Robinson C.V., Horwitz J., Perng M.D., Quinlan R.A. et Carver J.A. (2005). "R120G alphaB-crystallin promotes the unfolding of reduced alpha-lactalbumin and is inherently unstable." *Febs J*, **272**(3): 711-24.

Trinkl S., Glockshuber R. et Jaenicke R. (1994). "Dimerization of beta B2-crystallin: the role of the linker peptide and the N- and C-terminal extensions." *Protein Sci*, **3**(9): 1392-400.

-U-

Usui K., Yoshida T., Maruyama T. et Yohda M. (2001). "Small heat shock protein of a hyperthermophilic archaeum, Thermococcus sp. strain KS-1, exists as a spherical 24 mer and its expression is highly induced under heat-stress conditions." *J Biosci Bioeng*, **92**(2): 161-6.

-V-

van Boekel M.A., Hoogakker S.E., Harding J.J. et de Jong W.W. (1996). "The influence of some post-translational modifications on the chaperone-like activity of alpha-crystallin." *Ophthalmic Res*, **28 Suppl 1**: 32-8.

van de Klundert F.A., Smulders R.H., Gijsen M.L., Lindner R.A., Jaenicke R., Carver J.A. et de Jong W.W. (1998). "The mammalian small heat-shock protein Hsp20 forms dimers and is a poor chaperone." *Eur J Biochem*, **258**(3): 1014-21.

van den Oetelaar P.J., van Someren P.F., Thomson J.A., Siezen R.J. et Hoenders H.J. (1990). "A dynamic quaternary structure of bovine alpha-crystallin as indicated from intermolecular exchange of subunits." *Biochemistry*, **29**(14): 3488-93.

van Montfort R.L., Basha E., Friedrich K.L., Slingsby C. et Vierling E. (2001). "Crystal structure and assembly of a eukaryotic small heat shock protein." *Nat Struct Biol*, **8**(12): 1025-30.

Veretout F., Delaye M. et Tardieu A. (1989). "Molecular basis of eye lens transparency. Osmotic pressure and X-ray analysis of alpha-crystallin solutions." *J Mol Biol*, **205**(4): 713-28.

Vicart P., Caron A., Guicheney P., Li Z., Prevost M.C., Faure A., Chateau D., Chapon F., Tome F., Dupret J.M., Paulin D. et Fardeau M. (1998). "A missense mutation in the alphaB-crystallin chaperone gene causes a desmin-related myopathy." *Nat Genet*, **20**(1): 92-5.

Virot .S. (2004). "Les petites protéines de stress et leur rôle dans la mort cellulaire. Étude de leur fonction chaperon à travers l'exemple de la mutation R120G de l'alphaB-cristalline." Université Claude Bernard-Lyon 1.

Voorter C.E., Mulders J.W., Bloemendal H. et de Jong W.W. (1986). "Some aspects of the phosphorylation of alpha-crystallin A." *Eur J*

Biochem, **160**(1): 203-10.

Vos M.J., Hageman J., Carra S. et Kampinga H.H. (2008). "Structural and functional diversities between members of the human HSPB, HSPH, HSPA, and DNAJ chaperone families." *Biochemistry*, **47**(27): 7001-11.

-W-

Walsh M.T., Sen A.C. et Chakrabarti B. (1991). "Micellar subunit assembly in a three-layer model of oligomeric alpha-crystallin." *J Biol Chem*, **266**(30): 20079-84.

Wang K. et Spector A. (1994). "The chaperone activity of bovine alpha crystallin. Interaction with other lens crystallins in native and denatured states." *J Biol Chem*, **269**(18): 13601-8.

Welch W.J. (1985). "Phorbol ester, calcium ionophore, or serum added to quiescent rat embryo fibroblast cells all result in the elevated phosphorylation of two 28,000-dalton mammalian stress proteins." *J Biol Chem*, **260**(5): 3058-62.

Wenk M., Baumgartner R., Holak T.A., Huber R., Jaenicke R. et Mayr E.M. (1999). "The domains of protein S from Myxococcus xanthus: structure, stability and interactions." *J Mol Biol*, **286**(5): 1533-45.

White H.E., Saibil H.R., Ignatiou A. et Orlova E.V. (2004). "Recognition and separation of single particles with size variation by statistical analysis of their images." *J Mol Biol*, **336**(2): 453-60.

White H.E., Orlova E.V., Chen S., Wang L., Ignatiou A., Gowen B., Stromer T., Franzmann T.M., Haslbeck M., Buchner J. et Saibil H.R. (2006). "Multiple distinct assemblies reveal conformational flexibility in the small heat shock protein Hsp26." *Structure*, **14**(7): 1197-204.

Wickner S., Maurizi M.R. et Gottesman S. (1999). "Posttranslational quality control: folding, refolding, and degrading proteins." *Science*, **286**(5446): 1888-93.

Wieligmann K., Norledge B., Jaenicke R. et Mayr E.M. (1998). "Eye lens betaB2-crystallin: circular permutation does not influence the oligomerization state but enhances the conformational stability." *J Mol Biol*, **280**(4): 721-9.

Wieligmann K., Mayr E.M. et Jaenicke R. (1999). "Folding and self-assembly of the domains of betaB2-crystallin from rat eye lens." *J Mol Biol*, **286**(4): 989-94.

Wilhelmus M.M., Boelens W.C., Otte-Holler I., Kamps B., de Waal R.M. et Verbeek M.M. (2006). "Small heat shock proteins inhibit amyloid-beta protein aggregation and cerebrovascular amyloid-beta protein toxicity." *Brain Res*, **1089**(1): 67-78.

Wistow G. (1993). "Lens crystallins: gene recruitment and evolutionary dynamism." *Trends Biochem Sci*, **18**(8): 301-6.

Wu Z., Delaglio F., Wyatt K., Wistow G. et Bax A. (2005). "Solution structure of (gamma)S-crystallin by molecular fragment replacement NMR." *Protein Sci*, **14**(12): 3101-14.

-Z-

Zantema A., Verlaan-De Vries M., Maasdam D., Bol S. et van der Eb A. (1992). "Heat shock protein 27 and alpha B-crystallin can form a complex, which dissociates by heat shock." *J Biol Chem*, **267**(18): 12936-41.

Zhang F.F., Tang B.S., Zhao G.H., Chen B., Zhang C., Luo W., Liu X.M., Xia K., Cai F., Hu Z.M., Yan X.X., Zhang R.X. et Guo P. (2005). "Mutation analysis of small heat-shock protein 22 gene in Chinese patients with Charcot-Marie-Tooth disease." *Zhonghua Yi Xue Yi Chuan Xue Za Zhi*, **22**(4): 361-3.

PUBLICATIONS

« shSPs under temperature and pressure: the opposite behaviour of lens alpha-crystallins and yeast HSP26. »
Skouri-Panet F., Quevillon-Cheruel S., <u>Michiel M.</u>, Tardieu A. et Finet S.
Biochimica et Biophysica Acta, 2006, **1764**(3): 372-383.

« Residue R120 is essential for the quaternary structure and functional integrity of human alphaB-crystallin. »
Simon S., <u>Michiel M.</u>, Skouri-Panet F., Lechaire J.P., Vicart P. et Tardieu A.
Biochemistry, 2007, **46**(33): 9605-9614.

« Abnormal assemblies and subunit exchange of αB-crystallin R120 mutants could be associated with destabilization of the dimeric substructure. »
<u>Michiel M.</u>, Skouri-Panet F., Duprat É., Simon S., Férard C., Tardieu A. et Finet S.
Biochemistry, 2009, **48**(2): 442-453.

« Aggregation of deamidated βB2-crystallin and incomplete rescue by α-chaperone. »
<u>Michiel M.</u>, Duprat É., Skouri-Panet F., Finet S., Tardieu A. et Lampi K.
Experimental Eye Research, 2010, **90**(6): 688-698.

« From sequence to pathology : the required integrity of the structure-dynamics-function relationships at the molecular level. »
Chapitre 2.1 de la revue : « Small stress proteins in human diseases. » par Simon S. et Arrigo A.P.
Tardieu A., <u>Michiel M.</u>, Skouri-Panet F., Duprat É., Simon S. et Finet S.
Nova Sciences Publishers, 2010.

« Structural and functional specificity of small heat shock protein HspB1 and HspB4, two cellular partners of HspB5: Role of the in vitro hetero-complex formation in chaperone activity. »

Skouri-Panet F., <u>Michiel M.</u>, Férard C., Duprat É. et Finet S.
Biochimie, 2012, **94**(4): 975-984.

RÉSUMÉ

Analyses structurales et fonctionnelles des petites protéines de choc thermique : le cas des alpha-cristallines.

Le but de cette étude était de définir les caractéristiques physico-chimiques, critiques pour l'intégrité structurale et fonctionnelle des petites protéines de choc thermique (ou small heat shock proteins ou sHsps), natives ou pathogènes.

Les sHsps sont exprimées chez la plupart des êtres vivants (bactéries, plantes, animaux) de façon constitutive ou induite, où elles interviennent dans la gestion des stress. Les points communs aux protéines de cette famille sont : un domaine très conservé appelé « domaine alpha-cristalline » ; la formation d'oligomères de deux à cinquante sous-unités ; une structure dynamique, qui permet à ces systèmes d'échanger des sous-unités ; une activité de type chaperon moléculaire.

Chez l'homme, il existe onze sHsps, dont les alpha-cristallines A et B qui forment l'alpha-cristalline native, constituant majeur du cristallin dont elle assure la transparence. Certaines mutations ponctuelles de ces protéines ont récemment été liées à des cataractes, des myopathies et des neuropathies. Les sHsps jouent également un rôle dans la régulation de l'apoptose ou dans la résistance des cellules tumorales aux traitements du cancer. De plus, certaines sHsps ont récemment été trouvées associées aux plaques séniles dans des maladies neurologiques.

Je me suis particulièrement intéressée aux alpha-cristallines humaines et bovines, à quelques uns de leurs mutants, à la Hsp26 de levure et à d'autres sHsps humaines comme Hsp22. Le développement de méthodes biochimiques et l'application de protocoles optimisés d'expression et de purification, pour obtenir un maximum de protéines natives, constituent la première étape de ce travail. La diffusion dynamique et statique de la lumière (DLS, MALS) et la diffusion des rayons X aux petits angles (SAXS) ont été les principaux outils utilisés pour l'étude de la structure quaternaire et des transitions conformationnelles des sHsps. Pour chaque protéine, j'ai déterminé des caractéristiques physiques comme la taille (rayon hydrodynamique, rayon de giration), ainsi que l'évolution temporelle en fonction de différents paramètres (température, pression), de ces valeurs. Bien qu'appartenant à une même famille protéique, les sHsps ont des comportements différents en regard d'un type de stimulus donné. Certaines augmentent, d'autres diminuent de taille en fonction de ces paramètres. Parallèlement, des expériences de microcalorimétrie ont été menées. Un autre aspect de cette étude a été l'élaboration de tests pour l'analyse comparative de l'activité protectrice des sHsps vis-à-vis de cibles modèles et physiologiques. Toujours en utilisant la DLS et le SAXS, j'ai montré que les sHsps ont une efficacité inégale selon le substrat présent. J'ai aussi analysé les effets de différentes mutations, notamment la mutation pathologique R120G de l'alpha-B-cristalline. Enfin, j'ai étudié la dynamique des assemblages complexes formés par les sHsps en testant leur capacité à échanger des sous-unités et les vitesses d'échanges par des techniques de chromatographie et de gels d'électrophorèse IEF.

L'ensemble des résultats obtenus a contribué à mieux définir la relation dynamique-structure-fonction de différents membres de la famille des sHsps.

Mots clés : sHsp, cristallines, mutation pathologique, cataracte, diffusion de lumière et des rayons X.

www.ingramcontent.com/pod-product-compliance
Lightning Source LLC
Chambersburg PA
CBHW021033210326
41598CB00016B/1009